Wandel (v)erkennen

Dietmar Rost

Wandel (v)erkennen

Shifting Baselines und die
Wahrnehmung umweltrelevanter
Veränderungen aus
wissenssoziologischer Sicht

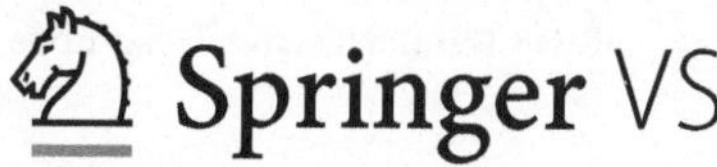

Dr. Dietmar Rost
Kulturwissenschaftliches Institut Essen (KWI)
Essen
Deutschland

ISBN 978-3-658-03246-3   ISBN 978-3-658-03247-0 (eBook)
DOI 10.1007/978-3-658-03247-0

Die Deutsche Nationalbibliothek verzeichnet diese Publikation in der Deutschen Natio-
nalbibliografie; detaillierte bibliografische Daten sind im Internet über http://dnb.d-nb.de
abrufbar.

Springer VS

Lektorat: Dr. Cori Antonia Mackrodt, Katharina Gonsior

Gedruckt auf säurefreiem und chlorfrei gebleichtem Papier

Springer VS ist eine Marke von Springer DE. Springer DE ist Teil der Fachverlagsgruppe
Springer Science+Business Media
www.springer-vs.de

Vorwort

Im Sommer 2013 wurden die Deutschen mit einer für sie schockierenden Nachricht konfrontiert: offensichtlich werden in einer gut funktionierenden Kooperation zwischen internationalen Geheimdiensten und Unternehmen der Informationsindustrie flächendeckend Daten erhoben, die nichts und niemanden auslassen. Die Aufregung über diese international offenbar gängige Praxis bleibt weitgehend auf Deutschland beschränkt, wo es eine durch GESTAPO und Stasi geprägte Tiefenerfahrung mit totaler Überwachung gibt, die so in Frankreich, Italien oder in England nicht existiert. Daher wundert man sich andernorts, worüber die Deutschen sich wundern. Tatsächlich ist andernorts das Staatsvertrauen geringer ausgeprägt, weshalb man gar nicht davon ausgeht, nicht abgehört und ausspioniert zu werden. Andererseits scheint das anderen Europäern auch gleichgültiger zu sein als den Deutschen.

In diesem Zusammenhang ist daran zu erinnern, dass die Bundesregierung Im Jahr 1987 eine Volkszählung plante, um die Bevölkerungsentwicklung und die Planungsdaten auf den neuesten Stand zu bringen. Zu diesem Zweck war ein Fragebogen entwickelt worden, der Fragen zum Beispiel zur Zahl und zum Alter der im Haushalt lebenden Personen enthielt, zum Beruf und zur Nutzung von Verkehrsmitteln. Dieser Fragebogen sollte ursprünglich direkt an der Wohnungstür in Anwesenheit von „Volkszählern" ausgefüllt werden. Gegen diese Volkszählung erhob sich eine breite Bürgerbewegung, die die „informationelle Selbstbestimmung" gefährdet sah, das Schreckensbild vom „gläsernen Bürger" zeichnete und in der Volkszählung überhaupt ein unzulässiges Eindringen des Staates in die Privatsphäre der Bürgerinnen und Bürger erblickte. Es gab zahlreiche Demonstrationen und Protestaktionen; Umfragen zufolge war mehr als die Hälfte der Bevölkerung gegen die Volkszählung. Der Protest war erfolgreich. Am Ende erfolgte die Befragung ausgedünnt und anonymisiert.

Von heute aus betrachtet ist das nicht ohne Paradoxie, liefert in der Gegenwart doch jeder Mobiltelefonbesitzer, jeder Internetnutzer minütlich mehr Daten über sich, seine Konsumentscheidungen, seine Interessen, sein Bewegungs- und Reiseverhalten, als die Volkszähler seinerzeit jemals hätten erheben wollen, und das alles ganz und gar nicht anonym. Informationelle Selbstbestimmung scheint zwischenzeitlich gleichgültig geworden zu sein, wobei der zugrunde liegende Mechanismus interessant ist. Denn heute liefern die Menschen ihre Daten ja ohne jeden Zwang, weil sie es für eine Erhöhung ihres Komforts halten, wenn sie Informationen abfragen, Verabredungen treffen, Tickets kaufen, Bankgeschäfte tätigen, Autos mieten, und dafür keine Sekunde den Ort verlassen müssen, an dem sie sich gerade befinden. Sie klicken lediglich auf einer Tastatur herum und bekommen, was sie wollen (oder zu wollen glauben). Der Preis dafür ist in jedem Fall das Hinterlassen einer Datenspur, die jederzeit beobachtet, ausgewertet, verknüpft und für die unterschiedlichsten Zwecke, wirtschaftliche und geheimdienstliche, verwendet werden kann.

Wer sich darüber hinaus noch dafür entschieden hat, Mitglied eines fälschlicherweise so genannten „sozialen Netzwerks" zu werden, liefert jedem, der es wissen möchte, darüber hinaus noch alles, was es über seine Sozialkontakte, Freundschaften, richtigen und falschen Identitäten, Vorlieben, Abneigungen usw. zu wissen gibt. Und das Netz hat ein totales Gedächtnis: es vergisst niemals, nichts und niemanden. Vor diesem Hintergrund mutet es bizarr an, dass die Westdeutschen in den 1980er Jahren eine solche Überwachungsphobie entwickeln konnten, obwohl ihnen wenige Jahre später praktisch gleichgültig wurde, dass jeder alles über sie wissen konnte. Sozialpsychologisch lässt sich das erklären: „Shifting baselines" heißt das Phänomen, dass Menschen ihre Wahrnehmungen parallel zu sich verändernden Umweltbedingungen verändern, so dass sie in der verlaufenden Zeit keine gravierenden Einschnitte wahrnehmen, obwohl man aus der Optik eines Zeitmaschinenreisenden eklatante Veränderungen bemerken würde. Aber solche shifting baselines operieren unterhalb der Wahrnehmungsschwelle, sie sind Teil einer unbewussten, lediglich habituellen Anpassung an sich verändernde Umfeld- und Umweltbedingungen.

Für angemessene Umstellungen von Verhaltensweisen, etwa vor dem Hintergrund des Klimawandels, sind shifting baselines ein fundamentales Problem, da sich ja gar nichts in rapider und tiefgreifender, ja möglicherweise irreversibler Weise zu verändern scheint und man daher gut und gern so weiterleben kann wie gewohnt. Der Vergleich mit der abrupten Katastrophe, wie bei einem Tsunami oder einem Kometeneinschlag, drängt sich hier auf: die Konsequenzen des Klimawandels für die Überlebensbedingungen sind im globalen Maßstab gewiss viel tiefgreifender als ein solches abruptes Ereignis, aber sie ziehen keine praktische Aufmerksamkeit auf sich.

Es ist daher sehr verdienstvoll, dass Dietmar Rost solcher habitueller Wahrnehmung des Wandels eine kultursoziologische Untersuchung widmet, zumal er diese interdisziplinär anlegt und Befunde aus der Umweltpsychologie hier ebenso integriert wie solche aus der Gedächtnis- und Erinnerungsforschung, aus der Philosophie und aus der Soziologie. Dabei stützt er sich empirisch auf eine Fülle qualitativer Interviews, die in verschiedenen europäischen und außereuropäischen Ländern zur Wahrnehmung von Umweltveränderungen durchgeführt worden sind.[1] Damit kann Rost nach den bislang nur spärlich vorliegenden Untersuchungen zum shifting baselines-Syndrom zum ersten Mal auch einen komparativen Blick auf dieses Phänomen werfen. Es ist diesem sehr differenzierten Buch der Einfluss auf die Kultursoziologie und die Soziologie zu wünschen, den diese verdienen. Denn Theorie und Empirie zu gesellschaftlichem Wandel und seiner Wahrnehmung sind ja in Zeiten beschleunigter und ungleichzeitiger Transformationen moderner Gesellschaften nötiger denn je. Es soll daher nicht verschwiegen werden, dass der Meeresbiologe Daniel Pauly, der shifting baselines erstmalig beschrieben hat, sie zu allererst in den Verzerrungen gesehen hat, die es in der Forschung anrichtet. Das Fehlen von Referenzpunkten für stattgehabte Veränderungen wirkt sich ja gerade dort verhängnisvoll aus, wo Wissenschaftler glauben, Zustände zu beschreiben, ohne sie historisch zu kontextualisieren. In dieser Linie ist Rosts Buch auch ein gelungenes Beispiel reflexiver Soziologie.

im August 2013   Harald Welzer

---

[1] Die angesprochenen Interviews entstammen den beiden von mir geleiteten Forschungsprojekten „Katastrophenerinnerung" und „Shifting Baselines", in deren Zusammenhang das vorliegende Buch entstand. Für die großzügige und unbürokratische Förderung der im Rahmen dieser Projekte erfolgten Studien danke ich der Stiftung Mercator, namentlich Herrn Prof. Dr. Bernhard Lorentz, Herrn Dr. Felix Streiter und Herrn Dr. Lars Grotewold.

Inhaltsverzeichnis

Einleitung: Umweltwandel, Gesellschaftswandel und die Frage der Wahrnehmung von Veränderungen 1

> Wir wissen, wenn nichts sonst, daß das meiste anders sein wird. Es ist der Unterschied zwischen statischer und dynamischer Situation. Dynamik ist die Signatur der Moderne; sie ist nicht Akzidenz sondern immanente Eigenschaft der Epoche und bis auf weiteres unser Schicksal. Sie besagt, daß wir mit immer Neuem rechnen müssen, ohne es errechnen zu können; daß Veränderung sicher ist, aber nicht, was das Andere sein wird. (Jonas 2003, S. 216, 217)

Seit jeher verändern Menschen die Welt, in der sie leben. Indem sie durch Arbeit ihren Lebensunterhalt schaffen, stehen sie nicht nur in Beziehungen zueinander, sondern zugleich in fortlaufenden Prozessen des Austauschs mit der Natur – einer Natur, in der sie leben und von der sie zugleich selbst ein Teil sind. Menschen verändern in dieser Weise sowohl die ihnen äußere als auch ihre eigene Natur (Elias 1988, S. XV; Marx 1962a, S. 192).

Einem Wandel unterliegen jedoch auch die Formen und Ausmaße dieses menschlichen Eingreifens in Natur. Zum einen ziehen sich Erweiterungen des Vermögens von Menschen und ihrer jeweiligen gesellschaftlichen Formen, ihre Welt zu verändern und umzuformen, durch die gesamte Menschheitsgeschichte hindurch. Zum anderen erlangten diese menschlichen Veränderungsvermögen mit der Entfaltung von Aufklärung und Kapitalismus eine neue und nun den gesamten Erdball prägende Dimension. Daher sprechen manche Geologen heute sogar vom Beginn eines neuen Erdzeitalters des Menschen, das sie als „Anthropozän" bezeichnen möchten (Steffen et al. 2004). Ohne Zweifel greift das menschliche Verändern räumlich und zeitlich immer weiter aus. Beständig erfasst es neue Sachverhalte in immer ausgedehnteren Gebieten und mit immer weiteren Zukunftsbezügen.

Aus dieser fortlaufenden Erweiterung der menschlichen Vermögen, in Natur einzugreifen und diese umzuformen, ergeben sich Folgen, die in der gesellschaftlichen Handlungspraxis in weiten Bereichen nicht oder zumindest nur sehr partiell gesehen werden. Einige dieser nicht-intendierten Folgen menschlichen Handelns

D. Rost, *Wandel (v)erkennen*, DOI 10.1007/978-3-658-03247-0_1,
© Springer Fachmedien Wiesbaden 2014

erweisen sich früher oder später als problematisch. Mit der Ausweitung der Handlungsvermögen erweitern sich so auch die menschengemachten Gefährdungen von Menschen und ihrer Lebensgrundlagen. Nicht nur im Guten, sondern auch im Schlechten haben sich die Wirkungen des Handelns enorm erweitert.

Die Folgen und Rückwirkungen des menschlichen Eingreifens in die Natur, ihres Veränderns und Umformens werden somit in zunehmendem Maße zu gesellschaftlichen Problemen. Manche dieser problematischen Handlungsfolgen manifestieren sich beinahe unmittelbar, während andere zunächst potentiell bleiben und erst in einer weiter entfernten Zukunft drohen. Gerade zu dieser von Handlungsfolgen potentiell bedrohten Zukunft stellt sich die Frage, was die in der Gegenwart Agierenden überhaupt von dieser Zukunft wissen. Das ist eine zukunftsbezogene Fragestellung, die sich unter anderem aus Erfahrungen mit problematischen Veränderungen aus der Vergangenheit ergibt. Die antike Entwaldung des mediterranen Raums, das Auslöschen von Tierarten durch Jagd (etwa des neuseeländischen Laufvogels Moa im 14. Jh.), die moderne Verschmutzung von Wasser und Luft oder die sich gegenwärtig abzeichnende Problematik eines anthropogenen Klimawandels – all das sind nur einige Schlaglichter auf die lange Geschichte eines gesellschaftlichen Handelns, das das Gewicht und Ausmaß seiner langfristigen Folgen nicht oder zumindest nicht hinreichend kannte.

An diesem Punkt ist jedoch auch danach zu fragen, ob nicht im historischen Wandel sich auch Veränderungen und Erweiterungen der Wahrnehmung solcher manifesten und potentiellen Folgen des Handelns vollziehen. Und noch allgemeiner formuliert: In welcher Weise nehmen Menschen – individuell wie auch kollektiv – eigentlich Veränderungen ihrer Umwelt und auch ihres Handelns wahr?

Es sollte bereits deutlich geworden sein, dass diesen Fragen eine erhebliche Aktualität und Bedeutung zukommt. Das hängt auch damit zusammen, dass zum einen im Erkennen solcher Veränderungen eine Voraussetzung liegt, von der das Bestimmen angemessener Antworten auf von Menschen erzeugte Gefährdungen und Risiken abhängt. Wahrnehmungen von Wandel und das auf sie zurückgehende Wissen um mögliche Konsequenzen des für diesen Wandel verantwortlichen Handelns bilden eine Grundlage, die erst solche Veränderungen des Handelns ermöglicht, die gezielt auf die aus riskantem Handeln folgenden Gefährdungen und Risiken reagieren und diese zu mindern oder vermeiden suchen. Zum anderen verbinden sich mit den genannten Fragen unmittelbar wissenschaftliche Interessen. Sie beziehen sich unter anderem auf die Rolle, die den Wissenschaften in der gesellschaftlichen Wahrnehmung von Wandel zukommt, sowie darauf, wie die Wahrnehmung von Wandel und das Entstehen eines Veränderungswissens in sozialwissenschaftlichen Begriffen formuliert und verstanden werden können. Insofern zielt dieses Buch über Formen, Grenzen und Konsequenzen der Wahrnehmung von Veränderungen, die sich in Umwelt und umweltrelevantem Handeln vollziehen, auf Erkenntnisse, die für innerwissenschaftliche Diskussionen wie auch den gesellschaftlichen Umgang mit menschengemachtem Wandel gleichermaßen relevant sein sollen.

Sicherlich fällt es nicht schwer, eine gewisse Nähe der hier angesprochenen Fragen zu jenem Strang der Reflexion von Beziehungen zwischen Mensch und Natur zu erkennen, der sich seit etwa Mitte des 20. Jahrhunderts, unter dem Eindruck der Entwicklung zunächst der Atombombe und dann der Umweltproblematik entfaltete.[1] Während dort vielfach Aspekte von Ethik, Moral und Verantwortung im Mittelpunkt stehen, soll es im Folgenden allerdings um andere Aspekte gehen, die den genannten Themen eher noch vorgelagert sind. Unsere Fragen nach den Formen, Grenzen und Konsequenzen der Wahrnehmung von Wandel betreffen ganz generell die Möglichkeiten und Chancen eines angemessenen und reflektierenden Umgangs mit den angesprochenen menschengemachten Gefährdungen. Damit geht es um Fragen und Erkenntnisse, die sozialwissenschaftlichen Perspektiven entstammen, doch über diese Wissenschaftsdisziplin hinaus sowohl zu einer interdisziplinären Umweltforschung als auch zu einer transdisziplinären Bearbeitung der Klima- und Umweltproblematik beitragen sollen.

Was also wissen Menschen über den Wandel ihrer Welt? Wie nehmen sie diesen Wandel wahr? – Diese Fragen möchten wir aus einer wissenssoziologisch ausgerichteten Perspektive erschließen, die allerdings Anregungen aus mehreren Forschungsrichtungen aufnimmt. Unter anderem sind das die den Naturwissenschaften entstammenden Arbeiten zu einem „Shifting-Baseline-Syndrom" (Pauly 1995), auf die wir später ausführlich eingehen werden, oder Überlegungen des eingangs zitierten Philosophen Hans Jonas. In dessen „Das Prinzip Verantwortung" (Jonas 2003/1979) geht es zwar vor allem um die Notwendigkeit und die Entwicklungschancen einer Ethik, die den menschlichen Handlungsmöglichkeiten in der Moderne angemessenen ist, und damit schwerpunktmäßig um einen verantwortungsphilosophischen Themenstrang, den wir hier nicht näher behandeln möchten. Und auch die Skizze der globalen Umweltproblematik, die Jonas im Jahre 1979 lieferte und die bei heutiger Lektüre noch immer erstaunlich aktuell wirkt, erscheint uns zwar bemerkenswert, doch für unsere Forschungsperspektive nicht weiter bedeutsam. Wissenssoziologisch und für unsere Fragestellung besonders relevant sind vielmehr jene Ausführungen, in denen Jonas auf das gesellschaftliche Wissen um Wandel blickt.

---

[1] Siehe u. a. die Arbeiten von Jungk (1956); Anders (1980/1956); Carson (1962); Meadows et al. (1972).

Das unserer Einleitung vorangestellte Zitat bezieht sich genau auf die Frage, was Menschen eigentlich über den Wandel ihrer Welt wissen. Jonas spitzt diese Frage auf das in der Zukunft Kommende zu, auf in der Zukunft liegende Veränderungen. Wandel sei mit der Moderne so selbstverständlich geworden, dass nun weithin um das Anders-Sein der Zukunft gewusst werde. Es werde sogar gewusst, dass nicht genau gewusst werde, wie die Zukunft werden wird. Zukunft lässt sich in der Moderne demnach nicht wie in früheren Zeiten einfach als Fortschreibung des Vergangenen, sondern nur unter Einbeziehung von Ungewissheit erfassen. Menschen in der Moderne können Jonas zufolge also einiges über zukünftige Veränderungen wissen und anderes nicht. Sein Blick auf das Wissen um zukünftigen Wandel ermöglicht somit eine Unterscheidung von Wissen, Nichtwissen und einem Wissen um Nichtwissen. Diese drei unterschiedlichen Formen des Wissens über kommende Veränderungen veranschaulichen, dass unsere auf den ersten Blick vielleicht sogar banal erscheinende Frage nach der Wahrnehmung von Wandel bei etwas näherer Betrachtung rasch eine Reihe interessanter Facetten zeigt, die im Zuge einer ausführlicheren Untersuchung zu berücksichtigen bleiben.

Selbstverständlich muss die Frage nach dem Wissen über Wandel neben der Zukunft, um die es Jonas vor allem geht, auch auf das Vergangene bezogen werden. Je nach Blickwinkel geht es dann um das, was in der Gegenwart anders geworden ist oder in der Vergangenheit anders war als zu anderen Zeitpunkten. Was also wissen Menschen über vergangenen Wandel? – Diese Formulierung ergänzt unsere Fragestellung um einige weitere Facetten, da sie nicht zuletzt eine enge Verbindung zum Feld der Gedächtnis- und Erinnerungsforschung aufzeigt. Der Interessensschwerpunkt dieses Forschungsfeldes richtet sich auf die individuellen und kollektiven Prozesse des Festhaltens von Vergangenem sowie der erinnernden Vergegenwärtigung von Vergangenem, wobei stets auch Verzerrungen oder das völlige Vergessen von Vergangenem einen wichtigen Untersuchungsgegenstand bilden. Die Gedächtnis- und Erinnerungsforschung weist somit zum einen darauf hin, dass die Wahrnehmung von vollzogenem Wandel immer ein Vergegenwärtigen von Vergangenem verlangt, das dann mit Gegenwärtigem (oder mit Vergangenem, das mit anderen Zeitpunkten verbunden ist) verglichen wird. Zum anderen zeigt sie, dass ein solches Erinnern, das die Wahrnehmung von Wandel ermöglicht, alles andere als selbstverständlich und aufgrund der Möglichkeit des Verzerrens und Vergessens dessen, was einst war, sogar ausgesprochen prekär ist. Die interdisziplinäre Gedächtnis- und Erinnerungsforschung (Markowitsch und Welzer 2005; Welzer und Markowitsch 2006; Welzer 2005) liefert insofern Aufschlüsse, die für ein tieferes Verständnis der Wahrnehmung von Wandel unverzichtbar sind.

Aus unserer Forschungsperspektive, die sich sowohl auf vergangenen als auch auf zukünftigen Wandel richtet, wird wiederum deutlich, dass Gedächtnis und

Erinnern, ganz anders als es häufig den Anschein hat oder auch innerhalb dieser Forschungsrichtung selbst fokussiert wird, keineswegs ausschließlich mit Vergangenem zu tun hat. Erinnern geht immer von der Gegenwart aus, und es steht in der Regel mit Handlungen und Handlungsproblemen in Zusammenhang, die auf Zukünftiges bezogen sind. Allgemein kann Erinnern als ein in der Gegenwart sich vollziehender Prozess verstanden werden, der nicht ausschließlich Vergangenes, sondern Nicht-Gegenwärtiges vergegenwärtigt. Damit schließt der Begriff des Erinnerns grundsätzlich auch das Vergegenwärtigen von Zukünftigem ein, und es zeigt sich zugleich, dass Erinnern einen grundlegenden Modus der Wahrnehmung von Zeit darstellt.

Im Kontext einer global fortgeschrittenen Moderne, in der weite Bereiche der Wirklichkeit durch dynamische Veränderung geprägt sind und Problematiken entstehen, die immer weiter in die Zukunft ausgreifen, wird es gesellschaftlich immer wichtiger, Zusammenhänge zwischen Gegenwärtigem, Vergangenem und Kommendem in den Blick zu bekommen – auch und wohl gerade dann, wenn das in der Zukunft Kommende nicht genau abgeschätzt werden kann. Damit erhält die Weite der Zeithorizonte, innerhalb derer diese Zusammenhänge erfasst werden, eine entscheidende Bedeutung. Die zeitlichen Reichweiten der individuellen wie auch kollektiven Wahrnehmungen von Veränderungen der Welt prägen die Möglichkeiten sowohl der Orientierung in dynamischen Veränderungsprozessen als auch der Beeinflussung und Korrektur von nicht intendierten Formen und Folgen des menschlichen Handelns. Die Zusammenhänge von Vergangenem, Gegenwärtigem und Zukünftigem, die in der individuellen und kollektiven Praxis hergestellt werden, bilden daher einen zentralen Gegenstand der in diesem Buch behandelten Frage nach Formen, Grenzen und Konsequenzen der Wahrnehmung von Wandel.

Selbstverständlich ist die hier angesprochene Thematik des Wandels keineswegs neu. Sie ist seit jeher ein Grundthema der Moderne, das sich durch beinahe sämtliche Gesellschafts- und Lebensbereiche zieht. Auch in den Sozialwissenschaften und insbesondere der Soziologie spielt diese Thematik daher eine erhebliche Rolle. Seit den Anfängen der Soziologie zählt die Frage nach den Formen und Konsequenzen von sozialem Wandel – neben dem Interesse an gesellschaftlichen Strukturen und dem Handeln – zu den Grundfragen dieser Disziplin (vgl. Joas und Knöbl 2004, S. 37; Ritsert 2000, S. 35, 123 ff.). Seit einiger Zeit wird Wandel hier auch zunehmend unter dem Gesichtspunkt der Beschleunigung betrachtet, d. h. einer Veränderung von Zeitrhythmen, -wahrnehmungen und -ordnungen in der (post-) modernen Welt (Koselleck 2000; Nassehi 2008; Rosa 2005; Virilio 1980). Auch dieser Gesichtspunkt einer Veränderung der Geschwindigkeiten, in denen Wandel sich vollzieht, berührt unser Forschungsinteresse ganz unmittelbar.[2] Zum einen besitzen unterschiedliche Dynamiken des Wandels einen erheblichen Einfluss auf dessen Wahrnehmbarkeit, zum anderen prägen sie – wie wir später erörtern werden – offenbar ihrerseits das Vermögen, Wandel wahrzunehmen.

Obwohl sich sehr vielfältige und weitreichende Bezüge auf Wandel und dessen Wahrnehmung generell ergeben, fokussieren wir in diesem Buch Wandel und Veränderung – beide Begriffe verwenden wir synonym – in einem spezifischen Bereich. Unsere Forschungsperspektive richtet sich auf die angesprochenen problematischen Veränderungen im Bereich der natürlichen Umwelt und der damit ursächlich zusammenhängenden menschlichen Handlungsweisen. Hier vollziehen sich gegenwärtig einige tiefgreifende und zum Teil sehr langfristige Veränderungsprozesse, die Gefahren und Herausforderungen einer neuartigen Weite mit sich bringen. Die Autoren um Will Steffen (2004, 2011), die unter anderem den Vorschlag der Periodisierung eines in der Gegenwart begonnenen Erdzeitalters des Menschen propagieren, veranschaulichen diese bedrohlichen Veränderungen anhand einer Vielzahl von Schaubildern (vgl. Abb. 1.1), von denen wir hier einen kleinen Teil aufgreifen möchten. Sie zeigen in drastischer und etwas vereinfachender Weise Wandel in einer Reihe von natürlichen und gesellschaftlichen Gegenstandsbereichen, in denen sich nicht einfach nur Veränderungen, sondern vielmehr Prozesse eines klar ausgerichteten und Geschwindigkeit aufnehmenden Wandels vollziehen.

Diese Schaubilder dienen Steffen und seinen Mitautoren (2004, 2011) zugleich als Hinweis auf Zusammenhänge, die zwischen Veränderungen innerhalb des Erdsystems und den seit Beginn der industriellen Revolution ausgeweiteten und intensivierten menschlichen Aktivitäten bestehen. Zu den so angedeuteten anthropogen geprägten Veränderungen zählen neben einem in seiner Dynamik völlig neuen Verlust an Biodiversität auch die erhöhte und rasch ansteigende Konzentration von Treibhausgasen in der Erdatmosphäre. Detaillierte und differenzierte Darstellungen dieser Problematik, die sich weiterhin zuspitzt – 2013 erreichte die Kohlendioxidkonzentration in der Erdatmosphäre Werte von über 400 ppm[3] –, liegen andernorts vor (vgl. IPCC 2007, 2013; Rahmstorf und Schellnhuber 2007; Stehr und Storch 2010). Die entsprechenden Erkenntnisse, über die im Falle der

---

[2] Vgl. den sogenannten Brundtland-Bericht: „Die Veränderungen gehen so schnell vonstatten, daß die wissenschaftlichen Disziplinen und die gegenwärtig vorhandenen Einrichtungen zur Beurteilung und Beratung in bezug auf diese Entwicklung nicht mithalten können."(Weltkommission für Umwelt und Entwicklung 1987, S. 26, Punkt 102)

[3] Vgl. die berühmte Messreihe zur CO_2-Konzentration in der Atmosphäre auf dem Mauna Loa, Hawaii (http://scrippsco2.ucsd.edu/images/graphics_gallery/original/mlo_record.pdf. Zugegriffen: 16. Mai 2013).

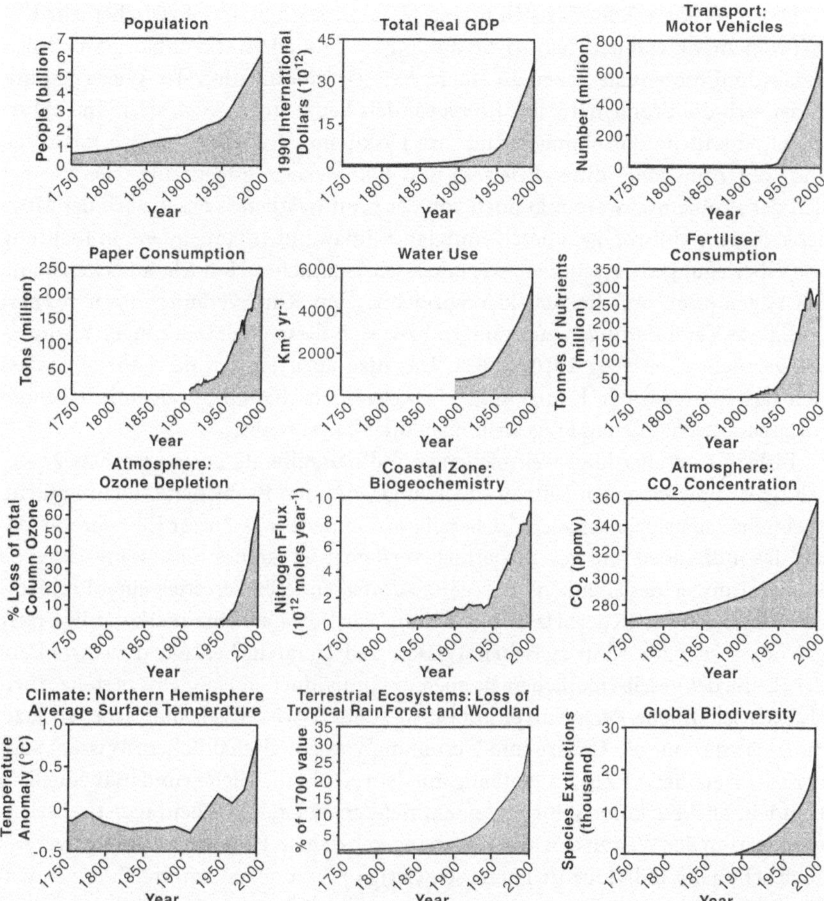

Abb. 1.1 Steffen et al. (2004, S. 259). Die Autoren erläutern diese Abbildung wie folgt: „The increasing rate of change in human activity since the beginning of the Industrial Revolution (top six panels) (…). The bottom six panels show some of the global-scale changes in the Earth System as a result of the dramatic increase in human activity" (ebd., S. 259).

Klimaproblematik ein außergewöhnlich klarer wissenschaftlicher Konsens besteht, können wir daher im Rahmen unserer Arbeit voraussetzen und uns denjenigen Aspekten widmen, die aus einer sozialwissenschaftlichen Perspektive zugänglich werden. Im Folgenden fokussieren wir also soziale und kulturelle Aspekte, die für ein besseres Verständnis und eine gesellschaftliche Bearbeitung der Klima- und Umweltproblematik relevant sind.

Das recht klare Bild, das sich in den Naturwissenschaften inzwischen zur Klimaproblematik etabliert hat, sowie die immer deutlicher erkennbar gewordenen Gefährdungspotentiale haben zu einer gewissen Modifikation der Weise geführt, in der sich die Problematik des Klimawandels heute stellt. Auch wenn die naturwissenschaftliche Forschungen und ihre Diskussion selbstverständlich fortlaufen und weiterhin neue, differenziertere und komplexere Fragen aufwerfen, so hat sich der Problemschwerpunkt doch von der grundsätzlichen Frage nach der Möglichkeit eines anthropogen beschleunigten Klimawandels zunehmend in Richtung von Überlegungen verschoben, wie ein gesellschaftliches Handeln aussehen kann, das angemessen auf die sich klar abzeichnenden Klimaveränderungen reagiert und diese Veränderungen zu mindern bzw. sich diesen Veränderungen anzupassen versucht (Reusswig 2010, S. 83). Das mag auch ein Grund dafür sein, dass sich das Interesse der Klima- und Umweltwissenschaften an eigentlich genuin sozialwissenschaftlichen Fragestellungen offenbar ausdehnt.

Bislang sind allerdings weitreichende und tiefgreifende Lösungsansätze zu der mit dem anthropogenen Klimawandel aufgeworfenen Problematik nicht in Sicht. Vielmehr zeigt sich, dass auch das bereits vorhandene Wissen zur Klimaproblematik, das individuell und gesellschaftlich verfügbar ist, keineswegs zwangsläufig zu Veränderungen des Handelns oder gar zu umfassenderen Schritten einer Problembewältigung führt (Kuckartz 2010). Häufig wird dies als eine merkwürdige oder gar überraschende Kluft zwischen Wissen und Handeln beklagt, die sowohl auf der Ebene des gesellschaftlichen als auch des individuellen Handelns bestehe. Sozialwissenschaftliche Perspektiven und insbesondere wissenssoziologische Ansätze, die nicht nur auf die Genese und Verteilung von gesellschaftlichem Wissen, sondern auch auf dessen Zusammenhang mit dem gesellschaftlichen und individuellem Handeln blicken, können hier zu einem tieferen Verständnis beitragen und erläutern, warum der Weg zu einem problemangemessenem Handeln auf kollektiver wie auch schon auf individueller Ebene schwierig und voraussetzungsreich ist. Zudem handelt es sich im Falle der Klimaproblematik, die das gesamte Erdsystem und gewissermaßen eine Weltgesellschaft betrifft, um eine außerordentlich komplexe Problemkonstellation. Ihre globalen Bezüge, die weiten Zeithorizonte, unterschiedliche Interessenkonstellationen und erforderliche Eingriffe in viele Sphären der gesellschaftlichen Produktion, Konsumtion und Lebensform lassen auch nur einigermaßen erfolgreiche Schritte einer Bewältigung der Klimaproblematik äußerst schwierig erscheinen.

Zur skizzierten Komplexität der Klimaproblematik und ihrer Lösungsansätze kommt hinzu, dass politische Regulationen einer gesellschaftlichen Legitimität bedürfen und zudem häufig auf zivilgesellschaftliche Themensetzungen und Anliegen zurückgehen. Hier zeigt sich erneut die hohe Relevanz, die dem gesellschaftlichen

Erkennen und Verkennen von Wandel zukommt. Sowohl auf kollektiver wie auch individueller Ebene stellen Wahrnehmungen der mit der Klimaproblematik verbundenen Veränderungen eine Voraussetzung dafür dar, dass die Entwicklung des Klimas überhaupt zu einem beachtenswerten und als dringlich geltenden Thema, d. h. zu einem sich auch in der gesellschaftlichen Wirklichkeit stellenden Problem wird.

Ganz ähnlich gilt dies alles auch für Problemebereiche jenseits der Klimaproblematik, z. B. die Überfischung der Meere. Auch in diesem Falle handelt es sich um Veränderungen, die ob ihrer räumlichen und zeitlichen Ausdehnung der unmittelbaren Wahrnehmung in Alltag oder Arbeitstätigkeit nicht oder nur in kleinen Ausschnitten zugänglich werden. Und auch hier lassen sich nicht-intendierte Folgen und Risiken des gesellschaftlichen Handelns nur durch Veränderungen der Handlungspraxis in Produktion, Distribution und Konsumtion regulieren. Derartige Veränderungen und Regulationen von problematischen Praktiken haben entsprechende Wahrnehmungen, Wissensbestände und Einsichten auf Seiten der Beteiligten wie auch des weiteren gesellschaftlichen Rahmens zur Voraussetzung.

Die soweit umrissene und begründete Fragestellung soll in unserem Buch in einer explorativen Weise erörtert werden. Sowohl in seinen begrifflich-theoretischen als auch in seinen empirisch begründeten Überlegungen versucht es, möglichst viele jener Aspekte und Mechanismen zu identifizieren, zu diskutieren und in einen Zusammenhang zu bringen, die für ein tieferes Verständnis der Wahrnehmung von Veränderung unverzichtbar sind. Das übergreifende Ziel richtet sich demnach stets darauf, Erkenntnisse zu den Formen, Grenzen und Konsequenzen der Wahrnehmung von Wandel darzulegen, sowie den Bezug dieser Erkenntnisse auf die Klima- und Umweltproblematik deutlich zu machen.

Hierbei geht das Buch schrittweise vor. Es gliedert sich in zwei Hauptteile, einen begrifflich-theoretisch und einen empirisch ausgerichteten Teil. Der erste fokussiert begriffliche und theoriebezogene Aspekte. Er setzt an einigen Arbeiten aus dem Kontext der Meereswissenschaften an (Pauly 1995, 2001; Sáenz-Arroyo et al. 2005), die anhand des Begriffes „shifting baseline syndrome" (SBS) Grenzen der Wahrnehmung von Wandel thematisieren. Vor allem blicken diese Arbeiten zu „shifting baselines" auf Unterschiede der Veränderungswahrnehmung, die zwischen unterschiedlichen Generationen (bzw. Alterskohorten) erkannt werden, sowie auf das Problem einer häufig zu geringen historischen Tiefe der Wahrnehmung von Wandel, die dazu führt, das dessen längerfristiges Ausmaß verkannt wird. Einerseits erschließen diese Ansätze eine hochinteressante und gesellschaftlich relevante Gesamtproblematik, die unter anderem die Wissenschaftsforschung berührt und zu unserer sozialwissenschaftlichen Beschäftigung mit dem Thema Veränderungswahrnehmung einen wesentlichen Impuls gab. Andererseits zeigen sich in den Betrachtungsweisen dieser Ansätze auch rasch einige Grenzen und Verkürzungen. Daher bieten sie sich für eine Nutzung als heuristische Mittel an. Sie dienen uns also als ein Gerüst, das ein Forschungsfeld vorstrukturiert und so zu jenen Bereichen führt, in denen es offensichtlich weiterführender und ergänzender Überlegungen bedarf, zu denen wir nun aus einer weitgehend wissenssoziologisch orientierten Perspektive beizutragen versuchen.

Auf dieser Grundlage setzen wir unsere Arbeit mit der Erörterung von wissenssoziologischen Grundlagen fort, die zunächst einmal ein genaueres Verständnis von einigen hier verwendeten Schlüsselbegriffen erlauben – unter anderem gehen wir auf die Begriffe von Wahrnehmung, Erfahrung und Wissen ein. Ansetzend insbesondere an die Arbeiten von Alfred Schütz (2003 ff.) werden hier zugleich Grundzüge der wissenssoziologischen Perspektive vermittelt, an der wir uns in diesem Buch insgesamt orientieren. Anschließend wenden wir uns der Forschung zu Gedächtnis, Erinnerung und Vergessen zu, einem Bereich, der einen fundamentalen Bestandteil jeglicher Thematisierung von Wissen darstellt und dem – wie bereits ausgeführt – innerhalb unserer Fragestellung eine erhebliche Bedeutung zukommt. Jegliche Wahrnehmung von Wandel bzw. Veränderung verlangt ein Erinnern von zumindest einem Referenzzustand, der mit einem weiteren Zustand verglichen wird, der in der Gegenwart wahrgenommen wird (oder ebenfalls erinnert wird). Danach vertiefen wir die oben in Zusammenhang mit dem SBS bereits kurz angesprochenen Punkte der Abfolge von Generationen bzw. Alterskohorten in ihrer Bedeutung für das gesellschaftliche Erinnern und Vergessen. Einen dritten Schwerpunkt innerhalb dieses Untersuchungsteils bilden dann Überlegungen zu Aspekten der Zeit und Zeitwahrnehmung. Sie betreffen nicht zuletzt die Weite von Zeithorizonten sowie die perspektivische Ausrichtung der Zeitwahrnehmung in Vergangenheit und Zukunft, die wir als Zeitperspektiven bezeichnen. In diesem Zusammenhang wird die zukunftsbezogene Perspektive ausdrücklich in die Fragestellung zur Wahrnehmung von Wandel einbezogen. Damit geht es hier gleichermaßen um rückschauend betrachteten wie um antizipierten Wandel.

Ein Resümee des ersten Hauptteils hält eine Reihe von Aspekten und Begriffen fest, anhand derer bereits ein umfassenderes und genaueres Verständnis jener Fragen zur Wahrnehmung von Wandel möglich wird, die sich ausgehend von den erwähnten Arbeiten zum SBS eröffnen. Einige der entwickelten Gesichtspunkte bilden zugleich einen Ausgangspunkt für den folgenden empirischen Teil.

Der zweite Hauptteil widmet sich Befunden und weiterführenden Überlegungen, die sich im Zuge der Auswertung von empirischen Daten ergaben. Dieses Datenmaterial besteht aus einer umfangreichen Reihe biografischer Interviews, die Umweltaspekte fokussierten und im Rahmen der beiden Forschungsprojekte „Katastrophenerinnerung" und „Shifting Baselines" erhoben wurden. Beide Projekte wurden am Kulturwissenschaftlichen Institut Essen (KWI) unter Leitung von Harald Welzer im Zusammenwirken eines größeren Projektteams bearbeitet. In diesem Rahmen versteht sich das vorliegende Buch als Synthesestudie, die sich einem beide Teilprojekte übergreifenden Kernthema widmet – dem (V)erkennen vergangenen wie auch zukünftigen Wandels.

Die innere Gliederung des zweiten, empirischen Teils folgt einer idealtypischen Unterscheidung dreier Dynamiken des Wandels: langsamem, rapidem und krassem Wandel. Anknüpfend an einige im ersten Teil entwickelte Überlegungen können wir davon ausgehen, dass sich mit unterschiedlichen Dynamiken von Wandel auch unterschiedliche Chancen der Wahrnehmung von Wandel verbinden. Als besonders problematisch erscheinen hierbei langsame und schleichende Veränderungen, die ja auch weite Bereiche der Klimaproblematik prägen, während krasser Wandel, wie er sich in katastrophenartigen Geschehensabläufen vollzieht, meist mit wesentlich größerer Macht in die Aufmerksamkeit und Wahrnehmung drängt. Der zweite Hauptteil beginnt demnach zunächst mit der Wahrnehmung von langsam verlaufendem Wandel und erörtert in diesem Zusammenhang zudem allgemeine Grenzen der Wahrnehmung von Wandel im Bereich von Wetter und Klima.

Danach gehen wir auf rapiden Wandel ein, der hier anhand von Aussagen zum Thema Verkehr und Mobilität, die wir den Interviews entnehmen können, untersucht wird. Angesprochen sind damit Praxisformen, die einen hohen Stellenwert für die Problematik des anthropogenen Klimawandels besitzen. Eine Feinanalyse des in diesen Themenbereich fallenden Interviewmaterials, die sowohl die vier Länderstudien als auch die in diesen jeweils befragten drei Alterskohorten vergleicht, eröffnet hier Aufschlüsse insbesondere zur Varianz unterschiedlicher Reichweiten und Zeithorizonte der Veränderungswahrnehmung, an denen weitere Überlegungen zu den Ursachen dieser Varianz ansetzen.

Schließlich kommt die Darstellung zu krassem Wandel. Unsere Betrachtung richtet sich hierbei – orientiert an unserer im Kontext des Klimawandels angesiedelten Fragestellung – auf sogenannte „Natur"-Katastrophen, deren soziale und kulturelle Dimensionen wir besonders hervorheben. Einerseits liegen in den entsprechenden Situationen Wahrnehmungen begonnener, vollzogener bzw. drohender Veränderungen besonders nahe, andererseits ergibt sich aus unserer Analyse ein differenzierteres Bild der Schritte und Prozesse der Wahrnehmung von solchem krassen Wandel. In diesem Zusammenhang wird mit der Thematik der Katastrophenerinnerung noch einmal ausführlicher auf das Erinnern vergangener und in der Zukunft möglicher Sachverhalte wie auch den Zusammenhang dieser beiden Formen des Erinnerns eingegangen. Fragen des Lernens hängen hiermit eng zusammen.

Die Überlegungen des abschließenden dritten Teils, die an beide Hauptteile anknüpfen, resümieren Erkenntnisse zu Formen, Grenzen und Konsequenzen der Wahrnehmung von Veränderungen in Umwelt und umweltrelevantem Handeln. Unsere Betrachtung ihrer Formen behandelt zum einen allgemeine Muster, die als eine Grundform der Wahrnehmung von Wandel verstanden werden können, wobei unter anderem auf die Differenz individueller und kollektiver Wahrnehmungsprozesse sowie auf deren Zusammenhänge eingegangen wird. Zum anderen spricht sie dann die Varianz und Vielfalt von Formen der Wahrnehmungen von Wandel an, die sich auf Grundlage unserer beiden Untersuchungsteile erkennen lässt. Anschließend an ein Resümee zu Grenzen der Wahrnehmung von Wandel sowie der mit solchen Wahrnehmungen verbunden Konsequenzen folgen schließlich Überlegungen zu der Frage, wie individuelle und kollektive Vermögen der Wahrnehmung von Wandel eventuell gestärkt, d. h. in ihrem Wandel gezielt beeinflusst werden können. Damit versucht das Resümee, die allgemeinen Erkenntnisse, die sich aus beiden Untersuchungsteilen ergeben, für jene praxisbezogenen Bemühungen, Initiativen und Interessen zu erschließen, die explizit oder implizit auf eine Veränderung bzw. Ausweitung von Vermögen der Wahrnehmung von Wandel abzielen.

Insgesamt sind wir davon überzeugt, dass unsere wissenssoziologisch ausgerichtete Perspektive ein wesentlich umfassenderes und tieferes Verständnis der Wahrnehmung von Wandel eröffnet sowie die von den hier herangezogenen Arbeiten zum SBS erörterten Gesichtspunkte erheblich erweitern und insofern auch zu einer interdisziplinären Perspektive auf die entsprechenden Fragen beitragen kann. Während in den bisherigen Ansätzen zu „shifting baselines" eher allgemeine Regelmäßigkeiten oder gar anthropologisch feststehende individuelle Wahrnehmungsvermögen im Vordergrund stehen, richtet sich unsere Perspektive in stärkerem Maße auf die Varianz, den Wandel wie auch die Wandelbarkeit von Wahrnehmungen von Wandel. Zudem werden Zusammenhänge zwischen Wahrnehmungen auf individueller und kommunikativer bzw. sozialer Ebene von uns ausführlicher und differenzierter berücksichtigt. Die Funktion des Konzepts der „shifting baselines" bzw. des „Shifting-Baseline-Syndroms" (SBS) verschiebt sich hierdurch freilich von der Bezeichnung eines vermeintlich klaren Problems hin zur Bezeichnung eines komplexen Zusammenhangs von Faktoren und Mechanismen, die einerseits Wahrnehmung von Wandel ermöglichen und ihnen andererseits Grenzen setzen.

Die Darstellung in diesem Buche, das eine Reihe recht unterschiedlicher Themengebiete zusammenführt, eine gegenseitige Bereicherung natur- und sozialwissenschaftlicher Perspektiven durch die Bearbeitung gemeinsamer Fragen anstrebt und auch über diese wissenschaftlichen Felder hinaus zugänglich bleiben möchte, bemüht sich, die unterschiedlichen Gebiete jeweils so weit auszuführen, dass sie auch ohne enge Vertrautheit mit diesen Gebieten verständlich werden. Daher mag den Lesenden, abhängig von ihrem jeweiligen Hintergrund, manches zu ausführlich erscheinen, während sie an anderen Stellen schmerzliche Lücken entdecken werden. Derartige Lücken enthält das Buch gewiss einige, nicht nur da es viele Themengebiete aufgreift und zusammenzuführen versucht, die jeweils für sich betrachtet tiefergehend erörtert werden sollten. Vielmehr stellt das Buch überhaupt mit seiner in den Sozialwissenschaften wenig behandelten Frage nach der Wahrnehmung von Wandel und seinem Bemühen, unseres Erachtens hierfür notwendig zu berücksichtigende Punkte zusammenzuführen und dabei zugleich die Praxisbezüge dieser Frage nicht aus den Augen zu verlieren, einen Versuch dar. Wir hoffen, dass er sich als produktiv erweisen wird, indem er zu weiterführenden Überlegungen, Untersuchungen oder auch Umsetzungen mancher Gesichtspunkte anregt.

Die wesentliche Grundlage dieses Buches liegt in der bereits erwähnten Zusammenarbeit innerhalb des Teams der beiden – von der Stiftung Mercator geförderten – Forschungsprojekte „Katastrophenerinnerung" und „Shifting Baselines", zu dem ich im Herbst 2010 für zwei Jahre als wissenschaftlicher Koordinator hinzustieß. Mein herzlicher Dank für die nette Zusammenarbeit, Unterstützung, Anregung und Kritik gilt Björn Ahaus, Maike Böcker, Gitte Cullmann, Annett Entzian, Gunnar Fitzner, Ingo Haltermann, Lena Mahler, Franz Mauelshagen, Jorit Neubert, Eleonora Rohland, Karin Schürmann, Matthias Wanner, Harald Welzer (dem Initiatoren und Leiter des Gesamtprojekts, dem ich auch für seine sorgfältige Lektüre und Kommentierung des Buchmanuskripts danke) und Markus Wollina. Die im gesamten Buch verwendete „Wir-Form" möchte dieses Fundament kollektiver Arbeit hervorheben – die Verantwortung für den vorliegenden Text liegt selbstverständlich ganz beim Autor.

In Zeiten und gesellschaftlichen Zusammenhängen, in denen sich weite Bereiche der natürlichen und sozialen Umwelt in gravierender Weise verändern, stellt sich die Frage nach der individuellen wie auch der gesellschaftlichen Wahrnehmung von Veränderungen nicht nur aufgrund von primär wissenschaftlichen Interessen. Sie zielt zugleich auf Einsichten, die ein über die wissenschaftliche Arbeit hinausreichendes gesellschaftliches Abschätzen von Veränderungen, ihrer Folgen wie auch der Gestaltung und Regulierung von Wandel ermöglichen. In besonderem Maße gilt das, wenn es wie beim anthropogenen Klimawandel oder dem Verlust von Artenvielfalt um Gefährdungen eines ganz erheblichen Ausmaßes geht.

Wissenschaftliche Erkenntnisinteressen stehen insofern auch hier in einem Zusammenhang mit der Bearbeitung gesellschaftlicher Probleme. Es versteht sich daher beinahe von selbst, dass Fragestellungen, die sich für Wandel interessieren, keineswegs neu sind. Gesellschaftlicher Wandel und Probleme des Wandels bildeten vielmehr im 19. und frühen 20. Jahrhundert einen Ausgangspunkt der sozialwissenschaftlichen und insbesondere der soziologischen bzw. als soziologisch zu bezeichnenden Reflexion (Durkheim 1992; Marx 1962a; Weber 1988). Auch heute noch zählt das Beschreiben und Erklären von Formen und Konsequenzen des gesellschaftlichen Wandels zu den Grundfragen der Soziologie, wobei Soziologie als jene Sozialwissenschaft verstanden werden kann, die gegenüber den auf engere Teilbereiche ausgerichteten Disziplinen den Zusammenhang der unterschiedlichen Teilbereiche des Gesellschaftlichen (wie Ökonomie, Politik und Kultur) im Blick behält (Habermas 1988, S. I, 19; Joas und Knöbl 2004, S. 37; Ritsert 2000, S. 35) und somit Wandel in seinem umfassenden gesellschaftlichen Kontext untersucht. Trotz des Gewichts, das dem Thema „Wandel" generell zukommt, ist die spezifischere Frage nach der Wahrnehmung von Veränderungen in den Sozial- und Kulturwissenschaften allerdings nicht besonders prominent. Insbesondere aus

Psychologie[1] und Geschichtswissenschaft („Geschichtsbewusstsein")[2] liegen hier eine Reihe von Ansätzen vor, die allerdings eher spezifische Fragen innerhalb der Grenzen dieser einzelnen Wissenschaftsdisziplinen behandeln. Demgegenüber möchten wir eine vorwiegend soziologisch ausgerichtete Perspektive einnehmen, die auf Erkenntnisse zu einigen übergreifenden Fragen und Zusammenhängen zielt, die insbesondere das Verhältnis von individuellen und sozialen bzw. kollektiven Faktoren im Prozess des Wahrnehmens und Nichtwahrnehmens von Veränderungen und Kontinuitäten sowie die Varianz und Plastizität solcher Wahrnehmungen betreffen.

Unser Bemühen um ein tieferes Verständnis der Wahrnehmung von Veränderung kann und muss insofern an einschlägigen Arbeiten zu diesem Thema ansetzen. Schritt um Schritt möchten wir auf dieser Grundlage das Verständnis vertiefen und weitere Aspekte berücksichtigen, die sich im Laufe solchen Forschens als relevante Faktoren erweisen. Dementsprechend untersucht dieser erste Teil unserer Arbeit die Frage nach Formen, Grenzen und Konsequenzen der Wahrnehmung von Veränderung anhand der Erörterung einiger hierzu besonders geeignet erscheinender Begriffe und Theorieansätze. Der so geschärfte Blick richtet sich dann im zweiten Hauptteil unserer Untersuchung auf empirisches Material, dessen Analyse weitere Aufschlüsse gestattet.

Zunächst greifen wir ein Konzept auf, das im naturwissenschaftlichen Kontext vorgeschlagen wurde und eine ganze Reihe relevanter Aspekte enthält, die uns zu einer umfassenderen Reflexion über die Wahrnehmung und Wahrnehmbarkeit von Veränderungen führen. Es dient uns insofern in einer heuristischen Funktion, da es unsere Aufmerksamkeit auf einen spezifischen Problemzusammenhang lenkt und eine erste Strukturierung dieses Zusammenhangs anbietet, die wir als Ausgangspunkt für unsere weiterführenden Erörterungen nutzen können.

---

[1] Vgl. Arbeiten der Wahrnehmungs- oder Kognitionspsychologie allgemein (z. B. Neisser 1979), zu „change blindness" (Simons und Rensink 2005) und der Umweltpsychologie (Preuss 1991; Tanner und Foppa 1996).

[2] Rüsen (1994, S. 211 ff.); Jeismann (2000); Straub (1998, S. 103).

Das Shifting-Baseline-Syndrom (SBS) – Einführung in ein heuristisches Konzept   2

Maßgeblich angestoßen wurde die in diesem Buch untersuchte Fragestellung durch einige Arbeiten, die das Konzept „Shifting-Baseline-Syndrom" prägten. Dieses Konzept lenkt den Blick direkt auf einige Probleme einer angemessenen Wahrnehmung von Veränderungen und eignet sich daher, um die Grundzüge einer entsprechenden Forschungsperspektive darzustellen, die wir ausgehend von den Grenzen dieses Konzepts dann weiter entfalten wollen.

2.1 SBS in der Wissenschaft

Der Meereswissenschaftler Daniel Pauly (1995, 2001; Pauly et al. 2002) prägte die Begriffe „shifting baselines" und „shifting baseline syndrome" (SBS) im Kontext seiner Reflexion über die fischereiwissenschaftliche Forschung zu Fischbeständen, Artenvielfalt und Nachhaltigkeit. Einige Autoren aus benachbarten meereskundlichen Disziplinen wie auch Initiativen für den Schutz der Meere griffen dieses Konzept dann auf.[1] In sozial- und kulturwissenschaftliche Perspektiven übertragen wurde es von Harald Welzer (2008, S. 212 ff.; Leggewie und Welzer 2009, S. 98, 202).

---

[1] Ainsworth et al. (2008), Baum und Myers (2004), Dayton et al. (1998), Knowlton und Jackson (2008), Papworth et al. (2009), Pinnegar und Engelhard (2008), Roberts (2007), Sáenz-Arroyo et al. (2005), Sale (2011), Sheppard (1995), Turvey et al. (2010); in Öffentlichkeitsarbeit: http://www.shiftingbaselines.org.

D. Rost, *Wandel (v)erkennen*, DOI 10.1007/978-3-658-03247-0_2,   17
© Springer Fachmedien Wiesbaden 2014

In seiner ursprünglichen Formulierung bezieht sich das SBS auf die Praxis von einzelnen Fischereiwissenschaftlern und den Bereich des wissenschaftlichen Wissens. In der Forschung zur Veränderung von Fischbeständen und Artenvielfalt fehle, so Pauly (1995, 2001; Pauly et al. 2002), häufig eine hinreichende Bestimmung derjenigen Zustände aus der Vergangenheit, an denen die in der Gegenwart bemerkten Veränderungen bemessen werden. Es geht also um jene Zeitpunkte oder Phasen der Vergangenheit, die in Vergleichen von Gegenwart und Vergangenheit als Referenzpunkte (bzw. Referenzphasen, Basisperioden. . .), d. h. als „Baselines" dienen. Viele Wissenschaftler orientierten sich hierbei lediglich an eigenen frühen biografischen Erinnerungen oder an Informationen, die innerhalb ihres eigenen biografischen Horizonts lägen. Damit operieren sie jedoch mit spezifischen und gar nicht sehr weit zurückreichenden früheren Zuständen des Ökosystems, die nicht erkennen lassen, ob sich nicht längerfristig noch viel weitreichendere Veränderungen vollzogen haben. Eine unreflektierte Forschung zu solchen eher kurzfristigen Veränderungen läuft jedoch Gefahr, längerfristige Veränderungen auszublenden. Um also längerfristig verlaufene Veränderungen erfassen zu können, etwa solche, die bereits in früheren Phasen von Menschen verursacht wurden, oder historische Zustände erkennen zu können, die unter Gesichtspunkten nachhaltiger Entwicklung bewahrt werden sollten, bedarf es einer größeren historischen Tiefe der wissenschaftlichen Forschung.[2] Diese Kritik von Pauly bezieht sich zunächst auf die individuellen Vorstellungsvermögen von Forschenden, die in deren Forschungstätigkeit und Forschungsdesign einfließen, vor allem bei der Bestimmung von „Baselines", an denen einzelne Forschende oder auch einzelne Forschungsprojekte Wandel bemessen.

Paulys Kritik enthält jedoch noch weitere Facetten. Zum einen führen solche einzelnen Forschungen in der Wissenschaft, die grundsätzlich als ein kollektives und kommunikatives Schaffen von an Gültigkeit orientiertem Wissen zu begreifen ist, auch aufs Ganze betrachtet zu Verzerrungen im Erkenntnisstand der Wissenschaft. Sie tragen immer wieder neu dazu bei, dass längerfristig verlaufende Veränderungen ausgeblendet und hierzu Informationen liefernde historische Quellen, die z. B. in Form von archäologischen, literarischen und bildlichen Zeugnissen oder auch mündlich in Form von Anekdoten eigentlich zur Verfügung stehen, ungenutzt bleiben. Neben verkürzten Zeithorizonten geht es Pauly also auch um die kollektive Praxis der Nutzung bzw. Vernachlässigung historischer Quellen und damit um das kollektiv verfügbare und als gültig angesehene Wissen.

---

[2] Die Meeresforschung scheint aufgrund ihrer besonders schwierigen Beobachtungsbedingungen durch einen spezifischen Mangel an historischer Tiefe geprägt zu sein (Knowlton und Jackson 2008, S. 215).

Zum anderen führt Pauly das Problem der zu kurzen Zeithorizonte bei der Beobachtung von Wandel auf Alterseffekte zurück. Im Vergleich zu älteren Wissenschaftlern wählten jüngere, so Pauly (1995), weniger weit in der Zeit zurückliegende Referenzpunkte für das Bemessen von bis zur Gegenwart eingetretenen Veränderungen, da einzelne Wissenschaftler in der Regel solche Referenzpunkte wählen, die innerhalb ihrer eigenen Lebensspanne liegen. Daher lägen Referenzpunkte von älteren Forschenden meist weiter in der Vergangenheit als diejenigen der jüngeren. Auf den gesamten Betrieb einer Wissenschaftsdisziplin bezogen realisiert sich der Verlust an historischer Tiefe bei der Analyse von längerfristigen Veränderungen daher aus einem im weitesten Sinne generationalen Effekt: Mit dem Abtreten der älteren Wissenschaftler verschieben sich die Referenzpunkte, die dem Bemessen des Ausmaßes von Wandel dienen, in Richtung der Gegenwart. Genau hierauf bezieht sich die Bezeichnung als „shifting baselines".

Pauly veranschaulicht dies anhand einer Grafik, die die verschiedenen Aspekte des Problems zu erfassen hilft (Abb. 2.1)

Im Kontext schwindender Artenvielfalt habe jede Generation – Pauly spräche hier besser von Alterskohorten, da eine Bestimmung von Wissenschaftlergenerationen problematisch ist und z. B. jeweils stark von Selbstbeschreibungen der Betreffenden abhängt[3] – unterschiedlich weit zurückreichende Vorstellungen von ehemaligen Zuständen, an denen der Verlust von Biodiversität gemessen werden kann. Diese Vorstellungen werden hier als Referenzpunkte bezeichnet.

Im Zuge der altersmäßigen Erneuerung des Wissenschaftspersonals verschieben sich Referenzpunkte der wissenschaftlichen Beobachtung von Wandel in Richtung der Gegenwart. Ältere Referenzpunkte, aus denen sich ein höheres Ausmaß an Veränderungen ergeben würde, gehen der Beobachtungspraxis verloren, da sie an das Erfahrungswissen älterer Alterskohorten gebunden sind und mit den älteren Wissenschaftlern aus der Wissenschaft ausscheiden, d. h. vergessen werden. Mit dem Vergessen dieser Referenzpunkte geht der Wissenschaft das Wissen um frühere Zustände Stück um Stück verloren. Die Zeithorizonte, innerhalb derer sie Veränderungen erkennt, verengen sich, und Wandel wird nicht in dem Ausmaß

---

[3] Genauer gefasst handelt es sich hierbei nämlich um einen Alterskohorteneffekt. Der Generationenbegriff zielt in der Regel – insbesondere sofern Karl Mannheim (1928) gefolgt wird – auf generative Abfolgen und nur unter bestimmten Bedingungen zustande kommende Generationenlagerungen und -selbstverständnisse. In diesem Sinne ist er spezifischer und voraussetzungsvoller als der eher technische Begriff der Alterskohorte, der im hier angesprochenen Zusammenhang passender wäre. Da die entsprechenden Arbeiten zum SBS allerdings den Kohortenbegriff kaum nutzen, lässt sich bei deren Darstellung eine Übernahme des unscharfen Generationenbegriffs nicht ganz vermeiden.

Using recovered knowledge to prevent baseline shifts

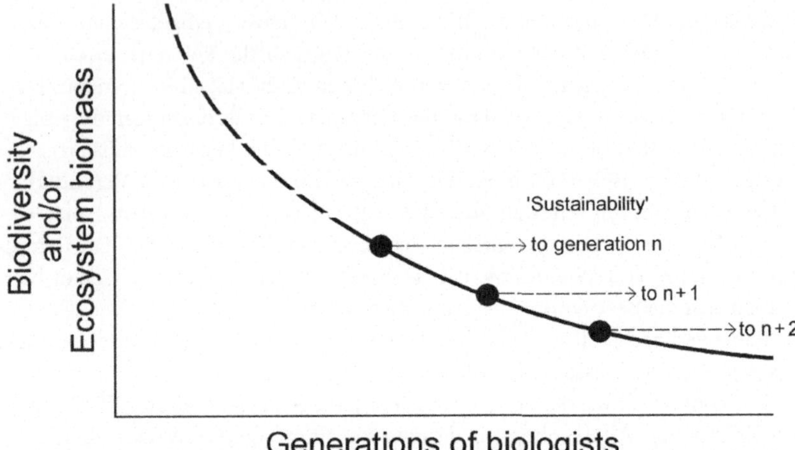

Abb. 2.1 Schematische Darstellung des Shifting-Baseline-Syndroms von Pauly (2001, S. 9). (In der Legende zu diesem Schaubild liefert Pauly eine ausführlichere Erklärung: „Human exploitation of newly accessed ecosystem typically implies that the animals that are largest and most valuable (in the nutritive or commercial senses) are taken and depleted first, often with simple methodologies. Smaller, less valuable animals are then the next to be taken, with improved technologies. Early serial depletions of this sort (thick dotted line) are not documented in the literature with the standards now prevailing, and thus often dismissed. Moreover, successive generations of biologists will tend to use the ecosystem state at the start of their career as baseline for what biodiversity and abundances ‚ought to be'. This leads to shifting baselines, with each generation aware of less that ought to be sustained. This undermines the concept of sustainability, which becomes generation-specific. Countering this ‚shifting baseline syndrome' (Pauly 1995) requires recovering and synthesizing historic information, i.e., data on earlier ecosystem states" (Pauly 2001, S. 9))

wahrgenommen, das sich längerfristig tatsächlich vollzogen hat. Pauly formuliert dies so:

> Essentially, this syndrome has arisen because each generation of fisheries scientists accepts as a baseline the stock size and species composition that occurred at the beginning of their careers, and uses this to evaluate changes. When the next generation starts its career, the stocks have further declined, but it is the stocks at that time that serve as a new baseline. The result obviously is a gradual shift of the baseline, a gradual accommodation of the creeping disappearance of resource species, and inappropriate reference points for evaluating economic losses resulting from overfishing, or for identifying targets for rehabilitation measures. (Pauly 1995, S. 430)

Pauly spricht hier also einen recht komplexen Zusammenhang an, in dem der Ersatz älterer Wissenschaftler durch jüngere mit Veränderungen in den Wissensbeständen der Gesamtgruppe von Wissenschaftlern und damit auch im Mainstream der jeweiligen Wissenschaftsdisziplin einhergeht. Leider versäumt er, auf die weiterführende Frage einzugehen, in welchem Verhältnis spezifische Generationenperspektiven und der Mainstream der betreffenden Wissenschaft überhaupt stehen. Denn es liegt hier ja die Frage nahe, wie sich solche Verschiebungen der Referenzpunkte in der kollektiven Praxis der Wissenschaft[4] durchsetzen. Obwohl Pauly sich – wenn auch eher am Rande – auf die einschlägige Arbeit zur „Struktur wissenschaftlicher Revolutionen" (Kuhn 1976) bezieht, in der diese Frage des generationalen Austauschs als Bedingung für die Veränderung von allgemein als gültig angenommenen Annahmen unter Bezug auf entsprechende Bemerkungen von Max Planck angesprochen wird,[5] so führt er das dennoch nicht weiter aus.

Den Ansatz von Pauly kennzeichnet zudem eine starke Orientierung an Lösungen zu dem von ihm beschriebenen Problem. Wege zur Vermeidung einer Verschiebung von Referenzpunkten und des daraus resultierenden Vergessens von längerfristigem Wandel sieht er dabei in zweierlei Weise: Zum einen bedürfe es einer Verhinderung des fortlaufenden „generationalen" Vergessens von Referenzpunkten, das sich im Zuge des Austauschs älterer durch jüngere Beobachter vollzieht. Insofern geht es um das Verhindern weiterer Verschiebungen von Referenzpunkten in Richtung der Gegenwart.

Zum anderen gelte es, eine größere historische Tiefe zu gewinnen, die es auch erlaube, länger zurückreichende Veränderungsprozesse zu erfassen, die sich etwa in vorindustrieller Zeit vollzogen – womöglich auch damals schon durch mensch-

---

[4] Der kollektive Aspekt der Institution Wissenschaft wurde insbesondere von Merton (1985) in sehr klarer Weise umrissen. Seit Jahrhunderten ist er im Bild der „Zwerge auf den Schultern von Riesen" ausgedrückt, das die Erkenntnisvermögen einzelner immer in Beziehung zu vorangegangenen Erkenntnisleistungen anderer setzt – und insofern zugleich auf den hohen Stellenwert von Gedächtnis und Erinnerung für die wissenschaftliche Praxis hinweist.

[5] Max Planck sprach – wie Thomas S. Kuhn (1976, S. 164) in seinen Überlegen zu Umbrüchen in der Wissenschaft aufgreift – in seiner wissenschaftlichen Selbstbiografie von der bemerkenswerten Erfahrung, dass eine „neue wissenschaftliche Wahrheit sich nicht in der Weise durchzusetzen [pflege], daß ihre Gegner überzeugt werden und sich als belehrt erklären, sondern vielmehr dadurch, daß die Gegner allmählich aussterben und daß die heranwachsende Generation von vornherein mit der Wahrheit vertraut gemacht ist" (Planck 1948, S. 22). Aufgrund dieser allmählichen Durchsetzung von wissenschaftlichen Revolutionen spricht Kuhn – in der Tat passend für die Thematik des SBS – auch von der „Unsichtbarkeit von Revolutionen", so lautet die Überschrift des entsprechenden Kapitels. Die Rede ist also von einer möglichen Nicht-Wahrnehmung auch revolutionären Wandels (hier freilich eines wissenschaftlichen Paradigmas).

liches Handeln. Diese Erinnerungsarbeit betrifft also den in seiner Grafik durch die gestrichelte Linie dargestellten Bereich. Diese stellt jenen Bereich der Vergangenheit dar, für den (noch) keine Daten vorliegen, die als Referenzpunkte für weiter zurückreichende Vergleiche dienen könnten, für den jedoch grundsätzlich nutzbare Quellen existieren. In diesem Bereich bedarf es eines kreativen Erschließens und Rekonstruierens von historischen Daten. Unter Hinweis auf ähnliche Vorgehensweisen beispielsweise in der Astronomie, empfiehlt Pauly, unterschiedlichste historische Quellentypen, unter anderem auch Überlieferungen und Anekdoten, daraufhin zu prüfen, ob sie Daten zu solchen weiter zurück in der Vergangenheit liegenden Referenzzustände liefern können. Auf diesem Wege könnten nicht nur Veränderungen über länger Zeiträume hinweg erkannt werden, sondern zugleich für eine solide Anwendung des Nachhaltigkeitskonzepts erforderliche und hinreichend empirisch begründete „well established baselines" (Pauly 2001, S. 9).

Insgesamt betrachtet geht es Pauly somit grundsätzlich um Fragen des Erinnerns und des Gedächtnisses – einerseits innerhalb des kommunikativen Austauschs zwischen einzelnen Wissenschaftlern verschiedener Alterskohorten, andererseits im Rahmen der kollektiven wissenschaftlichen Aufgabe, einen Horizont von Referenzpunkten zu erschließen, der weiter in die Vergangenheit zurückreicht und eine wissenschaftliche Wahrnehmung von Wandel über längere Perioden hinweg ermöglicht.

2.2   SBS im Kontext von Arbeitstätigkeit

An den Überlegungen Paulys setzt die Untersuchung einer Forschungsgruppe um Andrea Sáenz-Arroyo et al. (2005) an. Sie bemüht sich um einen empirischen Nachweis des SBS, bei dessen Erläuterung sie mitunter auch spezifischer von „shifting environmental baselines" sprechen. In der Tat liefern Paulys Ausführungen ja eher Hypothesen, die eine Prüfung der Stichhaltigkeit und Reichweite des SBS nahelegen. Abgesehen von ihrem Anliegen einer quantitativ ausgelegten empirischen Untersuchung des SBS verschiebt diese vorwiegend aus den Umwelt- und Meereswissenschaften stammende Autorengruppe die Perspektive der Untersuchung vom wissenschaftlichen Bereich auf Wahrnehmungen in der Alltags- und spezifischer noch in der Arbeitswelt. Es geht ihr somit um Wahrnehmungen des Wandels von Artenvielfalt und Fischbeständen nicht durch Wissenschaftler, sondern durch Fischer. Den Untersuchungsgegenstand bildet damit eine Personengruppe, deren professionelle Tätigkeit und Wahrnehmung nicht durch systematische wissenschaftliche Empirie und Abstraktion, sondern durch das unmittelbare, beinahe tägliche und auf ökonomische Zwecke ausgerichtete Erleben von Natur und Fischbeständen geprägt ist.

Ihr Vergleich dreier Alterskohorten (15–30, 31–54, 55 Jahre und älter), die zu erschöpften Fischbeständen, ausgeschöpften Fangzonen und maximalen Größen der von ihnen jemals gefangenen Fische befragt wurden, zeigt zunächst, dass eine große Mehrheit (84 %) aller befragten Fischer meint, dass die Fischerei zu einem Verlust einiger Arten und einiger Fangzonen im von ihnen befischten mexikanischen Golf von Kalifornien beigetragen habe (ebd. 1958). Sie alle nehmen Veränderungen der Natur, in der sie arbeiten und die sie bearbeiten, wahr. Allerdings zeigen ihre Vorstellungen über den Zustand des ihnen vertrauten maritimen Ökosystems in der Vergangenheit deutliche Unterschiede. Von der älteren zu der jüngeren Gruppe hin sinken die Angaben zur Anzahl der erschöpften Arten und Fangzonen deutlich. Der Mittelwert (Median) von Angaben zur Zahl der erschöpften Arten sinkt beispielsweise von 11 über 7 zu nur noch 2 Arten bei der Gruppe der jüngeren Fischer (ebd. 1959). Demnach vollzieht sich hier ein „rapid intergenerational shift in their perception of how the seascape looked in the past" (ebd. 1959). Denn ganz wie im Falle der von Pauly fokussierten Wissenschaftler gibt es auch bei den Fischern altersbedingt unterschiedlich lange Zeiträume eigener Erfahrung, anhand derer Aussagen über den Wandel getroffen werden. Indem die Autoren hier mehrfach von ‚rapid shifts' sprechen, verweisen sie implizit darauf, dass solche Verschiebungen von Referenzpunkten der Wahrnehmung von Wandel unterschiedliche Dynamiken besitzen können. Das entsprechende Vergessen kann sich in unterschiedlicher Geschwindigkeit vollziehen, und so diagnostizieren sie im untersuchten Fall eine schnelle Verschiebung dieser Referenzpunkte und gerade das nutzen sie – in einer wohl etwas zu eiligen Generalisierung – als Erklärung, „why human societies are so tolerant to the creeping loss of biodiversity" (ebd. 1956).[6]

Neben der über Alterskohorten hinweg verlaufenden Verschiebung von Referenzpunkten und der Geschwindigkeit dieser Verschiebung thematisiert auch dieser Aufsatz, ähnlich wie bereits Pauly, eine weiter zurückreichende historische Dimension. Ein Abgleich mit Ergebnissen aus historischen Recherchen, die in ihrem Forschungsprojekt ergänzend durchgeführt wurden und Anekdoten von

---

[6] Einen Fall wohl schon extrem rapider Verschiebung von Referenzpunkten berichten Turvey et al. (2010, S. 785) vom chinesischen Yangtze, an dem lokale Fischer bereits vor dem endgültigen Verschwinden bestimmter Fischarten aus dem Fluss diese schon nicht mehr kennen. – Solch rasches Vergessen, das sich sogar auf Gegenwärtiges bezieht, dürfte in den spezifischen Relevanzen von Fischern, die sich von denjenigen der Biologen unterscheiden, begründet sein: den Wissenschaftlern geht es um Wissen über Flora und Fauna, den Fischern um regelmäßiges Fangen von Fischen.

Fischern, Daten aus diversen Naturbeobachtungen und ‚graue' Literatur auswerteten, zeigt, dass auch die Gruppe der älteren Fischer den vollzogenen Wandel der Fischbestände und Fangzonen nicht in vollem Umfang wahrnimmt (ebd. 1959). Um einen für das Erfassen des Ausmaßes der anthropogenen Veränderung der Fischbestände hinreichenden – und insofern den Ansprüchen wissenschaftlicher Beobachtung genügenden – Referenzpunkt zu gewinnen, reicht es also nicht, allein die z. B. per Oral History dokumentierbaren Angaben der ältesten noch lebenden Fischer heranzuziehen. Darüber hinaus bedarf es vielmehr einer zusätzlichen Nutzung weiterer Quellentypen, aus deren Synthese dann erst eine zuverlässige und gültige Rekonstruktion früherer Zustände von Ökosystemen möglich ist. Auch hier schließt ihre Perspektive eng an Pauly und dessen Plädoyer für eine kreative Nutzung unterschiedlichster Quellen historischer Information an.

Sáenz-Arroyo et al. haben jedoch nicht nur vor Augen, „to incorporate traditional knowledge into scientific analyses" (ebd. 1961), sondern es geht ihnen auch um Wissens- und Erinnerungstransfers zwischen unterschiedlichen Altersgruppen in der Alltagswelt. Gerade in solchen Staaten wie Mexiko, die einen sehr hohen Bevölkerungsanteil junger Menschen haben, erscheint ihnen dies besonders wichtig. Häufig, so vermuten sie, werde das Wissen der älteren Fischer nicht einmal innerhalb ihrer Familien tradiert. Zudem erfahre es seitens der jüngeren Fischer keine hinreichende Würdigung. Auch hier passt wieder Paulys (1995, S. 430) Rede von Anekdoten, die eigentlich Informationen über vergangene Zustände bereithalten, tatsächlich jedoch missachtet, geringgeschätzt oder zumindest nicht genutzt werden.

Dementsprechend zielt der abschließende didaktische Ratschlag von Sáenz-Arroyo et al. (2005, S. 1961) auf den Transfer zwischen Alterskohorten, den sie unter dem Aspekt der Geschwindigkeit thematisieren. Es geht ihnen dabei um Eingriffe, die in der Lage sind, die Verschiebung von Referenzpunkten, an denen Wandel bemessen werden kann, durch umfassendere Transmission von Wissen an jüngere Alterskohorten zumindest zu verlangsamen. Implizit thematisieren sie insofern Familiengedächtnisse, soziale Gedächtnisse und die kommunikative wie auch erinnerungspolitische Prägung des Erinnerns. Damit verweist die didaktische Intention dieser Autorengruppe zugleich auf zentrale Themen der sozialwissenschaftlichen Gedächtnis- und Erinnerungsforschung, die in diesem Zusammenhang relevant sind und die wir im Fortgang unserer Darstellung daher wieder aufgreifen und ausführlicher betrachten werden.

2.3   Zwischenresultat: Facetten des Shifting-Baseline-Syndroms und Desiderata der Forschung

Halten wir fest, welche Perspektiven auf die Wahrnehmung von Wandel sich aus den referierten Ansätzen ableiten lassen.

2.3.1   Ein Desiderat: Analyse des SBS im Bereich von Alltagswissen und Alltagspraktiken

Zunächst möchten wir festhalten, dass die Fokussierung von (Natur-)Wissenschaft bei Pauly und von Arbeitstätigkeiten bei Sáenz-Arroyo et al. unmittelbar eine dritte Perspektive nahelegt. Die Frage nach der Wahrnehmung von Veränderungen sollte gerade vor dem Hintergrund unserer Forschungsinteressen auch auf jenen Tätigkeits- bzw. Lebensbereich bezogen werden, in dem die Wahrnehmung der einzelnen Menschen nicht durch den Rahmen systematischer Beobachtung, Informationssammlung und Reflexion (wie in der Wissenschaft) oder die mit zweckorientierten Tätigkeiten (Arbeitstätigkeiten, innerhalb und außerhalb der Erwerbsarbeit) verbundene zielgerichtete Aufmerksamkeit bestimmt wird, sondern eher diffus ist. Das ist der Bereich der Alltagswirklichkeit, der sich durch ein besonders großes Spektrum unterschiedlicher Facetten auszeichnet. Auf sie nimmt auch Pauly (2011) selbst in einem neueren Kommentar Bezug, in dem er unter anderem auf veränderte Wahrnehmungen des Rauchens an öffentlichen Orten hinweist. In diesem Falle sei der Referenzpunkt des ehemals weit verbreiteten und beinahe selbstverständlichen Rauchens bereits fast vergessen und es falle daher gar nicht auf, wie sehr sich das Verhalten verändert habe. In diesem Kontext sei die Nicht-Wahrnehmung von Wandel allerdings auch unproblematisch. Neben der Erweiterung seiner Perspektive auf die Alltagswelt kommt Pauly so auch zu einer Unterscheidung von „baselines that need shifting" (ebd.) und solchen, deren Vergessen problematisch sei.

Wenn wir mit der Alltagswirklichkeit auf einen Bereich blicken, der ob seiner vielen Facetten in weiten Teilen durch eher diffuse und zufällige Ausrichtungen von Aufmerksamkeit und Wahrnehmung geprägt ist, so stellt sich hier unmittelbar anschließend die Frage nach Möglichkeiten und Grenzen der Wahrnehmung von Veränderungen. Denn sicherlich ist davon auszugehen, dass eine geringere oder gar gänzlich fehlende Ausrichtung auf bestimmte Bereiche der Wirklichkeit die Wahrscheinlichkeit senkt, hier überhaupt über Referenzpunkte zu verfügen, die Vergleiche mit aktuell beobachteten Zuständen erlauben. Zudem dürfte es immer viele

Bereiche der Alltagswirklichkeit geben, die zwar grundsätzlich der eigenen sinnlichen Erfahrung einzelner Menschen zugänglich sind, jedoch nicht zu Gegenständen ihrer Aufmerksamkeit werden. Die Bildung vieler Routinen im Alltagsleben – so vermuten wir hier zunächst weiter – wird weitere Bereiche der Aufmerksamkeit und damit auch der Möglichkeit des Festhaltens und Erinnerns entziehen.

Bereits diese Überlegungen zur Alltagswelt und einigen Grenzen der Wahrnehmung von Wandel legen nahe, in einer noch sorgfältigeren Weise zu reflektieren, wie denn in diesem Zusammenhang überhaupt Prozesse der Ausrichtung von Aufmerksamkeit, der Wahrnehmung und des Erinnerns begriffen werden können.

2.3.2 Grundmuster und allgemeine Facetten des Shifting-Baseline-Syndroms (SBS)

Die vorhergehenden Ausführungen zeigen, dass die Perspektive des ursprünglich im Bereich der meereswissenschaftlichen Nachhaltigkeitsforschung vorgeschlagenen Konzepts „SBS" auf eine viel allgemeinere Frage verweist: Wie verhält sich die menschliche Wahrnehmung zu Veränderungen der Welt, die sich – nicht zuletzt aufgrund steigender Leistungsvermögen menschlichen Handelns – in vielen Bereichen ausdehnen und beschleunigen?

Interessant erscheint dieses Konzept auch aufgrund seiner vielen Facetten, die es in diesem Zusammenhang in den Blick nimmt. Neben der Frage der Wahrnehmung geht es um Zeithorizonte, Generationendynamik sowie Erinnerung und Vergessen – Aspekte, die allerdings zum Teil nur eher am Rande angesprochen werden. Um ein tieferes Verständnis von Formen, Möglichkeiten, Grenzen und Konsequenzen der Wahrnehmung von Veränderungen zu erhalten, erscheint es also vielversprechend, dieses Konzept aufzugreifen und es dabei allerdings in einer differenzierteren Weise zu reformulieren.

Einen Schritt in eine solche Richtung gehen auch Papworth et al. (2009). Sie analysieren einige Aspekte, Faktoren und Bedingungen des SBS in einer differenzierteren und systematischen Weise und fassen dieses Phänomen etwas stärker unter dem Gesichtspunkt des Vergessens von vergangenen Zuständen.

Ähnlich den zuvor betrachteten Arbeiten geht es diesen Autoren zunächst um im weitesten Sinne generationale Verschiebungen von Referenzpunkten. Anknüpfend an eine entsprechende Arbeit von Kahn und Friedman (1995) bezeichnen sie diese Verschiebungen als „generational amnesia" (Papworth et al. 2009, S. 93).[7] Von

---

[7] Kahn beschreibt „generational amnesia" wie folgt: „I think we all take the natural environment we encounter during childhood as the norm against which we measure environmental

solchem als sozial zu begreifenden Vergessen, das sich aus unterbleibender Transmission von Wissen zwischen Personen unterschiedlicher Alterskohorten ergibt, unterscheiden sie das sich unabhängig von solcher Kohortendynamik vollziehende individuelle Vergessen, eine „personal amnesia" (ebd.). Selbstverständlich ist dieses personale, im eigenen Lebensverlauf erfolgende und insofern auch als autobiografisch zu bezeichnende Vergessen – das eine teils leidvolle, teils glückliche Erfahrung wohl aller Menschen ist – für sich betrachtet keine besondere Entdeckung. Doch hinsichtlich einer systematischen Erfassung des SBS erinnert es daran, dass das Vergessen von ehemaligen Zuständen der Umwelt und die damit verbundene Nicht-Wahrnehmung von Wandel sich in einem Zusammenspiel von im weitesten Sinne generationalem und somit kollektivem wie auch personalem bzw. individuellem Vergessen ergibt. Es kann also sowohl auf sozial oder biografisch sich verschiebenden Referenzpunkten (baselines) beruhen wie auch auf dem Wechselspiel dieser beiden Prozesse. Beide Phänomene sind daher sowohl jeweils für sich als auch in ihrem Zusammenwirken zu betrachten.

Papworth et al. (2009, S. 95) erwähnen des Weiteren eine zumindest denkbare Veränderungsblindheit.[8] Sie hängt nicht mit dem Vergessen von aus der Vergangenheit stammenden Referenzpunkten zusammen, sondern mit einem Verkennen von veränderten Gegenwarten. Blind gegenüber dem Wandel wären in diesem Sinne z. B. Wahrnehmungen, die ganz dem Referenzpunkt eines ehemaligen Zustands verhaftet bleiben und veränderte gegenwärtige Zustände überhaupt nicht wahrnehmen. In gleicher Weise bleiben umgekehrt auch Verzerrungen des Erinnerten zu berücksichtigen. Gedächtnisillusionen, sofern sie Referenzpunkte betreffen, können – beispielsweise durch ein Übertreiben ehemaliger Fischfänge – sowohl tatsächlich vollzogenen Wandel verzerren als auch Wandel dort wahrnehmen, wo sich solcher gar nicht vollzogen hat.

Fassen wir die Facetten des Konzepts SBS auf dieser Grundlage noch einmal zusammen: Im Zentrum dieser Forschungsperspektive steht die menschliche Wahrnehmung von rapiden Veränderungen der natürlichen Umwelt. Im Besonderen geht es um die „Baselines" solcher Wahrnehmungen, d. h. die zeitlichen Referenzpunkte (bzw. Referenzphasen, Basisperioden. . .) samt der mit ihnen verbundenen Vorstellungen von Zuständen, an denen der Wandel der betreffenden

---

degradation later in our lives. With each ensuing generation, the amount of environmental degradation increases, but each generation in its youth takes that degraded condition as the nondegraded condition – as the normal experience." (Kahn 2002, S. 106)

[8] Die Autoren beziehen sich hinsichtlich „change blindness" eher lose auf die umfangreichen experimentellen Studien zu solchen Grenzen visueller Wahrnehmung von Veränderungen von Simons und Rensink (2005).

Sachverhalte bemessen werden kann. Da diese Referenzpunkte im historischen, generationalen oder biografischen Verlauf in der Regel selbst Verschiebungen und Veränderungen unterliegen, ergeben sich Ungenauigkeiten und Ungewissheiten in Wahrnehmungen des Wandels. Das kann so weit gehen, dass Wandel in anderer Form als Kontinuität erscheint oder auch überhaupt nicht wahrgenommen wird. Insofern gilt das Interesse der betrachteten Forschungsansätze neben den Wahrnehmungsweisen gerade auch dem, was nicht wahrgenommen, sondern vergessen oder ignoriert wird. All diese Fragen sind dabei durch den Bezug auf Wandel von natürlicher Umwelt in einem spezifischen Bereich angesiedelt, der – von außen betrachtet – durch einen hohen Problemgehalt, großen Handlungsbedarf und entsprechende gesellschaftliche Relevanz gekennzeichnet ist. Es geht hier also nicht nur um eine spannende wissenschaftsinterne Fragestellung, sondern auch um eine gleichermaßen spannende allgemein-gesellschaftliche Problematik von hoher Aktualität.

Den Beiträgen zur SBS-Perspektive geht es bei alledem um verschiedene Formen des Wahrnehmens: das (meeres-)wissenschaftliche Beobachten sowie Wahrnehmungen im Kontext von Arbeitstätigkeiten, die einen starken Naturbezug haben. Hierdurch werden zumindest am Rande auch Interessen und Motive als Faktoren der Wahrnehmung von Veränderungen berührt. Dass diese sich im Bereich von Arbeitstätigkeiten wie der Fischerei, der wissenschaftlichen Beobachtung von Ökosystemen oder der diffusen Alltagswahrnehmung beispielsweise von lokalen Vogelpopulationen unterscheiden, kann den referierten Beiträgen zumindest in Ansätzen entnommen werden (vgl. Sáenz-Arroyo et al. 2005; Papworth et al. 2009, S. 97).

Deutlich zeigen die betrachteten Forschungsbeiträge, dass Veränderungen nicht schlicht wahrgenommen werden, sondern dass ihre Wahrnehmung auf komplexeren kognitiven Operationen beruht, die zu unterschiedlichen Zeitpunkten gegebene Zustände – meist sind das Zustände der Gegenwart und der Vergangenheit – in Beziehung setzen.

Im Mittelpunkt des Interesses der Beiträge zum SBS stehen damit Aspekte des Erinnerns und Vergessens bzw. Verzerrens von ehemaligen Zuständen, die als Referenzgrößen (baselines) für Wahrnehmungen von Wandel dienen können. Diese Aspekte werden innerhalb von drei für die Wahrnehmung von Wandel bedeutsamen Bereichen angesprochen, zu deren Veranschaulichung sich eine Ergänzung der oben bereits herangezogenen Grafik von Pauly (2001, S. 9) anbietet (Abb. 2.2). Gemäß unserer Erörterung thematisieren die hier betrachteten Beiträge zum SBS explizit die folgenden Bereiche: a) das Erinnern und Vergessen solcher ehemaligen Zustände, die historisch relativ weit zurückreichen (die SBS-Ansätzen erörtern dies anhand des Erinnerns und der Nutzung von historischen Daten in wissenschaftli-

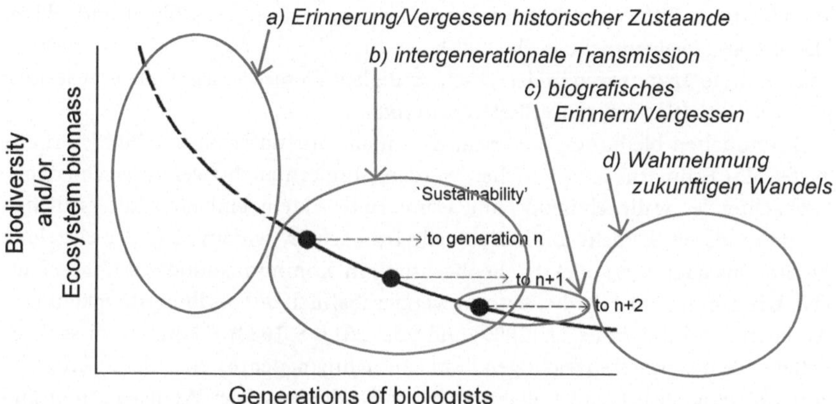

Abb. 2.2 Vier von den SBS-Beiträgen berührte Themenbereiche (unsere Ergänzung zu Fig. 2 von Pauly (2001, S. 9). (Dabei muss selbstverständlich vom engen Bezug dieser Grafik auf die Biologie abstrahiert werden. Wie bereits zuvor kann diese Grafik auch als allgemeine Darstellung von Problemen der Wahrnehmung des Wandels unterschiedlichster Sachverhalte (y-Achse) im Zeitverlauf (x-Achse) gelesen werden)

chen Analysen und der Frage nach Quellentypen, die sich hierfür anbieten); b) die in einem weiten Sinne als intergenerational zu bezeichnende (Nicht-)Transmission von Wissen um solche Zustände (die Beiträge zum SBS sprechen dies sowohl innerhalb von Wissenschaft als auch des Alltagslebens an); c) das biografische Erinnern, Vergessen und Verzerren solcher Zustände aus dem zeitlichen Rahmen des individuellen Lebensverlaufes (das Papworth et al. (2009) mit dem Begriff der „personal amnesia" ansprechen). Zudem können wir an dieser Stelle bereits hinzufügen, dass sich in der Perspektive des SBS implizit ein vierter für die Frage der Wahrnehmung von Wandel bedeutsamer Bereich andeutet, nämlich d) die (Nicht-)Wahrnehmung von in der Zukunft liegenden bzw. in der Zukunft möglichen Zuständen, die Vergleiche mit gegenwärtigen oder vergangenen Zuständen und insofern ein Antizipieren von zukünftigem Wandel ermöglichen können.

Darüber hinaus reißt die Rede von „rapidly shifting baselines" (Sáenz-Arroyo et al. 2005) mit der Frage nach der Geschwindigkeit des Vergessens noch eine weitere wichtige Differenzierung der Wahrnehmung von Wandel an. Denn dass die als Referenzpunkte verfügbaren Zustände sich gesellschaftlich im historischen Prozess verschieben und zu großen Teilen irgendwann in Vergessenheit geraten, kann an diesem Punkt bereits als zwangsläufig und selbstverständlich erkannt werden. Eine Gesellschaft, die alle Aspekte ihrer Umwelt oder noch weitergehend sogar jeglichen

Wandel dieser Umwelt wahrnehmen und erinnern würde, ist schlicht undenkbar. Daher liegt die eigentliche Problematik der vom SBS thematisierten Verschiebungen von Referenzpunkten in der Geschwindigkeit dieser Verschiebungen wie auch in der Selektivität verfügbarer Referenzpunkte.

Festzuhalten bleibt des Weiteren, dass nicht nur unterschiedliche historische Tiefen des Erinnerns angesprochen werden, sondern auch zwei unterschiedliche beobachtende, wahrnehmende und erinnernde Akteurseinheiten unterschieden werden müssen. Es geht um individuelle Beobachter, wie im Falle der einzelnen Fischer, als auch um kollektive Beobachtung in Kommunikationszusammenhängen, wie z. B. im Falle der kollektiven wissenschaftlichen Forschungstätigkeit. Den Arbeiten von Papworth et al. (2009) und Sale (2011, S. 162 ff.)[9] können wir schließlich noch einen weiteren wichtigen Punkt entnehmen, der in den anderen Ansätzen zum SBS eher ausgeblendet bleibt: Relevant für die Frage der Wahrnehmung sind auch die der Objektseite zugehörigen Aspekte wie z. B. die Geschwindigkeit, Rhythmik, Varianz oder der lineare bzw. exponentielle Verlauf der Veränderung von Teilen der Umwelt.

Insgesamt betrachtet, legen die Stärken und Grenzen der soweit erörterten Thematik des SBS somit die Entfaltung einer weiter ausgreifenden Forschungsperspektive nahe.

---

[9] Sale skizziert dort die besondere Schwierigkeit des Wahrnehmens von exponentiell verlaufendem Wandel.

Formen, Aspekte und Elemente der Wahrnehmung von Wandel aus sozialwissenschaftlicher Perspektive 3

Das Shifting-Baseline-Syndrom (SBS) eröffnet, wie zuvor gesehen, eine ganze Reihe interessanter Perspektiven auf Fragen der Wahrnehmung von Wandel. In den bisher vorliegenden Entwürfen und Anwendungen dieses Konzeptes bleibt jedoch vieles recht skizzenhaft und wenig trennscharf. So bleibt z. B. unklar, ob es eher um individuelle Wahrnehmungen, kollektive Wissensbestände bestimmter Alterskohorten oder um den Mainstream wissenschaftlicher Disziplinen geht. Allerdings möchten diese Forschungsbeiträge auch eher auf bestimmte Fragen hinweisen und einzelne Probleme benennen. Eine umfassende und vollständige Entfaltung eines Forschungsansatzes oder eine theoriegeleitete Perspektive auf den mit dem SBS benannten Problemkomplex ist nicht ihr Ziel.

In unserer Arbeit möchten wir nun Hinweise und Ansatzpunkte aus den erörterten Beiträgen aufgreifen und das bislang skizzenartig konturierte SBS in einem heuristischen Sinne nutzen. Es dient somit als ein erkenntnisleitendes Gerüst, das uns Wege zu einem tieferen Verständnis von Chancen, Formen, Grenzen und Konsequenzen der Wahrnehmung von Wandel erschließt. Auf diesen Wegen werden wir eine Reihe von Aspekten erörtern, die aus sozialwissenschaftlicher Perspektive heraus geeignet erscheinen, einige notwendige Unterscheidungen und einen feineren Blick in die Analyse der Wahrnehmung von Wandel einzuführen. Da wir die Anregung hierzu aus den Arbeiten zum SBS und somit aus dem naturwissenschaftlichen Feld und einigen dort behandelten Problemen aufgreifen, besitzt dieses Vorgehen auch einen interdisziplinären Charakter. Es geht uns insofern um Begriffsklärungen und Erkenntnisse, die nicht nur für sozialwissenschaftliche, sondern auch für naturwissenschaftliche Perspektiven relevant sind und die darüber hinaus zugleich die Praxisbezüge unserer Fragestellung nicht aus den Augen verlieren.

Die Notwendigkeit, die Frage der Wahrnehmung von Wandel und der „shifting baselines" nicht allein anhand der üblicherweise von den Naturwissenschaften behandelten biologischen und evolutionären Faktoren zu begreifen, zeichnet sich übrigens schon in einigen der meereswissenschaftlichen Arbeiten zum SBS deut-

D. Rost, *Wandel (v)erkennen*, DOI 10.1007/978-3-658-03247-0_3,
© Springer Fachmedien Wiesbaden 2014

lich ab. So bezieht sich Pauly (2001) ja ausdrücklich auf die Wissenschaftsforschung von Thomas Kuhn, und Peter Sale formuliert in einem dem Problem der „shifting baselines" gewidmeten Kapitel ganz explizit einen Schnittpunkt von naturwissenschaftlichen und sozial- und kulturwissenschaftlichen Perspektiven: „I have been writing as if we are trapped by the laws of physics, biology, and evolution, but we also have culture, language, rationality, and the collective memory that language has provided." (Sale 2011, S. 161)[1] Insofern verlangt das Konzept des SBS geradezu nach einer sozialwissenschaftlichen Reflektion und einer Verknüpfung von Perspektiven, die sich aus unterschiedlichen Disziplinen heraus ergeben.[2]

Das Grundmuster des SBS, das unsere obigen Betrachtungen erkennen ließen, besagt zunächst, dass es sich bei Wahrnehmungen von Veränderungen um eine komplexe kognitive Operation handelt, bei der zumindest ein Zustand, der nicht in der aktuellen Gegenwart beobachtet wird, sondern in ihr im Zuge des Erinnerns vergegenwärtigt wird, mit einem anderen Zustand des gleichen Sachverhalts verglichen wird und dabei ein Urteil über Wandel bzw. Kontinuität des verglichenen Sachverhalts getroffen wird.

Dieses Muster der Wahrnehmung von Veränderung soll nun näher erörtert und präzisiert werden, indem wir Schritt um Schritt einzelne sozialwissenschaftliche Ansätze, Begriffe und Forschungsbereiche heranziehen. Sie können und sollen hier freilich nicht in allen ihren Facetten und Hintergründen dargestellt, sondern nur so weit ausgeführt werden, wie das für ihr allgemeineres Verständnis und ihren Stellenwert im Rahmen unserer Themenstellung relevant erscheint. Die besagten Ansätze sollen hierbei auch für mit den behandelten sozialwissenschaftlichen Themen und Begriffen weniger vertraute Leserinnen und Leser verständlich bleiben.

Im Einzelnen gehen wir nun auf einige wissenssoziologische Grundlagen, die Gedächtnis- und Erinnerungsforschung, den Generationenbegriff sowie auf Zeithorizonte und -perspektiven ein.

---

[1] Abgesehen von einigen Hinweisen auf Bildung geht Sale (2011) allerdings auf solche kulturellen und sozialen Faktoren des Wandels von Veränderungswahrnehmungen nicht näher ein.

[2] Zur Notwendigkeit interdisziplinärer Umwelt- bzw. Klimaforschung vgl. z. B. die Überlegungen zu „Environmental Humanities" (Sörlin 2012). Lorenz (2012, S. 45 f.) und Renn et al. (2011, S. 464 f.) betonen, dass von Seiten der Sozialwissenschaften und auch speziell der Soziologie durchaus eine bereits größere Zahl relevanter Beiträge zur Problematik des Klimawandels vorliege, die allerdings jenseits wie auch innerhalb der Sozialwissenschaften eine zu geringe Aufmerksamkeit fänden.

3.1 Die Perspektive der Wissenssoziologie

Das Konzept des SBS zielt auf das Begreifen von Wahrnehmungen und Nicht-wahrnehmungen von Veränderungen seitens einzelner Personen wie auch in Kollektiven. Neben dem entsprechenden Wahrnehmen und Wissen einzelner Personen lenkt es den Blick auf soziale Tradierungen solchen Wissens, wie sie sich in der Alltagswelt beispielsweise in Form von Anekdoten oder in der Wissenschaft durch eine systematische Ausarbeitung und Veröffentlichung von Forschungsergebnissen vollziehen. Grundsätzlich geht es dem SBS um die Frage, wie sich Veränderungen einer äußeren Welt in der menschlichen Erfahrungswelt, d. h. in der von ihnen wahrgenommenen Wirklichkeit darstellen.

Um zu einem tieferen Verständnis dieser mit dem Konzept des SBS anvisierten Sachverhalte zu gelangen, liegt es nahe, an Begriffen und Perspektiven der Wissenssoziologie anzusetzen. Die wissenssoziologische Perspektive, die in ihren Grundzügen maßgeblich durch die Arbeiten von Alfred Schütz[3] geprägt wurde, eignet sich hierzu in besonderer Weise, denn eines ihrer Grundanliegen liegt gerade im Verständnis der Konstitution menschlicher Sinnwelten, d. h. jenes komplexen Gewebes von Bedeutungen, das als Wissen zu begreifen ist (und somit auch als ein wichtiger Bereich des in einem ganz allgemeinen Sinne verstandenen Kulturellen). Diese Sinnwelten liefern Muster, die der Wahrnehmung von Wirklichkeit dienen und diese prägen. Wissen in diesem Sinne ist etwas, das sich in der menschlichen Geschichte im Zuge individueller und sozialer Prozesse konstituiert, beständig in die Deutung des Erlebten einfließt und sich dabei zugleich weiter modifiziert. Eine Erfahrung von Wirklichkeit ohne Wissensbestände, die in früheren Erfahrungen ausgebildet und aufgespeichert wurden und nun einer typisierend verfahrenden Wahrnehmung dienen, ist aus Sicht der Wissenssoziologie kaum denkbar.

Ein Spezifikum dieser Perspektive liegt darin, dass sie versucht, bei der Rekonstruktion des Wissens, mit dem Menschen sowohl in ihrem Alltag allgemein als auch in ganz spezifischen Lebensbereichen umgehen, unmittelbar an den Formen des Erlebens, Erfahrens und Vorstellens anzusetzen. Der analytische Ansatzpunkt dieser Rekonstruktion, bei der Alfred Schütz sich insbesondere an der Phänomenologie Edmund Husserls orientiert, ist somit zunächst in starkem Maße auf das Subjekt zentriert. Dies unterscheidet ihre Perspektive klar von eher objektivisti-

---

[3] Das Werk von Alfred Schütz (2003 ff. bzw. 1971a, b, 1972; Schütz und Luckmann 2003; als Überblick siehe z. B. Schnettler 2007) bildet also den zentralen Bezugspunkt unserer wissenssoziologischen Überlegungen. Einen guten Einblick in die Vielfalt und unterschiedlichen theoretischen, methodologischen und methodischen Anschlussmöglichkeiten wissenssoziologischer Perspektiven bieten die Beiträge in Tänzler et al. (2006).

schen Zugängen, die beispielsweise – wie in einer materialistischen Perspektive – Bestimmungen des Wahrnehmens fokussieren, die sich aus den äußeren materiellen Bedingungen heraus ergeben. Allerdings gehen gerade Alfred Schütz' Bemühungen zu einer phänomenologisch fundierten Sozialtheorie weit über rein individual-biografische Aspekte hinaus. Ihr Anliegen ist ein Verständnis der kollektiven Aspekte des Wahrnehmens und des Aufbaus sozialer Sinnwelten, die allerdings weiterhin vorwiegend aus der Perspektive von Subjekten betrachtet werden.[4] Dadurch gestatten sie einen konzentrierten Blick auf einige Grundzüge der Wahrnehmungen bzw. der Bewusstseinsinhalte einzelner Personen wie auch Analysen der Verknüpfung von subjektiven Wahrnehmungen und sozial geronnenen bzw. institutionalisierten Wissensbeständen.

Die Wissenssoziologie liefert uns insofern eine Grundlage, von der ausgehend wir die wesentlichen Grundlinien eines sozialwissenschaftlichen Verständnisses von Formen, Grenzen und Konsequenzen der Wahrnehmung von Veränderung erschließen können. Sie erlaubt, Kernfragen des SBS in einer wesentlich genaueren und weiterführenden Weise zu fassen, indem sie unter anderem Erkenntnisse und Perspektiven der Gedächtnis-, Generationen- und Zeitforschung aufnehmen kann. Daher werden wir im Folgenden zunächst einige hier besonders relevante Grundzüge der wissenssoziologischen Perspektive skizzieren.

3.1.1   Ausrichtungen des Wahrnehmens

Wie bereits erwähnt, richtet sich das Grundanliegen der an Alfred Schütz ansetzenden Wissenssoziologie auf das Verstehen des Aufbaus der Sinnwelt, innerhalb derer sich das Handeln von Menschen orientiert. Damit geht es ihr um die Gesamtheit aller Sinnelemente, mit denen Menschen operieren. Als allgemeines Grundmuster der Erfahrung von Wirklichkeit fokussiert sie dabei die Sinnzusammenhänge des Alltagsdenkens, der sogenannten natürlichen Einstellung. Hierin ganz der phänomenologischen Tradition von Edmund Husserl folgend, blickt sie darauf, wie sich Dinge in der menschlichen Wahrnehmung darstellen, nicht jedoch darauf, wie diese Dinge jenseits der Wahrnehmung durch Menschen wohl tatsächlich sein mögen. Sie will verstehen, wie Menschen verstehen. Denn all die Dinge, die die Wirklichkeit ausmachen, sind der Wahrnehmung nicht unmittelbar gegeben, sondern sie werden vielmehr erst durch Akte einer Bezugnahme auf diese Dinge, die sie eben erst *wahr nimmt*, zu einer Wirklichkeit für Menschen (vgl. Knoblauch 2010, S. 147). Ein

---

[4] Gleichwohl betont die Kritik an Schütz' Werk eine zu starke Fokussierung der Individualebene, eine „egologische" Perspektive (vgl. Habermas 1988, S. II, 198; Welz 1996).

Ansatzpunkt dieser Perspektive liegt in den Wahrnehmungen und Sinnhorizonten einzelner Personen. Diese subjektzentrierte Perspektive wird allerdings erweitert, indem die sozialen Voraussetzungen des Wissens sowie die symbolischen sozialen Formen des Wissens, die sich in Prozessen der Institutionalisierung bzw. der Objektivierung von Wissen und der Rückwirkungen solcher derart objektivierter Wirklichkeit ergeben, gleichfalls Berücksichtigung finden.[5]

Der Bereich jener Dinge, die zu Gegenständen der menschlichen Wahrnehmung werden können, dürfte unendlich sein. Innerhalb dieser enormen Komplexität, so Schütz, kann die Aufmerksamkeit eines Individuums grundsätzlich nur auf bestimmte Sachverhalte ausgerichtet sein. Sie bezieht sich immer auf etwas und nimmt also nicht die gesamte Menge möglicher Eindrücke auf, sondern stets nur eine kleine Auswahl. In vielen Fällen folgt die Ausrichtung der Aufmerksamkeit grundlegenden Erfordernissen des Lebens. Diese zum Teil in der biologischen Leiblichkeit fundierten Erfordernisse des Lebens begründen ein praktisches Interesse an dieser Welt – z. B. zu essen. Probleme, die sich der Wahrnehmung in irgendeiner Form aufdrängen, besitzen in diesem – von der pragmatischen Philosophie geprägten – Ansatz also für die Ausrichtung der Aufmerksamkeit und Wahrnehmung eine erhebliche Bedeutung.

Es sind also nicht immer alle Schichten dieser Welt für Menschen gleichermaßen interessant und relevant. Vielmehr ordnet eine selektive Funktion unseres Interesses „die Welt in räumlicher und zeitlicher Hinsicht in Schichten großer oder geringer Relevanz" (Schütz 2003 ff., S. V.1/203). Solche Relevanzen ergeben sich einerseits subjektiv aus der Aufschichtung biografischer Erfahrungen und andererseits aus den vielen Sinnmustern, die von Vorfahren und Zeitgenossen gebildet und übernommen wurden, die also sozial abgeleitet und vermittelt sind.[6] Des Weiteren werden diese Ausrichtungen der Wahrnehmung durch die jeweils aktuelle Situation

---

[5] Recht anschaulich dargestellt wird diese erweiterte Perspektive auf Objektivierung und Rückwirkung von Sinnwelten in Peter L. Bergers und Thomas Luckmanns (1977) Werk über „Die gesellschaftliche Konstruktion der Wirklichkeit".

[6] „Dies ist so, weil das Wissen jedes einzelnen nur zum geringen Teil seiner persönlichen Erfahrung entspringt. Zum weitaus überwiegenden Teil ist es sozial abgeleitet und dem einzelnen in dem langen Prozess der Erziehung durch Eltern, Lehrer, Lehrer der Lehrer, durch umweltliche, mitweltliche, vorweltliche Beziehungen aller Art übermittelt und zwar in der Form von Einsichten, mehr oder weniger wohlfundierten oder blinden Glaubens, Maximen, Rezepten, Gebrauchsanweisungen zur Lösung von typischen Problemen, das heißt zur Erzielung typischer Resultate durch typische Anwendung typischer Mittel." (Schütz 2003 ff., S. V.1/330) – Vgl. hierzu auch die zum Teil in ähnlicher Weise über rein auf subjektive Erfahrungen zugeschnittene phänomenologische Perspektiven hinausschreitende Perspektive von Bourdieu (1979, S. 164 ff.).

bestimmt. Wenn beispielswiese der eigene Aufenthaltsort plötzlich überschwemmt wird oder auf dem Weg zur Arbeit hinter einem ein Fahrradfahrer klingelt, da man an etwas anderes denkend das grüne Ampellicht nicht wahrgenommen hat, dann werden Relevanzen aus der Situation heraus auferlegt. Zum Teil vollzieht sich das in Form von Schockerlebnissen, die einen Sprung von einem Wirklichkeitsbereich in einen anderen erzwingen.[7]

Allgemein betrachtet ergeben sich unterschiedliche Relevanzen auch aus den verschiedenen Sphären des Lebens – wie der Arbeitstätigkeit, sonstigen besonderen Interessengebieten oder den diffusen Teilaspekten des Alltags. In idealtypischer Weise unterscheidet Schütz (2003 ff., S. VI.2/117 ff.) in einem Aufsatz zur sozialen Verteilung von Wissen so drei unterschiedliche Relevanzsysteme: die Relevanzen der ‚Menschen auf der Straße‘, die vorwiegend an der pragmatischen Bewältigung der unterschiedlichsten Situationen interessiert sind, die ihnen im Alltag begegnen und die sie meist mittels rezeptartigem, oft implizit angewandtem Alltagswissens bewältigen; der ‚Experten‘, deren Wahrnehmung auf bestimmte Sachgebiete ausgerichtet ist, die sie weitmöglichst durchdringen möchten; sowie, als Zwischenform, die Relevanzen der ‚gut informierten Bürger‘, die daran orientiert sind, Sachverhalte über die Vagheit des alltäglichen Rezeptwissens hinaus bis zu einem für begründete Ansichten erforderlichen Maße zu verstehen, ohne freilich ein entsprechendes Expertenwissen entwickeln zu wollen. Leicht zu erkennen ist hierbei, dass einzelne Subjekte in der Regel beständig zwischen diesen Relevanzsystemen wechseln.

Schütz’ Aufsatz über das Problem der Relevanz behandelt die Fragen nach der Konstitution, den Verhältnissen und den Verschiebungen der Ausrichtung des Wahrnehmens – und das heißt auch von Interessen – in einer besonders anschaulichen Weise. Er schildert dies anhand der Situation des Autors im Moment des Schreibens der ersten Zeilen eben dieses Aufsatzes über das Relevanzproblem. Ausgehend vom Tisch, an dem er im Garten seines Sommerhauses sitzt, skizziert Schütz die Gliederung der Wirklichkeit in dieser Situation wie folgt:

> Vor mir steht der Tisch mit einer grünen Oberfläche, auf dem verschiedene Gegenstände liegen: mein Bleistift, zwei Bücher etc. Weiter weg befinden sich Baum und Rasen meines Gartens, der See mit Booten, der Berg, die Wolken im Hintergrund. Um mein Haus, dessen Veranda, um die Fenster meines Zimmers etc. zu sehen, muß ich nur meinen Kopf drehen. Ich höre das Summen eines Motorbootes, die Kinderstimmen in Nachbars Garten, das Rufen eines Vogels. Ich erlebe die Kinästhesen meiner schreibenden Hand, ich habe ein Wärmegefühl, ich spüre den Tisch, der meinen schreibenden Arm unterstützt. All das liegt innerhalb meines Wahrnehmungsfeldes, das klar geordnet ist nach Gegenständen innerhalb meiner Reichweite, Gegenständen die einst in meiner Reichweite lagen und wieder in meine Reichweite gebracht werden

---

[7] Zu auferlegten Relevanzen vgl. Schütz (2003 ff., S. VI.1/91 f.).

können, und nach Gegenständen, die bisher nie in meiner Reichweite waren, die ich aber durch geeignete Körperbewegungen oder Ortsveränderungen in meine Reichweite bringen kann. In diesem Augenblick ist aber keines dieser wahrgenommenen Dinge für mein Bewußtsein thematisch. Meine Aufmerksamkeit richtet sich auf eine ganz besondere Aufgabe, die Analyse des Relevanzproblems, und, wenn ich unter diesen und jenen Umständen jetzt schreibe, so ist das nur eines von verschiedenen Mitteln, dieses Ziel zu erreichen und meine Gedanken anderen mitzuteilen. (Schütz 2003 ff., S. VI.1/69)

Trotzdem ist im gegenwärtigen Moment für mein Bewußtsein nur die Erforschung des aufgeworfenen Problems thematisch, das Feld der Wahrnehmungen, der autobiografischen Erinnerungen, der sozialen Beziehungen, der sozio-ökonomischen Bedingungen etc. formt bloß den Horizont dieser Tätigkeit, auf die ich mich konzentriere. (Schütz 2003 ff., S. VI.1/70)

Schütz schildert hier, wie sich Wahrnehmung in einer aktuellen Situation ausrichtet. In ihrem Mittelpunkt steht ein thematisches Feld der gerichteten Aufmerksamkeit, die sich aus den aktuellen Relevanzen ergibt. Das thematische Feld konstituiert sich aus einem thematischen Kern und einem ihn unmittelbar umgebenden (inneren) Horizont (ebd., S. VI.1/70 ff.). Relevanz für ihn besitzt im beschriebenen Moment also die Arbeit am Relevanzproblem. Sein thematisches Feld besteht in diesem Moment aus den verschiedenen Facetten des aktuell aufgeworfenen Problems, des Relevanzproblems.

Diese Situation ist prozesshaft zu begreifen. Solange keine Veränderungen der Relevanzen eintreten, bleibt das Feld des Thematischen durch die Ausarbeitung des Textes zum Relevanzproblem bestimmt. Der Bewusstseinsstrom bleibt im Bereich dieser aktuellen Problemstellung. Ändern würde sich das jedoch, wenn beispielsweise eine Veränderung äußerer Umstände ihn dazu zwänge, seine Aufmerksamkeit auf Anderes auszurichten. Plötzlich einsetzender Regen verschöbe seine Relevanz und das für ihn Thematische weg vom Schreiben hin zur Sicherung des Manuskripts vor Regen und seinen Umzug an einen trockenen Ort für eine erneute Hinwendung zum Relevanzproblem und dessen schriftlicher Ausarbeitung.

Die Aktivität des Bewusstseins gleicht insofern einem fortlaufenden Bewusstseinsstrom, der jeweils auf einzelne Sachverhalte ausgerichtet ist, grundsätzlich jedoch unterschiedlichste Sachgebiete durchfließen kann und zwischen diesen wechselt. Immer kann sich das Bewusstsein nur auf einen Ausschnitt des jeweils aktuell Geschehenden und Gegebenen richten, auf einen Weltausschnitt, den Schütz auch als Bewusstseinsfeld bezeichnet (ebd.).

Solange es beispielsweise nicht regnet, keine anderen Störungen auftreten oder die vorgesehene Dauer der Arbeit an seinem Text noch nicht erreicht ist, richtet sich seine Aufmerksamkeit auf das Relevanzproblem. Ganz ähnlich können andere

Tätigkeiten und Situationen in gewohnter Weise ablaufen. Dieser fortlaufende Bewusstseinsstrom kann sich, bei Situationen wie dem plötzlich einsetzenden Regen, unmittelbar auf Bereiche anderer Relevanz verschieben, die dann mit ähnlicher Aufmerksamkeit bearbeitet werden. Wie im Falle des täglichen Arbeitsprozesses können solche Handlungen, wie sie beispielsweise bei einsetzendem Regen erfolgen, häufig bewährten Wissenselementen und den entsprechenden Handlungsroutinen folgen. Sicherlich würde auch Schütz dem in solchen Fällen bewährten Handlungsrezept folgen, erst die besonders regenempfindlichen Sachen in Sicherheit zu bringen und sich danach um die weniger empfindlichen Dinge zu kümmern. Entsprechend verläuft der Bewusstseinsstrom so unter Einbezug von verfügbaren Erfahrungen und Handlungsmustern, die sich einmal mehr praktisch bestätigen, ohne dass es neuartiger Überlegungen bedarf. Sie bleiben einmal mehr fraglos gültig.

Gegenüber solchem Wahrnehmen und Handeln, das als gegenwärtig begriffen werden kann (modo praesenti) und das auf die Zustände ausgerichtet ist, die durch das Handeln herbeigeführt werden sollen, unterscheidet Schütz eine andere Form der Aufmerksamkeit, die er als reflektive Einstellung oder reflektiven Blick bezeichnet (modo praeterito). Er schreibt:

> Somit kann ich entweder im ablaufenden Prozeß meines Handelns leben und auf sein Ziel ausgerichtet sein, dann erfahre ich mein Handeln in der Gegenwart (modo praesenti); oder ich kann sozusagen aus dem ablaufenden Strom heraustreten und durch einen reflexiven Blick auf die in früheren Prozessen des Handelns vollzogenen Handlungen in der Zeitform der Vergangenheit oder der vollendeten Vergangenheit (modo praeterito) schauen. (Schütz 2003 ff, S. V.1/189).

Damit stellt sich zugleich die Frage nach den Wechseln zwischen diesen beiden Einstellungen. Für Schütz sind auch solche Wechsel pragmatisch begründet. Die besondere Form der Reflexion des Vergangenen wird dann eingenommen, wenn sich Irritationen des gegenwartsbezogenen Erlebnisstroms vollziehen, wenn also Kontingenzen in das Erleben treten. Den Anlass zu einem Wechsel liefert beispielsweise eine Situation, in der vertraute Wissenselemente und Handlungsmuster nicht mehr wie gewohnt quasi automatisch zur Anwendung kommen können. Er kann auch in einer gänzlich neuartigen Situation liegen (z. B. dem erstmaligen Besuch einer russisch-orthodoxen Messe), in der die Fraglosigkeit vieler anderer Alltagssituationen (z. B. des gewohnten Ablaufs eines protestantischen Gottesdienstes oder einer Vortragsveranstaltung) aufgehoben ist und somit das Finden angemessener Formen des Verhaltens in der aktuellen Situation (kann ich mich jetzt setzen?) thematisch wird.

In solchen Momenten steigt die Aufmerksamkeit aus dem Strom des Gegenwartsbezuges heraus und blickt zurück auf die in früheren Prozessen schon abgelaufenen Handlungen, den verfügbaren Wissensvorrat und das unmittelbar zuvor erlebte Kontingenzerlebnis. Wichtig ist hierbei das Entweder-oder: Entweder richtet sich die Aufmerksamkeit auf den Strom der aktuell verfolgten Handlungsziele oder es wird eine reflektierende Aufmerksamkeit eingenommen. Gleichzeitig geht das nicht, denn jede dieser Operationen bedarf einer gewissen Zeit. Damit liegt eine Voraussetzung der Einnahme einer reflektierenden Aufmerksamkeit in einer bestimmten Situation darin, dass in ihr die Möglichkeit des Aussteigens aus einem laufenden Bewusstseinsstrom überhaupt besteht.

3.1.2 Aufschichtung verfügbarer Wissensbestände

Wir müssen nun noch etwas genauer auf den Begriff des Wissens blicken und unter anderem festhalten, wie sich Bestände von Wissen aufbauen und verändern.

Der wissenssoziologische Begriff des Wissens ist wesentlich weiter gefasst als das Alltagsverständnis dieses Begriffs. Er umfasst sämtliche Bedeutungen und Sinnelemente, die in Prozesse des Wahrnehmens und Handelns einfließen. Jegliche Bezugnahme auf die äußere Welt erfolgt unter anderem anhand von solchen Sinnelementen, die es erlauben, vom Sinnessystem erfahrene Eindrücke zu deuten und sie interpretierend zu erfassen. Die vielen Facetten ihrer äußeren Wirklichkeit sind den Menschen nicht unmittelbar gegeben, sondern sie werden gedeutet. In diesen einzelnen Deutungsakten kommen vorhandene Wissenselemente zur Anwendung. Elemente der jeweils in einer bestimmten Situation verfügbaren Wissensbestände dienen als Muster für ein typisierendes Erfassen von Wirklichkeit. Das sprachliche Wissenselement „Baum" erlaubt so das Erfassen unterschiedlichster vertikal ausgerichteter Gebilde als einheitliches Phänomen. In solch typisierender bzw. symbolisch verdichteter Weise werden auch andere Phänomene wie beispielsweise bestimmte Handlungen, sagen wir das „Kochen" oder soziale Situationen wie z. B. ein „Kindergeburtstag" erfasst. Diese Typisierungen, die zum Teil bereits komplexe Aggregate von Typisierungen sind – mit dem Kochen oder einem Kindergeburtstag verbinden sich ja bereits sehr viele auch einzeln erfassbare Elemente einzelner Arbeitsschritte und -utensilien etc. –, werden in vielen Fällen wie automatisch angewandt. Sie sind in weiten Bereichen durch ihre wiederholte Anwendung in solchem Maße habitualisiert und bewährt, dass sich nicht jedes Mal die Frage stellt, ob dies wirklich ein Baum oder ob die beobachtete Tätigkeit in der Küche wirklich Kochen sei. Weite Bereiche des Alltags sind durch solche bewährten und sich fraglos bestätigenden Typisierungen geprägt. Die Wissenssoziologie bezeichnet die in solchen Alltagssituationen eingenommene Haltung als „natürliche" Einstellung.

Daneben gibt es allerdings immer wieder in die Aufmerksamkeit drängende Aspekte, die sich solch selbstverständlichen Typisierungen und Abläufen entziehen.

Solches Erleben kann mit den Begriffen der Schockerlebnisse (Schütz und Luckmann 2003, S. 56 f.) oder Kontingenzen bezeichnet werden. In der „natürlichen" Einstellung des Alltags geschieht das beispielsweise, sofern Neues und Unerwartetes eintritt, in extremer Weise beispielsweise in Form eines Unfalls. In solchen Fällen wird der gewohnte Ablauf von Handlungsroutinen unterbrochen und es bedarf einer reflexiven Einstellung zur Situation, die zu erfassen sucht, was geschehen ist und ob und wie nun zu handeln sei. Auf die Wissenselemente bezogen heißt das, dass nun nicht gewohnte und bewährte Wissenselemente unmittelbar angewandt werden können, sondern möglicherweise der gesamte einer Person verfügbare Wissensbestand durchsucht werden muss, um passende Typisierungen und Handlungsmuster zu finden, die aktuell angewandt werden können. Entsprechend können solche Wissensbestände oder Wissensvorräte auch mit dem Horizontbegriff beschrieben werden. In bestimmten Situationen haben sie einen thematischen Kern, der diejenigen Wissenselemente umfasst, die im Kontext des aktuellen Themas gewohnt und bewährt sind. Weiter entfernt, also im engeren oder weiteren Horizont des aktuellen Themas liegen jene Wissenselemente, die (bislang) wenig mit diesem Thema zu tun hatten.

Wir haben gesagt, dass die Alltagseinstellung in weiten Bereichen durch die fraglos sich wiederholenden Abläufe und damit auch Erwartungen, dass es immer so weiter gehe, geprägt ist. Im Gegensatz dazu können wir festhalten, dass andere Bereiche des Wahrnehmens und Handelns wie z. B. die Wissenschaft durch eine andere Einstellung geprägt sind. In ihnen bleibt die Aufmerksamkeit gerade nicht primär auf die gewohnten, bewährten und immer wiederkehrenden Abläufe ausgerichtet, sondern auf ganz Spezifisches. Im Feld des Angelsports richtet sich die Aufmerksamkeit beispielsweise systematisch auf alle Aspekte, die für einen erfolgreichen Fang eines großen Fisches bedeutsam erscheinen. Im Feld der Wissenschaft richtet sich die Aufmerksamkeit vor allem auf Neues, Ungewohntes und somit erst noch zu Interpretierendes – auf das Schaffen neuen Wissens. Diese Differenz zwischen den Ausrichtungen des Wahrnehmens in den verschiedenen Einstellungen von Alltagsleben, spezifischen zweckgerichteten Tätigkeiten und Wissenschaft ist für die Frage nach der Möglichkeit von Wahrnehmungen von Veränderung zweifellos höchst relevant.

Wenden wir uns der weiteren Frage zu, wie sich Wissensbestände überhaupt aufbauen. Erneut der Perspektive einzelner Subjekte folgend, zeichnen sich hier im Wesentlichen zwei Wege ab: zum einen die Aufschichtung von Wissensbeständen aus unmittelbar eigenen Erfahrungen, zum anderen die Übernahme von Erfahrungen anderer. Zweifellos ist ein sehr großer Teil des Wissens, das einzelnen Subjekten verfügbar ist, sozial vermittelt. Es beruht auf Erfahrungen von früher lebenden (Vor-)Menschen oder von Zeitgenossen, die im Zuge des lebenslangen Sozialisationsprozesses übernommen werden. Ein anderer Teil dieser den Subjekten verfügbaren Wissenselemente stammt aus den eignen Erlebnissen und den Erfahrungen, die einzelne Menschen im biografischen Verlauf ihres Lebens sammeln. Es geht hier wieder um die zuvor angesprochenen neuartigen, eigenerlebten Erfahrungen, die jeweils aus Prozessen der Reflexion hervorgehen. Erfahrungen in diesem Sinne sind daher Wissenselemente, die etwas Vergangenes als abgeschlossene Sinneinheit fassen (Schütz 2003 ff, S. V.1/184, 189).[8]

Überlegen wir, aus welchen Kontexten solche neuartigen Erfahrungen stammen können. Zum einen sind sie in jenen Bereichen wahrscheinlich, auf welche die Aufmerksamkeit ohnehin ausgerichtet ist, die also bereits eine hohe Relevanz besitzen. Zum anderen stammen sie aus Bereichen, aus denen sich Dinge beinahe zwangsläufig in das Erleben drängen.

In beiden diesen Bereichen zeigt sich die Bedeutung, die Kontingenzen nicht nur für die Ausrichtung der Aufmerksamkeit, sondern für die Aufschichtung und Modifikation von Wissensvorräten besitzen. Kontingenzen sind, wie bereits gesagt, den Ablauf der erwarteten Sinnstruktur brechende „Schockerlebnisse" (Schütz und Luckmann 2003, S. 69). Sie unterbrechen den Bewusstseinsstrom der als fraglos gegeben erscheinenden und insofern unproblematischen Dinge, verschieben Relevanzen auf andere Sachverhalte und führen zu neuen Erfahrungen.

Solche Kontingenzen, d. h. den Bewusstseinsstrom durch Irritation brechende Erlebnisse, vollziehen sich beispielsweise in der Sphäre des professionellen Wissens, wenn Berufsfischer einen außergewöhnlich geringen Fang erleben oder in der Sphäre des Alltagswissens, wenn am Strand plantschende Badeurlauber auf einmal nesselnde Quallen spüren. In beiden Fällen drängt die Konfrontation mit problematischen Inhalten dazu, aus dem Strom des kontinuierlichen Erlebens des Gegenwärtigen herauszutreten und eine reflexive Haltung einzunehmen, für die der Wandel thematisch wird und die diesen dann eventuell noch genauer zu erfassen versucht.

Die Aufschichtung des Wissens lässt sich jedoch nicht nur aus der Perspektive eines Subjekts erfassen, sondern auch aus einer gesellschaftlichen, auf Kollektives ausgerichteten Sichtweise. Wissenssoziologisch darf daher nicht nur nach dem aktuell verfügbaren Wissensvorrat eines Subjekts gefragt werden, sondern auch nach dem Bestand der gesellschaftlich objektivierten Sinnwelt.[9]

---

[8] Vgl. Schnettler (2007, S. 108) oder auch Welzer: „Ein Erlebnis wird erst zur Erfahrung, wenn es reflektiert wird, und reflektieren bedeutet, der Erfahrung eine Form zu geben. Diese Form kann nur sozial vermittelt sein" (Welzer 2005, S. 30).

[9] Diesen Aspekt der Objektivierung des Wissens und der damit verbundenen Rückwirkung auf einzelne Menschen, denen die gesellschaftlich objektivierte Sinnwelt Relevanzen auferlegt, betonen Berger und Luckmann (1977).

Aus dem Geschilderten ergibt sich zudem, dass die Wirklichkeit, in der Menschen leben, ihre Lebenswelt, nicht als eine Einheit begriffen werden kann, die sich den Menschen stets in gleicher Weise darbietet. Schütz bezeichnet die Lebenswelt vielmehr als mannigfaltige Wirklichkeit. Nicht nur die Wirklichkeiten verschiedener Menschen unterscheiden sich, sondern im Verlaufe des Lebens und der Vielfalt unterschiedlicher Situationen verändern sich auch die Wirklichkeiten der einzelnen Menschen.[10]

Auch die gesellschaftliche hervorgebrachte Wirklichkeit umfasst verschiedenartige Bereiche und Formen von Wissen. So unterscheidet sich das Wissen beispielsweise im Bereich der Fischerei von demjenigen des Hausbaus oder über verwandtschaftliche Beziehungen, auch Religion und Wissenschaft sind Beispiele für unterschiedliche Sinngebiete, zwischen denen die Bewusstseinstätigkeit der Menschen wechselt. Manche der auf diese Sinngebiete bezogenen Wissensbestände sind eher spontan durch eigene praktische Erfahrungen geprägt, andere durch systematische Ausarbeitung durch Experten. Der wissenssoziologischen Perspektive geht es damit stets auch um die soziale Verteilungen von Wissen und jene Fragen, die sich aus der Spannung und der Kommunikation zwischen unterschiedlichen Wissensbereichen wie beispielsweise jenen von Experten und Laien ergeben. Der Blick auf Unterschiede zwischen solchen Wissensbereichen führt zu jeweils spezifischen Bereichen des Nichtwissens (vgl. Abbott 2010). Denn was jeweils nicht gewusst wird erschließt sich nicht nur einer von außen ansetzenden Analyse, sondern es gibt Bereiche, in denen um Nichtwissen gewusst wird. Außerhalb von Wissenshorizonten liegen stets Bereiche des Nichtwissens, also Dinge, von denen zum Teil gewusst wird, dass andere – z. B. Personen mit Expertenwissen – sie wissen oder es doch gut wäre, hierüber Wissen zu generieren.[11]

---

[10] So ist beispielsweise nicht auszuschließen, dass Menschen, die als Religionswissenschaftler in wissenschaftlicher Einstellung Funktionen von Riten im Katholizismus analysieren, sich in Situationen des privaten Kirchgangs und der Einstellung des Alltagslebens ganz dem Zauber solcher Riten hingeben. Über solche mannigfaltigen Wirklichkeiten hinweg eine Kontinuität von Vorstellungen des Selbst zu bewahren, ist ein Problem der Konstruktion personaler Identität.

[11] Mit Bezug auf die Zukunft hat auch Jonas (2003, S. 216, 217) von solchem Nichtwissen gesprochen. Neuerdings hat das Thema des Nichtwissens fraglos an Aufmerksamkeit gewonnen, sowohl wissenschaftlich (z. B. Wehling 2006) wie auch publizistisch – wenn wir hier einmal an ein berühmtes Zitat des ehemaligen US-Verteidigungsministers Rumsfeld zurückdenken („Berichte über etwas, das nicht passiert ist, sind für mich interessant, denn wie wir wissen, gibt es Dinge, die wir wissen. Wir wissen auch, dass es Unbekanntes gibt, von dem wir wissen, dass es unbekannt ist. Wir wissen, dass es Dinge gibt, die wir nicht wissen. Aber es gibt auch Dinge, von denen wir nicht wissen, dass wir sie nicht wissen." [Donald Rumsfeld im Jahr 2002, hier nach Frankfurter Allgemeine Zeitung, 1.12.2010, S. 6]).

Halten wir an dieser Stelle auch noch einmal fest, dass sich Wissensbestände im Verlauf des Lebens verschieben, dass einzelne Menschen unterschiedliche Wissenshorizonte besitzen und sich die Aspekte, die zu einem gegebenen Zeitpunkt im Mittelpunkt der Aufmerksamkeit verschiedener Menschen stehen, in der Regel unterscheiden.

3.1.3 Zwischenresultate

Welche Hinweise und Aspekte ergeben sich aus dem wissenssoziologischen Ansatz für Fragen zur Wahrnehmung von Veränderung?

Eine erste Bedingung des Wahrnehmens der Veränderung bestimmter Sachverhalte liegt darin, dass sie überhaupt ins Wahrnehmungsfeld von Subjekten gelangen und damit für diese zu Gegenständen werden. Nur so können sie unter bestimmten Umständen auch thematisch werden, also in den Kernbereich der Aufmerksamkeit rücken. Das bedeutet schon einmal, dass z. B. Veränderungen in höheren Schichten der Atmosphäre, unterhalb von (maritimen) Wasseroberflächen oder allgemein in solchen Bereichen, die von den menschlichen Sinnen nicht ohne weitere Hilfsmittel wie Mikroskope etc. erfasst werden können, zumindest der Alltagswahrnehmung überhaupt nicht zugänglich sind. Die Wahrnehmungsschwelle schließt hier bereits sehr weite Bereiche von Dingen und Sachverhalten aus, die nur aufgrund sehr spezifischer Relevanzsetzungen, insbesondere in bestimmten wissenschaftlichen Feldern oder zielorientierten Arbeitstätigkeiten, zu Gegenständen der Wahrnehmung werden können.

Auch wenn der Gegenstandsbereich grundsätzlich innerhalb des Wahrnehmungsfeldes liegt, sind Wahrnehmungen von Veränderungen nur dann möglich, wenn der Bereich des als fraglos gegeben Erscheinenden überschritten wird. Erst dann kann es im thematischen Kernbereich der Aufmerksamkeit zu reflexiven Betrachtungen kommen, die mit unterschiedlichen Zeitpunkten verknüpfte Erfahrungen miteinander vergleichen und auf diesem Wege Urteile über das Vorliegen von Wandel bzw. von Kontinuität erlauben. Solche reflexiven Haltungen werden insbesondere dann eingenommen, wenn Kontingenzen erlebt werden, d. h. Unterbrechungen von gewohnten und erwarteten Abläufen. Sie geben Anlass, aus dem Strom des Erlebens heraus zu treten und zu beginnen, über Fragen nach Wandel und Kontinuität zu reflektieren. Sicherlich kann davon ausgegangen werden, dass vor allem drastischere Diskontinuitäten zu Kontingenzerleben führen. Das bedeutet, dass rapide Veränderungen leichter wahrgenommen werden können als schleichende. Rapide Änderungen der Umwelt (z. B. Waldbrand) oder des Verhaltens (z. B. Umstellung eines Familienangehörigen auf vegane Ernährung) werden demnach eher wahrgenommen als Veränderungen weniger einschneidender Art (z. B. Sukzession der Pflanzen im Wald oder Verringerung des Fleischkonsums einer Person). Noch wesentlich geringer dürfte die Wahrscheinlichkeit der Wahrnehmung von Kontinuitäten sein.

Solche Relevanzverschiebungen hin zur Reflexion über Wandel bzw. Kontinuität können allerdings grundsätzlich auch ohne Erleben von Kontingenz erfolgen, wenn sie nämlich auferlegt werden. Sie gehen dann nicht aus dem unmittelbaren Erleben hervor, sondern aus Ausrichtungen der Aufmerksamkeit wie sie beispielsweise mit einer Schulhausaufgabe („Wie sah die Straße, in der Ihr wohnt, vor einhundert Jahren aus?") einhergehen können.

Die Reflexion über Wandel ist zudem stets als Operation des Vergleichens zu betrachten, die – in ihren einfacheren Formen – Erfahrungen bzw. Zustände der aktuellen Gegenwart mit solchen aus der Vergangenheit vergleicht. Die Wahrnehmung von Wandel ist demnach abhängig von der Verfügbarkeit entsprechenden Vergleichsmaterials, von entsprechenden Referenzuständen, die mit einem zeitlichen Index versehen sind und die wir hier in der Regel als Referenzpunkte (Baselines) bezeichnen. Solche entsprechenden Erfahrungen und Zustände aus der Vergangenheit sind jedoch nur verfügbar, sofern sie zu den aufgespeicherten Wissensvorräten gehören. Dabei können Sie aus dem Bereich der unmittelbar selbst gemachten Erfahrungen (Kindheitserinnerungen an die Straße, in der eine Person aufwuchs) wie auch der sozial vermittelten bzw. sozial verfügbaren Erfahrungen (in Form von alten Fotografien oder eines Artikels zur Geschichte einer bestimmten Straße z. B. aus Wikipedia) stammen. Neben der Ausrichtung auf bestimmte Gegenstandsbereiche, zu denen sich unter bestimmten Bedingungen dann Fragen nach Wandel oder Kontinuität stellen, sind Wahrnehmungen von Wandel also nur dann möglich, wenn der zugreifbare Wissensvorrat auch entsprechende Referenzpunkte für einen Vergleich von Zuständen des betreffenden Gegenstandsbereichs enthält. Die Wahrnehmung von Wandel hängt also auch von dem Vorhandensein entsprechender Wissenselemente in den jeweiligen Wissensbeständen ab. Das ist vor allem dann gewährleistet, wenn die aktuelle Relevanzsetzung in der Wahrnehmung der Gegenwart übereinstimmt mit Relevanzsetzungen in der Vergangenheit bzw. entsprechenden Relevanzstrukturen im verfügbaren Wissensvorrat. In diesem Falle werden Referenzpunkte für Wahrnehmungen von Wandel unmittelbar zur Hand sein.

Dieser Blick auf die Voraussetzung des Wissens für Wahrnehmungen von Wandel führt damit direkt zur Frage nach dem Stellenwert, der Gedächtnis, Erinnerung und Vergessen in diesem Zusammenhang zukommt. Es geht hierbei also um die längerfristige Verfügbarkeit von Wissenselementen. Bei genauerem Hinsehen stellt sich das als ein äußerst komplexer Zusammenhang dar. Um in das Gedächtnis zu gelangen und erinnert werden zu können, müssen Sachverhalte nicht nur kurzfristig in die Aufmerksamkeit treten, sondern längerfristig in einem Wissensvorrat festgehalten und bei aktuellem Bedarf wieder aus diesem abgerufen werden können. Mit dem unausweichlichen Tod der einzelnen Subjekte erlöschen deren autobiografische Gedächtnisse und Wissensvorräte. Für die sozialen Prozesse des Festhaltens und Erneuerns von Wissen stellt dieser generative Gesichtspunkt des kontinuierlichen Austauschs und Vergessens einen wichtigen Aspekt dar, der sich eng mit dem Begriff der Generationen verbindet. Andererseits wird eine Transmission von Erfahrungen über die Grenzen individueller Erfahrung und autobiografischer Erinnerung hinaus durch soziale Gedächtnisse ermöglicht. Das Speichervermögen dieses sozialen Gedächtnisses hat sich übrigens historisch im Zuge der Entwicklung vieler neuer Formen des Aufzeichnens und Festhaltens (von Schrift über Buchdruck bis hin zu via Internet erreichbaren elektronischen Datenbanken) enorm erweitert.

Grundsätzlich bleiben zu den Prozessen des Festhaltens, Erinnerns und Vergessens zwei wichtige Fragen festzuhalten: zum einen, ob Sachverhalte im Zuge dieses Festhaltens im Gedächtnis und des erinnernden Abrufs modifiziert werden; zum anderen, in welchem Maße hierbei Aspekte dieser Sachverhalte verloren gehen, d. h. vergessen werden.[12]

Noch ein weiterer relevanter Gesichtspunkt zeichnet sich unmittelbar aus der wissenssoziologischen Perspektive ab. Da die Frage nach Veränderung und Kontinuität sich nicht prinzipiell nur auf bereits vollzogene Prozesse bezieht, sondern in gleichem Maße auch auf andauernde oder künftige Prozesse, sind die vorangehend behandelten Punkte nicht nur auf die Vergangenheit, sondern auch auf Zukünftiges zu beziehen. Wahrnehmung von Wandel kann also grundsätzlich auch aus Vergleichen mit Erfahrungen und Zuständen herrühren, die antizipierend vorgestellt werden, also aus Erinnerung von Zukünftigem.[13]

Somit haben wir aus einer wissenssoziologischen Perspektive eine Reihe von Aspekten benannt, die für Fragen der Wahrnehmung von Wandel von erheblicher Bedeutung sind und die wir im Folgenden daher eingehender betrachten. Im Wesentlichen folgen wir dabei weiterhin einer wissenssoziologischen Betrachtungsweise, werden allerdings auch auf einige Ansätze eingehen, die zugleich eher eigenständig etablierten oder stark interdisziplinär geprägten Forschungsfeldern entstammen.

---

[12] Zum Vergessen siehe Dimbath und Wehling (2011b) und Sebald (2011, S. 89).
[13] S. Welzer (2010, S. 9).

3.2   Gedächtnis, Erinnerung, Vergessen

Im Vorigen war häufig von Erfahrungen die Rede. Wissenssoziologisch betrachtet, sind Erfahrungen thematisch gewordenes Erleben, das festgehalten wird. Erfahrungen werden entweder unmittelbar subjektiv im eigenen Lebensverlauf gesammelt oder durch soziale Vermittlung erworben. Insofern schließt die wissenssoziologische Sichtweise stets Fragen des Gedächtnisses und des Erinnerns ein – auf Ebene des Subjekts wie auch des Sozialen. Es geht ihr immer auch um die Vergegenwärtigung von Vergangenem, das in die Prozesse des Deutens von gegenwärtigem Erleben einfließt.

Aus der wissenssoziologischen Perspektive ergab sich zudem, dass grundsätzlich nur solche Dinge festhalten werden können, die überhaupt einmal wahrgenommen wurden. Solche im Laufe der Zeit einmal wahrgenommenen und intentional wie auch nicht-intentional[14] festgehaltenen Dinge, Ereignisse und Zustände bilden ein Gedächtnis, aus dem im Zuge des Erinnerns eine Auswahl (Hahn 2000, S. 294 f.) getroffen wird. Es ist daher sinnvoll, grundsätzlich zwischen dem Festhalten (der Speicherung in Gedächtnissen) und dem Erinnern (dem Abruf von Festgehaltenem aus Speichern) zu unterscheiden. Zugleich bleiben Gedächtnis und Erinnern stets in Zusammenhang mit dem Vergessen zu betrachten, das zum einen als Nicht-Festhalten und zum anderen als Nicht-Abrufen-Können verstanden werden kann (s. Dimbath und Wehling 2011a). Die Gedächtnis- und Erinnerungsforschung hat sich daher umfassend mit allen Facetten des Erinnerns und Vergessens zu befassen, keineswegs nur mit dem, was tatsächlich festgehalten und erinnert werden kann oder – ausgehend von bestimmten Standpunkten – festgehalten und erinnert werden sollte.

3.2.1   Gedächtnis

Eine differenzierte Sicht auf die für Wahrnehmungen von Wandel relevanten Aspekte und Funktionen von Gedächtnissen ergibt sich ausgehend von Erkenntnissen der interdisziplinären Gedächtnis- und Erinnerungsforschung (Gudehus

---

[14] Die Nicht-Intentionalität eines großen Teils des im Gedächtnis Festgehaltenen hebt nicht zuletzt Welzer (2001, S. 16) hervor. In drastischer Form zeigt sie sich beispielsweise in Erinnerungen von erlittener Gewalt, die sich in Form von Intrusionen unkontrolliert in das Erleben drängen. Allgemein geht es im Rahmen des nicht-intentionalen Gedächtnisses und Erinnerns freilich um einen sehr weiten Bereich, zu dem unter anderem auch implizite Formen des Lernens gerechnet werden können.

et al. 2010; Markowitsch und Welzer 2005; Schacter 2001; Welzer 2001, 2005).
Grundsätzlich lassen sich hier neben Formen bzw. Typen des Gedächtnisses, die
mit unterschiedlichen Inhalten in Zusammenhang stehen, auch zeitliche Spannweiten des Gedächtnisses sowie Vermittlungsmodi bzw. Medien des Gedächtnisses
unterscheiden. Um diese Gedächtnisthematik etwas genauer darzulegen, kommen
wir nicht umhin, deren hohe Komplexität zumindest ansatzweise zu skizzieren. In
erster Linie geht es uns freilich darum, jene Aspekte kenntlich zu machen, die für
unsere Fragestellung bedeutsam sind.

Hinsichtlich der Formen des individuellen Gedächtnisses, das über das Kurz-
zeitgedächtnis hinausgeht, werden weithin fünf Typen bzw. Systeme unterschieden
(Markowitsch und Welzer 2005, S. 80 ff.; Welzer 2005, S. 24 ff.):

- prozedurales Gedächtnis (vor allem implizites, operatives Wissen das nicht/nur
  schwer zu verbalisieren ist, z. B. Schwimmen);
- Priming-Form des Gedächtnisses (unbewusstes Verarbeiten und Festhalten von
  Reizwahrnehmungen, durch die ein späteres Wiedererkennen bestimmter Reize
  erhöht wird, d. h. spätere Wahrnehmungen „angebahnt" werden);
- perzeptuelles Gedächtnis (Festhalten bestimmter Familiaritäts- oder Bekannt-
  heitsgesichtspunkte, die ein Erkennen von Objekten erlauben);
- semantisches Gedächtnis (Wissen allgemeiner Art, das kontextfrei, d. h. ohne
  den räumlich-zeitlichen Bezug, in dem es erworben wurde, erinnert wird);
- episodisches Gedächtnis (Wissen um Ereignisse mit einem räumlich-zeitlichen
  Bezug, das in einer Art mentalen Zeitreisens zurückverfolgt werden kann).

Für unsere Fragestellung besitzt das zuletzt genannte episodische Gedächtnis (s.
auch Tulving 2006) eine besondere Bedeutung. Es geht der mit dem SBS formulierten Frage nach der Wahrnehmung von Wandel ja nicht etwa um Vergleiche
zwischen allgemeinen semantischen Gehalten, Zusammenhängen und Kausalitä-
ten, sondern um Vergleiche bestimmter Sachverhalte, zu denen zumindest zwei zu
unterschiedlichen Zeitpunkten bestehende Zustände erinnert werden müssen.

Auch Inhalte des episodischen Gedächtnisses können in unterschiedlicher Intensität festgehalten sein. Solche unterschiedlichen Tiefen von Gedächtnisspuren,
von Engrammen, hängen mit den jeweils verbundenen emotionalen Färbungen
zusammen (vgl. Welzer 2005, S. 36). Gerade dieser Punkt, der auf die komplexen körperlichen Aspekte von Erinnerungsprozessen verweist, verdeutlicht, in
welchem Maße sich die Gedächtnisforschung in einem interdisziplinären Feld bewegt, zu dem unter anderem die naturwissenschaftliche Hirnforschung sowie die
Psychologie, Sozialpsychologie und Soziologie Beiträge liefern.

Direkte Erfahrungen, die unmittelbar selbst erlebt wurden, bilden einen autobiografischen Bereich (Fivush 2010) des episodischen Gedächtnisses. Solche episodischen autobiografischen Inhalte besitzen unter anderem aufgrund ihrer emotionalen Färbung und Bildhaftigkeit eine besonders dichte Gestalt, die sich positiv auf ihr Festhalten im Gedächtnis auswirkt (Pohl 2010, S. 75 f.). Da insbesondere die Inhalte des autobiografischen Gedächtnisses den Charakter des Überraschenden, Erstmaligen, stark Emotionalen, folgenreichen oder häufig Abgerufenen besitzen und sie in der Regel auch unter Einschluss mehrerer Sinne erworben werden, bleiben sie in Gedächtnisprozessen in besonderem Maße verfügbar. Hierin liegt zweifellos ein wichtiger Faktor, der bei Vergleichen des Gedächtnisses unmittelbar autobiografisch erlebter und nur mittelbar, d. h. kommunikativ, angeeigneter Inhalte sowie bei der Erklärung unterschiedlicher Erinnerungsvermögen unbedingt zu berücksichtigen bleibt.

Solche autobiografischen episodischen Gedächtnisinhalte mögen aufgrund ihrer Intensität längerfristig im Gedächtnis erhalten bleiben, sie haben andererseits hinsichtlich ihrer Zeitbezüge eine feste Grenze, da sie ja nur aus der autobiografisch erlebten Zeit stammen können. Jenseits der eigenen Biografie liegt ein offener Zeithorizont des Vergangenen, der sich von der näheren Vergangenheit bis in große historische Tiefen erstrecken kann. Ob und wie dieser offene Zeithorizont mit Gedächtnisinhalten gefüllt wird, hängt von den jeweiligen Umständen und dem Ausmaß ab, in dem historische Sachverhalte subjektiv angeeignet wurden, die z. B. durch verbale Tradierung in Anekdoten und Erzählungen, durch Fotografien, Dokumente oder Unterricht vermittelt werden. In diesem Punkt zeigen sich zum einen die Bedeutung kulturspezifischer Muster des für einen Lebenslauf als erinnernswert und bedeutungsvoll Erachteten, zum anderen der hohe Stellenwert, welcher der Endlichkeit des Lebens und der Abfolge von Generationen für Fragen des Erinnerns und Vergessens zukommt.

Eine prominente Thematisierung der Differenz des Gedächtnisses von selbst Erfahrenem und von weiter Zurückliegendem stammt von Jan Vansina (1985). Im eher ethnologischen Kontext der Forschung zu Wissen, das Menschen über ihre eigene Abstammung besitzen, beobachtete er, dass solches genealogisches Wissen für die nähere Vergangenheit häufig äußerst detailliert ist. Dieses weitgehend linearen Zeitvorstellungen folgende Wissen um Verwandtschaftslinien wird allerdings mit zeitlich sehr weit zurückreichenden Informationen zu frühesten Ursprüngen der Verwandtschaftslinie verknüpft, denen ein solcher linearer Zeitindex fehlt und die sich vielmehr auf eine mythische Zeit beziehen. Zwischen dem zeitlich näheren Wissen, das entlang eines linearen Zeitmaßstabs in die Vergangenheit führt, und dem mit einer davon abgekoppelten, weit zurückliegenden mythischen Zeit verbundenen Wissen liegt somit eine Lücke. Die mittelfristige Vergangenheit wird von solchen genealogischen Darstellungen nicht erfasst. Da sich das detaillierte gegenwartsnahe Verwandtschaftswissen parallel mit der genealogischen Abfolge und der linearen Zeit verschiebt, spricht Vansina hier von einem „floating gap" im mittelfristigen Wissen um die Vergangenheit. Neben einer Dynamik des Erinnerns und Vergessens fällt es leicht, hier die Frage der historischen Tiefe des Erinnerns aus Paulys (1995) Formulierung des SBS wiederzuerkennen. Vansina thematisiert allerdings nicht die völlige Ausblendung einer größeren historischen Tiefe, sondern eine Lücke in der historischen Erinnerung.[15] Das liefert uns einen wichtigen Hinweis auf eine weitere zu beachtende Differenz des Wissens und Vergessens von Vergangenem: Das Wissen um Referenzzustände kann demnach grundsätzlich nicht nur ab einem gewissen Referenzpunkt vollständig fehlen, sondern aufgrund von Leerstellen auch diskontinuierlich und lückenhaft sein. Wahrnehmungen von Wandel können demnach auch durch Lücken, d. h. durch das Vergessen bestimmter Zeitabschnitte, verzerrt werden.

Aus dieser Perspektive des „floating gap" lässt sich somit für das SBS eine weitere Unterscheidung ableiten. Hinsichtlich der Referenzzustände geht es nicht nur darum, wie weit sie zeitlich zurückreichen, sondern auch darum, in welchem Umfang Referenzzustände in Gedächtnissen festgehalten werden. Denn nur im Falle der Verfügbarkeit von mehreren Referenzzuständen, die sich möglichst ohne große Lücken in die Vergangenheit hinein erstrecken, werden Veränderungswahrnehmungen möglich, die in einer gehaltvolleren Weise Wandel über längere Zeiträume erfassen. Nur in diesem Falle kann Wandel prozesshaft wahrgenommen werden und nicht bloß als eine letztlich momenthafte Differenz bzw. Nichtdifferenz zweier ungleichzeitiger Zustände.

Eine zu Vansina ähnliche Unterscheidung von historischen Tiefen wie auch von Modi des Gedächtnisses liegt den beiden durch Jan Assmann (1992) und Aleida Assmann (2002) geprägten, äußerst prominent gewordenen Begriffen des kulturellen und des kommunikativen Gedächtnisses zugrunde.

Wir wollen diese Unterscheidung aufgrund unseres besonderen Interesses an der Tiefe und Weite von Horizonten des Erinnerns hier zunächst vor allem gemäß ihrer zeitlichen Dimension betrachten. Das von diffusen und meist alltagsnahen Kommunikationsprozessen gestützte so genannte kommunikative Gedächtnis ist

---

[15] In ihren Überlegungen zur Frage, wie Institutionen erinnern und vergessen geht auch Mary Douglas (1987, S. 69 ff.) auf Schwellen zwischen dem Erinnern und Vergessen von Ahnengenerationen ein. Ihr Blick auf die entsprechenden Arbeiten zu den Nuer von Edward Evans-Pritchard (einem Klassiker der britischen Sozialanthropologie) zeigt, wie die Tiefe des historischen Erinnerns durch gesellschaftliche Institutionen bestimmt wird. Besonders interessant an ihrem Ansatz ist die klare Fokussierung der institutionellen, d. h. der sozialen Faktoren von Gedächtnis, Erinnern und Vergessen.

in den Augen der Assmanns eher gegenwartsnah und auf konkretere Erfahrungen bezogen. Es erfasst Sachverhalte aus einem ungefähr drei aufeinanderfolgende (biologische) Generationen umfassenden Zeitraum und überschreitet somit bereits den Bereich dessen, was autobiografisch erinnert werden kann.[16]

Demgegenüber reicht das kulturelle Gedächtnis zeitlich weiter zurück. Es zeichnet sich nicht durch Alltagsnähe und Konkretion aus, als vielmehr durch abstraktere und kodifizierte Inhalte, die z. B. mittels Gedenktagen, Denkmälern oder Erinnerungsorten als Fixpunkten des Erinnerns festgehalten werden und damit eine höhere Stabilität besitzen. Die Organisation, Pflege und Kodifizierung von Inhalten durch Experten prägen diese Form des Gedächtnisses (Assmann 1992, S. 52).

Hinsichtlich unserer Fragen nach dem Erinnern von Umweltzuständen und -praktiken wie auch der Wahrnehmung von deren Wandel kann hier festgehalten werden, dass ein solches weiter zurückreichendes kulturelles Gedächtnis schon aufgrund seines vergleichsweise schmalen Umfangs und der Abstraktheit seiner Inhalte in der Regel eher wenig in dieser Hinsicht relevante Inhalte beinhaltet. Andererseits wird gerade bei diesem Gedächtnistyp die Möglichkeit einer aktiven und lenkenden – allerdings auch innerhalb der jeweiligen Machtverhältnisse verbleibenden – Wahl und Gestaltung von Inhalten deutlich.

Damit sind wir bei der Frage der Vermittlungsmodi des im Gedächtnis Festgehaltenen. Neben dem zeitlichen Aspekt, den wir zuvor fokussierten und der gewissermaßen einen der Ausgangspunkte der Unterscheidung von „kommunikativen" und „kulturellen" Gedächtnisprozessen bildet, geht es Aleida und Jan Assmann vor allem um die unterschiedlichen Modi und Formen, in denen gesellschaftliches Erinnern und Vergessen erfolgt.[17] Besonders klar zeigen sie, in

---

[16] „Das kommunikative Gedächtnis umfaßt Erinnerungen, die sich auf die rezente Vergangenheit beziehen. Es sind dies Erinnerungen, die der Mensch mit seinen Zeitgenossen teilt. Der typische Fall ist das Generationen-Gedächtnis. Dieses Gedächtnis wächst der Gruppe historisch zu; es entsteht in der Zeit und vergeht mit ihr, genauer: mit seinen Trägern. Wenn die Träger, die es verkörperten, gestorben sind, weicht es einem neuen Gedächtnis. Dieser allein durch persönlich verbürgte und kommunizierte Erfahrung gebildete Erinnerungsraum entspricht biblisch den 3–4 Generationen, die etwa für eine Schuld einstehen müssen. Die Römer prägten dafür den Begriff des ‚saeculum' und verstanden darunter die Grenze, bis zu der auch der letzte überlebende Angehörige einer Generation (und Träger ihrer spezifischen Erinnerung) verstorben ist." (Assmann 1992, S. 50)

[17] Probleme dieser Unterscheidung liegen nicht nur in der eigentlich widersinnigen Benennung (auch Kommunikatives kann als kulturell betrachtet werden, Kulturelles als kommunikativ) oder der selbst bei idealtypischer Fassung kaum passenden Anwendbarkeit beider Begriffe auf komplexe Gesellschaftsformen (Sebald und Weyand 2011, S. 176), sondern auch in der postulierten Überschneidung von zeitlichen und strukturellen Dimensionen, die Erinnerungen einer bestimmter historischer Tiefe in eher starrer Weise jeweils

welchem Maße soziale und kulturelle Formen wie z. B. spontane Kommunikation oder institutionalisierte Erinnerungskultur auch individuelle Gedächtnisse und jene kollektiv verfügbaren Wissensbestände prägen, die Spuren des Vergangenen festhalten.

Ähnlich der Wissenssoziologie, deren Betonung der sozialen Vermitteltheit eines großen Teils der Wissensvorräte wir bereits erörtert haben, weisen nicht nur die Beiträge der Assmanns, sondern auch zahlreiche Beiträge aus der neueren Gedächtnisforschung (vgl. Welzer 2002, 2005; Gudehus et al. 2010) auf die soziale Dimension des Gedächtnisses hin. Das Gedächtnis etwa nur im Rahmen der organischen und kognitiven Praxis einer Person zu erfassen, würde demnach wesentliche Bereiche dieses Phänomens ausblenden. Vielmehr ist die Entwicklung des Gedächtnisses einzelner Personen geprägt durch die Verwobenheit in permanente Prozesse sozialer Beziehung sowie in Kommunikationsprozesse, die durch unterschiedlichste Akteure und verschiedenste Medien (vom Knoten im Taschentuch bis hin zu Wikipedia) geprägt sind. Für unsere Frage nach den Wahrnehmungen von Wandel ist das insofern relevant, als die genannten sozialen Gedächtnisprozesse eine wichtige Rolle spielen als Ermöglichung der Verfügbarkeit – wenn auch zugleich einer modifizierenden Umformung – jener Referenzpunkte, die in Wahrnehmungen von Wandel eingehen.

Diese soziale Prägung des Gedächtnisses lässt sich in vielen Bereichen veranschaulichen. Schon das autobiografische Gedächtnis ist alles andere als ein rein subjektives Phänomen. Maßgeblich geprägt werden seine Inhalte z. B. durch Familiengespräche, in denen bestimmte Episoden oder Phasen beständig wiederholt und insofern immer wieder neu und tiefer abgespeichert werden. Schon in frühen Phasen des Lebens liefert der „memory talk" mit älteren Personen nicht nur eine Schulung im Festhalten von Sachverhalten generell, sondern auch in einer Ausrichtung der Wahrnehmung auf bestimmte Sachverhalte (Nelson und Fivush 2004, S. 497).

Die Vermittlung solcher Muster von Formen und typischer Inhalte des Gedächtnisses verweist zugleich auf die von Maurice Halbwachs (1967) betonten sozialen Rahmungen und Schemata, mittels derer die individuellen Prozesse des Gedächtnisses und Erinnerns kollektive Formen erhalten. Daher variieren diese Formen

---

einen bestimmten Modus ihrer Vermittlung zuordnet. Erst wenn der zeitliche Gesichtspunkt hinter den systematischen tritt, wird deutlich, dass beispielsweise auch das Festhalten gegenwartsnaher Sachverhalte in hohem Maße durch zentralisierte Gedenkkulturen geprägt sein kann oder zeitlich weit zurückreichende Sachverhalte in hohem Maße durch diffuse Kommunikationsprozesse, wie z. B. Anekdoten, im Gedächtnis erhalten bleiben können. Solche notwendige Kritik schmälert freilich nicht das Verdienst der Assmanns und ihrer beständigen Arbeit an solchen Unterscheidungen von Formen und Systematisierungen gesellschaftlicher Gedächtnisprozesse (vgl. z. B. Assmann 2002, 2006).

auch in unterschiedlichen kulturellen Kontexten (vgl. Nelson 2006, S. 87 f.; Welzer 2005, S. 92 ff.). Bilder des Familienalbums oder Film- und Videoaufnahmen liefern nicht nur mediale Bild- und Tonmaterialien für das autobiografische Gedächtnis, sondern sind vielmehr im Sinne ausgelagerter Archive selbst Teile des autobiografischen Gedächtnisses, das hierdurch eine weitere soziale Komponente enthält.[18] Werden sie häufig betrachtet, eventuell gar gemeinsam mit anderen, tragen sie durch das wiederholte Wahrnehmen von Sachverhalten zu deren Festigung und Vertiefung in autobiografischen Gedächtnissen bei. In solcher Auslagerung von Gedächtnisarchiven, auf die bei Bedarf gezielt zugegriffen werden kann und die noch dazu kommunikativ ausgetauscht bzw. vernetzt werden können, liegt zweifelsohne ein Spezifikum des menschlichen Gedächtnisses (Welzer 2005, S. 111). Im Zuge der technischen Entwicklung erweitern sich die Möglichkeiten des Speicherns von Informationen und Sachverhalten demnach enorm. Hiervon zeugt die lange Geschichte der für das Festhalten und Übermitteln von Sachverhalten höchst bedeutsamen technischen Innovationen wie Schrift, Druck, Photographie[19] oder schließlich der elektronischen Datenarchive. All diese Schritte haben die Weite und Struktur von Gedächtnissen immer weiter und in einem enormen Maße ausgedehnt.

Individuelles Gedächtnis und soziale Formen des Festhaltens und Speicherns, wie auch die im Sinne von Halbwachs kollektiv wirkenden Rahmungen des Festhaltens sind demnach einerseits begrifflich klar zu scheiden, andererseits stets auch in ihrem Zusammenhang zu betrachten.

Ein weiterer für uns relevanter Aspekt des individuellen Gedächtnisses liegt darin, dass einzelne Lebensphasen autobiografisch offenbar Gedächtnisspuren von unterschiedlichen Ausmaßen und Intensitäten hinterlassen. Ereignisse, die in die Zeit des Übergangs von Adoleszenz in das Erwachsenenalter fallen, werden – so Schuman und Scott (1989, S. 377 f.) sowie Schacter (2001, S. 481 f.) – bevorzugt festgehalten. Diese lebensalter- und entwicklungsspezifische Anhäufung von Erinnerung wird auch als „reminiscence bump" (Erinnerungshügel) bezeichnet. Autobiografisch betrachtet dürften daher aus dieser spezifischen Lebensphase, die umfangreichere Gedächtnisspuren hinterlässt, grundsätzlich mehr Referenz-

---

[18] Solche sozialen, medialen und technischen Momente von Gedächtnis und Erinnern betonen u. a. Luhmann (1997, S. 253 f.), Sebald und Weyand (2011) oder Welzer (2001, 2002, 2005) bzw. Welzer et al. (2002).

[19] Vgl. Burckhardts (1997, S. 251 ff.) Ausführungen zu Photographie als Gerinnungsform von Zeit, als Zeit-Zeichen, das in einer „Sprache der Zeit" an den Zeitsinn der Betrachtenden rührt. „Es ist dies etwas, was sich bei der Betrachtung von älteren Photographien sogleich einstellt, als ein Grundgefühl von Ungleichzeitigkeit, als Gewahren historischer Differenz" (ebd., S. 252).

zustände abrufbar sein als aus anderen Lebensphasen. Eine Verzerrung von Veränderungswahrnehmungen aufgrund einer im Lebensverlauf diskontinuierlichen Abspeicherung von Sachverhalten, die hierfür als Referenzpunkte dienen können, ist daher wahrscheinlich.

Im Falle des Festhaltens von Inhalten aus der näheren Vergangenheit, in Assmanns' Worten dem „kommunikativen Gedächtnis", ist die soziale Dimension besonders evident. Erzählungen Älterer, die womöglich immer wieder in Gesprächen des Alltags oder zu bestimmten feierlichen Anlässen wiederholt werden, halten diesen historischen Nahbereich im Gedächtnis. Wie mediale Formen auch hierbei wirken, das zeigen z. B. die vielen Formen des Zeitzeugen-TV, die in den letzten Jahren entstanden. Hierbei darf allerdings nicht übersehen werden, dass bestimmte Medien des Festhaltens andere Formen des Festhaltens verdrängen bzw. obsolet werden lassen und somit zu Formen des Vergessens beitragen können (Connerton 2008, S. 64).

Doch auch im Bereich der weiter zurückliegenden Gedächtnisinhalte zeigt sich die soziale Prägung in unterschiedlichen Formen. Entsprechende Inhalte aus einer weiter zurück liegenden Vergangenheit werden einerseits in eher kodifizierter Form durch Schulen, Museen und weitere Medien vermittelt. Andererseits werden sie auch durch alltagsnahe Kommunikationen vermittelt (z. B. vom alten Onkel, der immer wieder anfängt, von „seinen Preußen" und dem „Alten Fritz" zu erzählen, der angeblich die Kartoffel in Preußen eingeführt habe).

All die genannten sozialen Formen sind zum einen Wege des Festhaltens von Inhalten im Gedächtnis, zum anderen sind sie jedoch auch Formen, die das Gedächtnis in gewisser Weise ausrichten, manches in ihm stützen, anderes vernachlässigen und insofern auch zu Modifikationen innerhalb des Gedächtnisses, das selbst als prozesshaft und flexibel begriffen werden muss, beitragen. Die Grenzen zwischen Abspeicherung im Gedächtnis, Abruf aus diesem Speicher und sogar dem Vergessen sind bei alledem idealtypisch anzusehen. Im konkreten Fall lassen sie sich im Detail kaum ziehen, wenn z. B. durch häufigere Abrufe Festgehaltenes jeweils wieder neu abgespeichert wird, sich hierdurch im Gedächtnis weiter verfestigt und zugleich teilweise neue Bezüge oder modifizierte Formen erhält.

3.2.2 Erinnern und Vergessen

Verzerrungen und Verluste vergangener Sachverhalte können sich insbesondere auch im Zuge des versuchten und erfolgten Abrufens von im Gedächtnis Festgehaltenem vollziehen. Das Festhalten und Verfügbarhalten von Inhalten, die nicht aus dem gegenwärtigen Erleben stammen, stellt nämlich nur eine der Voraussetzungen der Möglichkeit des Wahrnehmens von Wandel dar. Ebenso wichtig, wenn nicht sogar entscheidend ist, ob in einer konkreten Bedarfssituation, also in einer Situation, in der die Reflexion über die Frage nach Veränderung eines bestimmten Sachverhalts thematisch wird, dann auch tatsächlich ein erinnernder Zugriff auf festgehaltene Inhalte erfolgen kann. Dieser erinnernde Zugriff kann im Sinne von Suchaufträgen verstanden werden, die ausgehend von gegenwärtigen Situationen an das Gedächtnis gerichtet werden (Hahn 2000, S. 294 f.).

Wie wir alle wissen, können solche Suchvorgänge im Gedächtnis mitunter gänzlich erfolglos bleiben. Das zeigt sich beispielsweise bei der Rückkehr an einen aus der Kindheit bekannten Wohnort, der inzwischen modernisiert wurde. Solche grundlegenden Veränderungen führen sehr wahrscheinlich zu einem Kontingenzerleben, einer Irritation ob all des Neuen. Möglicherweise findet dann allerdings die Reflexion über das, was sich da nun genau verändert hat, nicht die Referenzen, an denen die Veränderung genau bemessen werden kann. Was z. B. früher am Ort einer neuen Grünanlage stand, kann womöglich nicht erinnert werden.[20] Es gibt also auch Situationen, in denen sich ein Verdacht aufdrängt, etwas habe sich verändert, es jedoch unklar bleibt, was sich nun genau und wie es sich verändert hat.

Auch daher kann die Frage des Erinnerns, obwohl sie in vielen Fällen – wie im Falle der betrachteten SBS-Forschung oder der Erinnerungsforschung generell – gegenüber Prozessen des Vergessens normativ bevorzugt wird (vgl. Dimbath und Wehling 2011b, S. 9), grundsätzlich nicht ohne das Vergessen erörtert werden.

Erinnern und Vergessen stellen – auch das deutete sich bereits mehrfach an – allerdings keinen bloßen Gegensatz dar. Zwischen Erinnern und Vergessen erstreckt sich vielmehr ein Kontinuum, das von getreuer Reproduktion von Vergangenem über leichte Verzerrung der im Gedächtnis festgehaltenen Inhalte, über Mängel und Veränderungen bei deren Abruf und über vorübergehende Blockaden eines solchen Abrufs bis hin zum vollständigen Verlust einst festgehaltener Inhalte aus dem Gedächtnis reicht (Kölbl und Straub 2010, S. 35 f.).

Insbesondere an diesem Punkt ist auf die spezifisch psychologischen Ansätze zu den vielen Formen des Vergessens zu verweisen, die den kontinuierlichen Zerfall von Inhalten im Gedächtnis, deren Modifikation, Interferenzen von Gedächtnisinhalten oder ein motiviertes Vergessen wie beim Verdrängen thematisieren (vgl. Echterhoff 2010) oder die Grenzen der Verfügbarkeit (availability) von Inhalten aufzeigen, die z. B. für Risikokalkulationen im Falle von Unwettern erforderlich

---

[20] ‚Ich kann da keine Erinnerung abrufen' – diese so zumindest sinngemäß im Visa-Untersuchungsausschuss (25.4.2005) gemachte Aussage des damaligen deutschen Außenministers Joschka Fischer bringt solche Probleme des Abrufs von Festgehaltenem auf den Punkt.

sein könnten (vgl. Whyte 1985 in Anschluss an Tversky und Kahneman 1974).[21] Gleichermaßen aufschlussreich sind Studien aus der Katastrophen- und Umweltforschung, die – häufig im Rahmen von Ansätzen zur begrenzten Rationalität[22] – unter anderem darauf hinweisen, dass eine höhere Frequenz bestimmter Ereignisse deren subjektive Relevanz erhöht oder dass Prozesse des selektiven Erinnerns sowie des Gewichtens von Erinnerungen den Umgang mit Gefahren und (implizite) Risikokalkulationen beeinflussen (Beyer 1974, S. 273; Whyte 1985, S. 408). Teilweise führt dabei die Komplexität der Sachverhalte oder auch der erinnerten Informationen zu vereinfachenden Heuristiken der Veränderungswahrnehmung seitens der beobachteten Personen.

Neben solchen Problemen, die sich aus dem subjektiven kognitiven Vermögen ergeben, sind andere stärker sozialen Charakters. In vielen Fällen wird festgehaltenes Vergangenes im Zuge der erinnernden Vergegenwärtigung verändert. Neben den unterschiedlichen Horizonten innerhalb derer Inhalte einst erfahren und nun in der Gegenwart erneut bewusst werden, liegt dies auch an Modifikationen, die sich im Zuge der erzählenden Mitteilung von Festgehaltenem z. B. durch eine Orientierung an den jeweiligen Adressaten und an sozialer Erwünschtheit ergeben können (Schütz und Luckmann 2003, S. 134; Hahn 2000, S. 295 f.; Straub 1998). Der soziale Charakter des Gedächtnisses und Erinnerns ermöglicht nicht nur ein Transzendieren des Erinnerns über den Bereich des unmittelbar selbst Erlebten hinaus, sondern er begründet eben auch die Möglichkeit der sozialen Modifikation von Inhalten im Zuge des Erinnerns (vgl. auch Hirst und Echterhoff 2012). Erinnerungen des Vergangenen können so, auch entgegen der Überzeugung der jeweils erinnernden Personen (z. B. Zeitzeugen), nicht nur durch deren eigenes Erleben, sondern in erheblichem Maße durch von anderen Erzähltes oder mittels anderer Medien Erfahrenes geprägt sein. Die Grenzen zwischen autobiografisch selbst Erfahrenem und sozial vermittelten Erfahrungen verwischen dabei. Dominante Elemente des „memory talks" oder mediale Bilder können Gedächtnisspuren des selbst Erlebten überlagern und zu dem beitragen, was in der Beobachtung von außen als „false memories" (Schacter 2001, S. 433 ff.) bezeichnet werden kann.

---

[21] Vgl. hierzu eine in unserem Projektrahmen verfasste Diplomarbeit von Matthias Wanner (2012), die systematisch auf die psychologischen Aspekte des SBS eingeht.

[22] Eine gute und weite Übersicht zu Aspekten begrenzter Rationalität im Umgang mit Naturgefahren vermitteln Slovic et al. (1974, S. 190 ff.). Konzeptionell knüpfen diese Übersicht und viele der in ihr angesprochenen Arbeiten an die klassischen Ansätze zum Umgang mit (unvollständigen) Informationen von Herbert A. Simon sowie Daniel Kahneman und Amos Tversky an.

Hinsichtlich unserer Fragestellung nach den Formen und Grenzen des Wahrnehmens von Wandel zeichnen sich insofern deutlich Möglichkeiten einer erheblichen Verzerrung ab, die aus der Modulation von erinnerten Sachverhalten herrühren.

3.2.3 Zwischenresultate

Unsere Erörterung von Gedächtnis, Erinnern und Vergessen lässt eine ganze Reihe von Faktoren erkennen, die Zugriffe auf Referenzzustände, die eine adäquate Wahrnehmung von Veränderungen erlauben, eher unwahrscheinlich, wenn auch nicht unmöglich erscheinen lassen.

Ein Festhalten und Abrufen entsprechender Referenzpunkte, das Wahrnehmungen von Wandel erlaubt, ist vor allem in Bereichen möglich, in denen zum einen entsprechend hohe Relevanzen bestehen, die das Vorhandensein von hierfür hinreichenden Inhalten in Gedächtnissen wahrscheinlich machen. Zum anderen wird dies durch spezifische individuelle oder kollektive Vermögen und Verfahren ermöglicht, die das Festhalten und Abrufen der entsprechenden Gedächtnisinhalte begünstigen. Hierzu zählen nicht zuletzt die vielen unterschiedlichen Formen von sozialen Gedächtnissen.

Aus Sicht von einzelnen Subjekten werden Referenzpunkte vermutlich weniger aus den überwiegend selektiven und diffusen Erfahrungen des Alltagswissens stammen, sondern eher aus den Bereichen, in denen jeweils eine spezifische Expertise besteht, die sich beispielsweise im Zuge regelmäßiger Erfahrungen oder gar systematischer Aufzeichnung (z. B. Buchführung) im Zuge von Arbeitstätigkeiten, besonderen Interessengebieten oder Hobbies aufbaut. Vor allem aus solchen Bereichen werden demnach hinreichend Erfahrungen als Referenzpunkte verfügbar und abrufbar sein, die nicht nur punktuelle Vergleiche in der Zeit, sondern gehaltvolle und prozesshafte Wahrnehmungen von Veränderungen erlauben.

Zudem können sich situationsbedingte Probleme und Modifikationen des erinnernden Abrufs aus Gedächtnissen verzerrend oder sogar verunmöglichend auf die Wahrnehmung von Veränderungen auswirken.

3.3 Generationen und Alterskohorten

Unter anderem im Zusammenhang des autobiografischen und des kommunikativen Gedächtnisses sind wir bereits auf den Stellenwert gestoßen, den die zeitliche Begrenztheit der Lebensspanne einzelner Menschen für Gedächtnis und Erinnern generell besitzt. Die biologische Endlichkeit des Lebens einzelner Menschen, der

Träger autobiografischer Erfahrungen, bedeutet in weiten Bereichen auch eine Endlichkeit dieser Erfahrungen in der gesellschaftlichen Wirklichkeit. Sie ist ein Modus des gesellschaftlichen Vergessens. Genau dies betont die Perspektive des SBS, indem sie auf die Schwelle zwischen autobiografischem Erinnern und dem Erinnern von weiter in der Vergangenheit liegenden Sachverhalten und Erfahrungen blickt. Pauly (1995) und andere Autoren, die das Konzept des SBS vorschlagen, haben hierbei allerdings zunächst nur ganz einseitig auf die Verluste von Information geblickt, die im Zusammenhang der von ihnen thematisierten Problemzusammenhänge (vor allem dem nicht hinreichend erkannten Verlust an Biodiversität) als ursächlich erscheinen. Die Selbstverständlichkeit und Produktivität, die dem generational begründeten Vergessen gleichfalls zukommt, entging ihrer Perspektive zunächst. Erst ein jüngerer Artikel über „baselines that need shifting" (Pauly 2011) ergänzte dieses Bild durch den Hinweis, dass das Vergessen von Referenzzuständen in vielen Bereichen durchaus sozial erwünscht sein kann und nicht grundsätzlich ein Problem darstellt.

Aus Sicht der Generationenforschung ist eine solche Relativierung, die eine Bevorzugung des Erinnerns gegenüber dem Vergessen überwindet, ebenso selbstverständlich wie notwendig. Das Phänomen der Generationenfolge zwingt sozialwissenschaftliche Analysen geradezu, in gleichem Maße sowohl auf Prozesse des Vergessens wie auch des Erinnerns zu achten. Schon Karl Mannheim betonte diesen engen Zusammenhang in seinem Entwurf zu einer Soziologie der Generationen: „Das Absterben früherer Generationen dient im sozialen Geschehen dem nötigen Vergessen. Für das Weiterleben unserer Gesellschaft ist gesellschaftliche Erinnerung genau so nötig, wie das Vergessen und die neueinsetzende Tat" (Mannheim 1928, S. 177). Ähnlich sieht auch die neuere Forschung zum Vergessen in dem – in einem weiten Sinne generationalen – Vergessen einen wesentlichen Modus und eine Voraussetzung gesellschaftlichen Wandels.[23] Die Abfolge von Generationen kann insofern als gesellschaftlich durchaus funktionaler „Vergessensgenerator" (Endreß 2011) angesehen werden.

Doch neben diesem zwangsläufigen Vergessen bestehen, wie nicht nur die Arbeiten von Aleida und Jan Assmann zeigen, immer zugleich auch Prozesse eines inter- bzw. transgenerationalen Gedächtnisses und Erinnerns, d. h. einer Transmission von Erfahrungen. Wir müssen daher die Prozesse an diesen ‚Nahtstellen des Vergessens und Erinnerns' (Sebald und Weyand 2011, S. 182) genauer analysieren, um einerseits die hiermit gegebenen Grenzen des Festhaltens von Vergangenem erkennen und andererseits die Formen erfassen zu können, in denen Sachverhalte über diese Schwellen hinweg in Gedächtnissen festgehalten werden können.

---

[23] Zur Vergessensforschung vgl. z. B. Connerton (2008); Dimbath und Wehling (2011a); Luhmann (1997, S. 579); Douglas (1987).

3.3.1   Grenzen des Generationsbegriffs

Bevor wir weiter auf solche Mechanismen des Vergessens und Erinnerns eingehen, bleibt näher zu bestimmen, was genau unter dem verwendeten Begriff der Generation verstanden werden kann. Denn sowohl inner- wie auch außerwissenschaftlich ist von Generationen in mehreren und häufig alles andere als sorgfältig unterschiedenen Bedeutungen die Rede. Diese Unklarheit verstellt den Blick auf einige wichtige Zusammenhänge.

Passend zu unserer Fragestellung unterliegen auch die Bedeutungen des Generationsbegriffs einem Wandel, der häufig verkannt wird. Siegrid Weigel (2002) und Lutz Niethammer (2006) beschreiben nicht nur eine Differenz von generativen und synchronen Schwerpunkten in verschiedenen Generationsbegriffen, sondern auch eine Verschiebung von generativen zu synchronen Bedeutungen und ein damit verbundenes Vergessen der generativen Bedeutung in vielen gegenwärtigen Generationsthematisierungen.[24]

Einige Unschärfen des Generationsbegriffes lassen sich anhand der sogenannten „68er Generation" veranschaulichen, einer Bezeichnung, in deren Verwendung sich zumindest zwei Bedeutungen vermischen. In generativem Sinne, also mit Blick auf die Abfolge von Generationen in der Zeit, werden damit häufig die sich in den 1960er Jahren kritisch mit ihrer Elterngeneration auseinandersetzenden Kinder derjenigen gemeint, die die Zeit des Nationalsozialismus miterlebten bzw. mittrugen. Meist zielt die Bezeichnung allerdings eher in einem synchronischen Sinne auf alle diejenigen, die in der Zeit um 1968 mehr oder weniger an der politischen und kulturellen Bewegung und deren Manifestationen irgendwie Anteil hatten und die insofern durch diese Zeit geprägt wurden. So entstand im Falle der „Achtundsechziger" auch ein allgemeines Deutungsmuster solcher Generationstypik und -zugehörigkeit, ein Selbst- und Fremdbild, das der Bestimmung von Zugehörigkeit der eigenen Person oder anderer Personen zu dieser Generation dient.[25] Die „68er" in diesem Sinne waren allerdings, auch wenn viele von ihnen jüngeren Alters waren – es war ja auch die „Studentenbewegung" –, recht

---

[24] Für eine Unterscheidung biologischer, sozialer und politischer (altersübergreifender) Generationen vgl. z. B. Koselleck (2000, S. 35). Zu den Begriffsfragen siehe neben dem klassischen Text von Mannheim (1928) vor allem die Erläuterungen von Kohli (2009) sowie Szydlik und Künemund (2009) und Zinnecker (2003).

[25] Keineswegs in allen historischen Situationen bilden sich Generationen in solch einem synchronen Sinne. Zudem gibt es Entwürfe und Etikettierungen von „Generationen", die keine größere soziale Reichweite erlangen, weitgehend bedeutungslos bleiben und rasch vergessen werden – das zeigt z. B. das vergebliche Bemühen, von einer „Generation Golf" zu sprechen.

unterschiedlichen Alters. Daher lassen sie sich schwerlich als nur eine Alterskohorte begreifen, z. B. nur der Zwanzig- bis Dreißigjährigen. All diese Hinweise auf begriffliche Unschärfen zeigen, dass die Bezeichnung von Generationen vielleicht sogar aufgrund ihrer Unschärfe in vieler Hinsicht anregend und für eher grobe sozialgeschichtliche Periodisierungen durchaus praktisch, doch für einen wissenschaftlichen Begriffsgebrauch häufig zu ungenau bleibt.

Gerade wenn es, wie in der Forschung von Sáenz-Arroyo et al. (2005), um das biografische Vermögen geht, frühere Umweltzustände zu erinnern und dabei direkt aneinander anschließende, von den Forschenden festgesetzte Altersgruppen verglichen werden, wäre anstatt des Generationenbegriffs der Gebrauch des ausschließlich auf das Alter bezogenen Begriffes der Altersgruppe wesentlich präziser und angemessener. Denn die so verglichenen Gruppen stehen ja nicht in Abstammungsbeziehungen zueinander, und es geht nur um das unterschiedliche historische Wissen unterschiedlicher Altersgruppen zum Befragungszeitpunkt. Werden Altersgruppen wiederum im Zeitverlauf betrachtet und beispielsweise zu mehreren Zeitpunkten befragt, so passt der Begriff der Alterskohorte. Er bezeichnet eine Gruppe von Personen, die innerhalb eines bestimmen Zeitraums geboren wurden und im Verlauf ihres Lebens unterschiedliche Lebensalter im Gleichtakt durchschreiten. Insofern erlaubt der Begriff der Alterskohorte einen Blick darauf, wie Alterskohorten unterschiedliche Lebensalter durchschreiten und diesen Verlauf erfahren.[26] Damit erscheint der Begriff der Alterskohorte auch passend, wenn sich an eine zu einem einzelnen Zeitpunkt erfolgte Befragung von Altersgruppen Überlegungen anschließen, wie diese Altersgruppen im Zeitverlauf – d. h. als Alterskohorten – Erfahrungen aufgeschichtet und festgehalten haben, die in der Gegenwart erinnert werden können und somit Wahrnehmungen von Wandel erlauben.

Die Unterscheidung der Begriffe Generation, Altersgruppe und Alterskohorte ist daher keine Spitzfindigkeit. Sie dient auch nicht einfach nur einer Trennung von Dingen, die sich erst bei einer sehr genauen Betrachtung als unterschiedlich erweisen. Vielmehr liegt in dieser Unterscheidung eine grundlegende Voraussetzung für ein Verständnis jener sozialen Prozesse und Konsequenzen, die sich in der Verflechtung von Generationendynamik und dem Zeitablauf des Lebens ergeben.

---

[26] „Kohorten sind – im Unterschied zu Altersgruppen – Einheiten mit fester Mitgliedschaft. Man kann seine Generationslage in diesem formalen Sinne nicht verlassen, sogar wenn man sich von einem generationsspezifischen Denk- und Handlungsstil distanziert. Die Frage ist, ob die Erfahrungsgemeinsamkeit den Gleichaltrigen verborgen bleibt oder ob sie zu einer Generation im anspruchsvolleren Sinne eines Generationszusammenhangs führt, also zu einem Generationsbewusstsein und sogar zu einem Zusammenschluss als kollektiver generationeller Akteur." (Kohli 2009, S. 230)

Martin Kohli (2009, S. 230)[27] weist mit Nachdruck darauf hin, dass wichtige Faktoren der gesellschaftlichen Veränderung und Kontinuität gerade in der Verknüpfung jener Verbindungen zwischen älteren und jüngeren Menschen begründet sind, die sich sowohl auf der gesellschaftlichen Ebene (der Abfolge von Alterskohorten) wie auch der familialen Ebene (der Beziehungen zwischen Eltern und Kindern, die schließlich selbst Eltern werden und zugleich Kinder ihrer Eltern bleiben) ergeben.

Ganz ähnlich betont Gabriele Rosenthal (2000, S. 162) die engen Zusammenhänge der alterskohortenmäßig begründeten Generationszusammenhänge mit familialen bzw. genealogischen Generationenabfolgen. Hiermit meint sie die Vorstellungen von alterskohortenbasierten historischen Generationen, wie z. B. den „Achtundsechzigern", die maßgeblich in intergenerationellen Dialogen in der Familie mitgeformt werden. Um die Abgrenzungen und Vorstellungen von Generationen, die in solchen intergenerationalen Kommunikationen generiert werden, soll es uns hier freilich nicht gehen. Bedeutsam für uns sind vielmehr die Chancen und Grenzen der Transmission von Erfahrungen in solchen intergenerationalen Kommunikationen.

3.3.2 Transmission von Erfahrungen über die Schwelle des Erinnerns und Vergessens zwischen Generationen bzw. Alterskohorten

Wenn wir von der biologisch begründeten Tatsache der Endlichkeit einzelner menschlicher Lebewesen, des Erlöschens biografischer Gedächtnisse, und der ständigen generativen Erneuerung der Menschheit ausgehen, stellt sich bei dem angesprochenen Nebeneinander von Festhalten und Vergessen die Frage, wie sich dieses nun genau fortlaufend an der Schwelle der Generationen in sozialen Prozessen vollzieht. Diese Frage besitzt eine besondere Bedeutung für das mit dem SBS verbundene Interesse, nicht nur das Vergessen von Veränderungsprozessen zu verstehen, sondern auch die Möglichkeiten eines historischen Erinnerns, das längerfristigen Wandel wahrzunehmen erlaubt. Was die Hindernisse einer Transmission von Sachverhalten betrifft, die aus dem biografischen Erleben der aufgrund ihres Alters wegsterbenden Alterskohorten stammen und für die sich damit die Fra-

---

[27] „Auf der Ebene der Familie bedeutet Generation eine bestimmte Position in der Abfolge von Eltern und Kindern. Auf der Ebene der Gesellschaft bedeutet Generation eine Einheit, die auf einer Geburtskohorte aufruht, nämlich einer Menge von Personen, die im gleichen Zeitraum geboren sind. Sie bewegen sich im Gleichschritt durch den Lebenslauf und erfahren die einzelnen historischen Ereignisse im gleichen Alter." (Kohli 2009, S. 230)

ge der intergenerationalen Transmission stellt, so werden diese an der generativen Schwelle nun in zweierlei Hinsicht erkennbar.

Zum einen handelt es sich im intergenerationalen Kontext nicht um eine Transmission von Sachverhalten zwischen Personen, die sich hinsichtlich Alter und Erfahrungshintergrund ähneln, sondern um eine komplizierte Übermittlung solcher Sachverhalte, die von Personen selbst und daher sinnlich komplex erlebt wurden, an andere Personen, die diese nicht nur nicht selbst erlebt haben, sondern in ihren Relevanzen und Wahrnehmungsweisen durch einen anderen zeitlichen Kontext geprägt sind. Mannheim bezeichnete diese sich aus den spezifischen historischen Lebensumständen ergebende und sich mehr oder weniger von derjenigen vorgängiger und folgender Alterskohorten unterscheide Prägung als Generationslagerung (Mannheim 1928). Ganz ähnlich betrachtet auch Bourdieu (1979, S. 168) unterschiedliche historische Prägungen, in seinem Falle vor allem der alterskohortenspezifischen Habitusformen, als wichtigen Faktor möglicher Generationenklüfte. Eine Transmission von Erfahrungen erfolgt über solche möglichen Unterschiede der Prägung von Generationen oder Alterskohorten hinweg in der Regel zumindest schwieriger als im Falle einer Weitergabe von Sachverhalten zwischen Personen mit einem ähnlichem Erlebnishintergrund. Selbst im Falle gelingenden inter- oder gar transgenerationalen Festhaltens werden die festgehaltenen Sachverhalte durch die Weitergabe „dünner“. Ihre Evidenz und Plausibilität verliert beinahe zwangsläufig an Tiefe und Gewicht – es sei denn, dies kann z. B. durch eine besonders eindrucksvolle Erzählform, d. h. Rhetorik, kompensiert werden (vgl. Luhmann 1997, S. 272).

Erläutern wir dies an einem Beispiel. Im Zuge einer solchen intergenerationalen Transmission wird aus einer auf eigenen Erlebnissen beruhenden dichten Erinnerung an außergewöhnlich volle Fischernetze, die alle damit verbundenen Mühen und Gratifikationen einschließt, für die folgende Generation eine Erinnerung an ein zu einer anderen Zeit gemachtes Erlebnis einer anderen Person, die weitgehend auf eine quantitative Information über den Fang einer bestimmten Menge Fisch begrenzt bleibt. Die Erinnerung an diese Erlebnisse verliert damit an Authentizität. Zudem mag dabei eine aus eigener oder sozial vermittelter Erfahrung begründete Skepsis eine Rolle spielen, es könne sich vielleicht um eine unter Fischern nicht seltene Übertreibung handeln (eine Art „Anglerlatein“). Auch im Falle der Fischerstudie von Sáenz-Arroyo et al. (2005) dürften die jüngeren Fischer durchaus gute Gründe haben, den Erzählungen von anderen und älteren Fischern unter anderem mit Misstrauen zu begegnen.

Zum anderen liegt eine weitere Schwelle für das Gedächtnis und Erinnern in der Grenze der Zeitzeugenschaft. Mit dem Tod der ältesten Personen jener Alterskohorte, die noch aus eigener Anschauung über Vergangenes berichten und erzählen können, entfällt zumindest die Möglichkeit eines über das mündliche Erzählen eigener Erlebnisse durch Zeitgenossen vermittelten sozialen Festhaltens und Erinnerns. Dennoch per Tradierung fortgesetzte Erzählungen erhalten dann einen erhöhten Grad an Abstraktion. Gesellschaftlich wird damit also leicht eine weitere Stufe im Prozess eines umfassenden Vergessens von Erfahrungen und Wissen dieser älteren Alterskohorten erfolgen.

3.3.3 Generationalität als Grunderfahrung von Wandel

Die Wissenssoziologie weist auf noch einen weiteren Aspekt der Generationendynamik hin, der für unsere Frage nach der Wahrnehmung von Wandel Relevanz besitzt. Schütz und Luckmann (2003, S. 137, 138) betrachten es nämlich als beinahe unausweichlich, dass Menschen die Erfahrung von Generationalität machen. Selbst in eher statischen Gesellschaftsverhältnissen könnten Unterschiede der Wissensbestände von Älteren und Jüngeren der natürlichen Einstellung des Alltagslebens kaum verborgen bleiben. Diese Unterschiede bieten zumindest einen Anlass für die alltagsweltliche Vermutung, dass die Erfahrungswelt der Vorfahren von den zeitgenössischen abweiche und die Sozialwelt somit einem Wandel unterliege, also irgendwie historisch sei. So betrachtet erscheint Generationalität als eine subjektive Grunderfahrung von Wandel. In historischer Perspektive stellt sich dann die Frage, wie sich die Ausmaße der so erfahrenen Differenz verändern (vgl. Koselleck 2000, S. 164 f.).

3.3.4 Zwischenresultate

Insgesamt betrachtet erweist sich Generationalität hinsichtlich der Wahrnehmung von Wandel ambivalent. Einerseits ergeben sich aus der generativen Erneuerung der Menschheit unübersehbare Schwellen für Gedächtnis und Erinnerung, andererseits zeigen sich an diesen Schwellen neben dem Vergessen auch Formen der sozialen Vermittlung und Stabilisierung von Sachverhalten, die nicht nur den autobiografischen Erfahrungsbereich, sondern auch denjenigen des gemeinsamen Erinnerns mehrerer zu einem bestimmten Zeitpunkt gemeinsam lebender Generationen bzw. Alterskohorten zeitlich transzendieren.

Damit kommen wir zu einer näheren Betrachtung derjenigen Aspekte von Zeitlichkeit, die für die Frage nach Möglichkeiten und Grenzen des Wahrnehmens von Veränderungen relevant sind.

3.4   Zeit, innere Zeit, soziale Zeit, Zeitsemantiken, Zeithorizonte, Zeitperspektiven

> Ein Hauptschlüssel zu den Problemen der Zeit und des Zeitbestimmens liegt in der Tat in der spezifischen Fähigkeit von Menschen, das, was in einer kontinuierlichen Geschehensabfolge ,früher' und was ,später', was ,vorher' und was ,nachher' geschieht, zusammen ins Auge zu fassen und dadurch miteinander zu verknüpfen. Das Gedächtnis spielt bei diesem Vorstellungsakt, bei dem man zusammensieht, was nicht zusammen geschieht, eine grundlegende Rolle. Wenn ich derart auf die Fähigkeit zur Synthese hinweise, dann beziehe ich mich hier besonders auf das Vermögen von Menschen, in ihrer Vorstellung etwas gegenwärtig zu haben, was realiter hier und jetzt nicht gegenwärtig ist, und es mit dem zu verknüpfen, was realiter hier und jetzt geschieht. (Elias 1988, S. 44, 45)

Diesen Ausführungen von Norbert Elias, auf die wir später zurückkommen werden, fügt die Zeitforscherin Barbara Adam gewissermaßen noch eine weitere Voraussetzung hinzu. Sie schreibt: „Im Unterschied finden wir den Ursprung der Zeit" (Adam 1995, S. 21). Wenn alles in der Wiederholung gleich bliebe, so Adam, gäbe es keine Zeit. Die Zeit wäre dann gefangen im ewigen Kreis desselben und die Welt stünde still. Selbstverständlich geht es hierbei nicht um die Zeit der kosmischen und natürlichen Abläufe, die wir zunächst als gegeben unterstellen können, sondern um eine genuin menschliche Zeit, die auf dem Erleben und Erfahren von Zeit beruht.

Adam und Elias liefern somit weitere Hinweise auf engste Zusammenhänge, die zwischen unserer Frage nach der Wahrnehmbarkeit von Veränderungen und dem Thema „Zeit" bestehen. Diese Zusammenhänge sahen wir bereits im Kontext des Generationenthemas oder – besonders deutlich – in Zusammenhang mit der wissenssoziologischen Perspektive, deren rekonstruierender Blick auf den Bewusstseinsstrom, auf die individuelle und kollektive Aufspeicherung von Erfahrungen, Sinn und Wissen bzw. auf die Verschiebung von Relevanzhorizonten stets die Zeitlichkeit dieser Prozesse und auch die Frage des Wahrnehmens von Zeit erfasst. Zudem erweist sich das Handeln – im Unterschied zu bereits abgeschlossenen Handlungen – in der wissenssoziologischen Perspektive grundsätzlich als ein sich in der Gegenwart vollziehendes und in der Regel auf in der Zukunft liegende Ziele bezogenes zeitliches Operieren. Insofern geht es der Wissenssoziologie immer auch um zeitliche Orientierungen, die mit Bezügen auf Zukünftiges wie auch Vergangenes verbunden sind.

Enge Zusammenhänge zwischen Fragen des Wahrnehmens von Veränderungen und Phänomenen der Zeit, insbesondere der Wahrnehmung von Zeit sind insofern evident. Wir möchten im Folgenden jedoch genauer bestimmen, inwiefern verschiedene Formen der Wahrnehmung von Zeit und der Orientierung in der Zeit für die Wahrnehmung von Veränderungen eine Rolle spielen und insofern eine Voraussetzung für ein umfassenderes und tieferes Verständnis der mit dem SBS anvisierten Sachverhalte darstellen.

Aus der Zeitforschung[28] übernehmen wir zunächst die Unterscheidung dreier Formen von Zeit. Da ist zum einen die äußere Zeit, d. h. die Zeit der natürlichen Abläufe und Rhythmen des Universums und der Natur im Allgemeinen. Zu ihr gehören u. a. auch der Zyklus der Jahreszeiten oder der Ablauf der Sedimentation von Gesteinsschichten, der retrospektiv Aufschlüsse über Zeitalter der Erdgeschichte erlaubt. Daneben gibt es soziale Zeiten, Zeitmuster und -orientierungen, die sich in gesellschaftlichen Prozessen als ein die Zeit der Gesellschaft bestimmendes und gesellschaftliche Abläufe organisierendes Gerüst herausgebildet haben. Schließlich gibt es noch eine innere Zeit, die Zeit des subjektiven Erlebens von Zeit wie auch der subjektiven Orientierungen in ihr.[29]

Die äußere Zeit können wir in unserem Kontext vorläufig als gegeben voraussetzen. Im Mittelpunkt unseres Interesses stehen die innere und die soziale Zeit, also die Formen von Zeit, die maßgeblich als kulturelle Phänomene erscheinen.

3.4.1 Innere Zeit

Beginnen wir mit der inneren Zeit, dem inneren Zeitbewusstsein. Auch dieser Aspekt von Zeitlichkeit wird in der Wissenssoziologie wie auch der sozialwissenschaftlichen Zeitforschung allgemein eng an die Phänomenologie anschließend erfasst.[30] Es geht dabei um die Frage, wie sich Zeiterfahrung im Bewusstsein konstituiert. Das hängt unter anderem mit den Zeitperspektiven und Zeitorientierungen des menschlichen Handelns zusammen, die Schütz (2003 ff, S. V.1/189 ff.) beispielsweise in seinem Aufsatz über die mannigfaltigen Wirklichkeiten erörtert.

In der Alltagseinstellung bleibt die Aufmerksamkeit im Zuge aktuellen Handelns auf die Gegenwart gerichtet. Das heißt allerdings nicht, dass jeder Augenblick nur für sich allein und ohne jeden Zusammenhang erlebt wird. Vielmehr wird dieses Erleben in der phänomenologischen Tradition als Bewusstseinsstrom begriffen, der den aktuellen Augenblick mit unmittelbar Vorausgehendem und Folgendem

---

[28] Nassehi (2008); Elias (1988); Dux (1989); Stanko und Ritsert (1994).

[29] Vgl. z. B. auch Giddens' Unterscheidung von Lebensspannen des Individuums (Zeit des vergehenden lebenden Organismus als eine Grenze der Gegenwart) und einer Longue Durée der Institutionen (Giddens 1995, S. 89).

[30] Vgl. den Abriss der Entwicklung des Begriffes „innere Zeit" bei Bergson, Husserl und Schütz von Nassehi (2008, S. 58–111).

verknüpft. Husserl verdeutlicht dies u. a. am Beispiel des Hörens einer Melodie, deren Wahrnehmung sich ja erst aus einem in Verbindungsetzen von aktuellen und zuvor erklungenen Tönen ergibt und zudem mit Erwartungen folgender Töne verbunden wird. Genauso ist es auch beim Hören eines Vortrags, ja des Redens überhaupt. Die Aufmerksamkeit ist hierbei auf einen spezifischen Zusammenhang ausgerichtet, der sich erst aufgrund eines gewissen Rückblickens (Retention) und Vorausschauens (Protention) ergibt.

Im Bewusstseinsstrom kommt es jedoch zu Einschnitten und Wechseln. Wir wechseln zwischen verschiedenen Wirklichkeiten. Aus dem Hören einer Melodie während eines Konzerts wechselt der Bewusstseinsstrom, wenn wir während eines Konzerts ungewollt eingeschlafen sind, womöglich in einen seltsamen Traum, über den wir uns – nachdem wir von einem dezenten Ellbogenstoß der begleitenden Person wieder geweckt wurden – so sehr wundern, dass unsere Aufmerksamkeit bei diesem nun aus dem Gedächtnis erinnerten rätselhaften Traum verbleibt und weiterhin vom Musikgeschehen abgelenkt bleibt. Nach dem Konzert richtet sich alle Aufmerksamkeit auf das Suchen eines nahegelegenen Lokals, in dem noch etwas getrunken und gegessen werden kann. In diesen Ablaufstrom gegenwartsbezogener Aufmerksamkeit schieben sich mitunter reflexive Phasen, in den die Rückschau (eventuell auch die Vorausschau) in den Mittelpunkt der Aufmerksamkeit, wissenssoziologisch formuliert: des thematischen Feldes, tritt. Zurückschauend und das festgehaltene Vergangene dabei vergegenwärtigend kann versucht werden, den Weg zu einem abgelegenen Lokal zu erinnern. Ähnlich kann auch das soeben erlebte Konzert – oder der dort erlebte seltsame Traum – wieder in den Vordergrund der Aufmerksamkeit treten. Womöglich wird ob der aktuellen Begeisterung das soeben Gehörte mit anderen, weiter zurückliegenden Konzerterfahrungen in Beziehung gebracht, verglichen und beurteilt. Dabei können sich neue, in die Zukunft reichende Erwartungen ergeben, etwa im Sinne von: ‚Also jenes Konzert war ja ähnlich beeindruckend; das würde ich auch gerne mal wieder hören‘.

Solche Reflexionen von Erfahrungen tragen zur Konstitution einer „inneren Zeit" bei, die als eine stark autobiografisch gefärbte Vorstellung von Dauer bezeichnet werden kann und die sich dadurch von der chronologisch/natürlichen wie auch der sozialen Zeit unterscheidet. Die phänomenologische und wissenssoziologische Tradition blickt hier also auf Vorstellungen, die das beständige Wechseln im Bewusstseinsstrom – genauer gesagt zwischen den verschiedenen inhaltlichen Facetten eines Stroms sowie den gegenwartsbezogenen und reflexiven Phasen – übergreifen. Schütz bezeichnet diese Vorstellung von Kontinuität und übergreifender Dauer als die „innere Zeit oder durée, in der unsere aktuellen Erfahrungen durch Erinnerungen und Retentionen mit der Vergangenheit und durch Protentionen und Antizipationen mit der Zukunft verbunden sind" (Schütz 2003 ff., S. V.1/191).[31]

Für diese innere Vorstellung von Zeitdauer spielt die eigene Leiblichkeit eine wichtige Rolle, da sie immer wieder den Ausgangspunkt von räumlichen Orientierungen und Erfahrungen überhaupt – z. B. des Essens – darstellt und an ihr selbst z. B. im Zuge der Erfahrung des Alterns Zeitdauer erfahren wird. Die phänomenologische Tradition erfasst diese Vorstellung innerer Dauer zudem eher in einer qualitativen Hinsicht und nicht als streng entlang linearer Zeitlichkeit strukturiert. Ähnlich wie bereits im Bereich der Musik unterschiedliche Tempi und Rhythmen erfahren werden, so sind auch die unterschiedlichen Wirklichkeiten, zwischen denen das Bewusstsein wechselt, grundsätzlich von unterschiedlichen Geschwindigkeiten und Rhythmen. Die Erfahrungen im Bereich des Weinbaus sind beispielsweise – bedingt durch den jährlichen Erntezyklus und mehrjährige Lagerung – durch eine geringere Dynamik und längerfristige Prozesse geprägt. Demgegenüber sind Erfahrungen beispielsweise im Bereich der Bekleidungsmode durch eine weit höhere Dynamik und – Georg Simmel[32] zufolge – ein besonders starkes Gegenwartsgefühl gekennzeichnet. In das Bild einer so begriffenen inneren Dauer passt auch der oben bereits angesprochene Befund eines „reminiscence bump", des vergleichsweise umfangreichen Festhaltens von Episoden aus Jugend und frühem Erwachsenenalter im autobiografischen Gedächtnis.

Der Blick auf die Differenz solcher Handlungssphären verdeutlicht, dass die innere Zeit von sehr unterschiedlichen Vorstellungen von Dauer geprägt sein kann. Ebenso leicht nachvollziehbar sind unterschiedliche Ausrichtungen des nicht gegenwartsbezogenen Vorstellens auf Vergangenes oder Zukünftiges.

Reflexion, das sahen wir bereits, erlaubt in unterschiedlichem Ausmaße Vorstellungen, die eher vergangenheits- oder zukunftsbezogen sind. Das Vorstel-

---

[31] Der Begriff der inneren Dauer als übergreifende Einheit des Bewusstseinsstroms ist keineswegs einfach nachzuvollziehen. Zudem steht die innere Dauer bei Schütz in engem Zusammenhang mit dem subjektiven Wissen um das eigene Selbst und z. B. dessen Älterwerden. Damit hängt es eng mit Selbstbewusstsein zusammen (vgl. Schütz 2003 ff., S. V.1/104, 191). Wir können dies hier nicht ausführlich in allen Facetten nachzeichnen oder diskutieren und verweisen auf ausführlichere Darstellungen von Schütz und Luckmann (2003, S. 89–97).

[32] Für Georg Simmel liegt das Wesen der Mode darin, dass ein Teil der Gruppe sie übt, die anderen sich auf dem Weg dahin bewegen. Sobald die Mode die Gruppe ganz durchdrungen hat, redet man nicht mehr von Mode. Das Wachstum der Mode treibt sie ihrem Ende zu, „weil sie dadurch die Unterschiedlichkeit aufhebt" (Simmel 1995, S. 16). „Ihre Frage ist nicht Sein oder Nichtsein, sondern sie ist zugleich Sein und Nichtsein, sie steht immer auf der Wasserscheide von Vergangenheit und Zukunft und gibt uns so, solange sie auf ihrer Höhe ist, ein so starkes Gegenwartsgefühl, wie wenige andere Erscheinungen." (Simmel 1995, S. 17)

lungsvermögen in der reflexiven Einstellung erlaubt sowohl ein Nachdenken als auch ein Vordenken. Es operiert nicht nur mit Vorstellungen, die Vergangenes aufgreifen, sondern auch mit Vorstellungen dessen, was in der Zukunft sein wird oder sein könnte. Neben dieser Ähnlichkeit von vergangenheits- und zukunftsbezogenen Vergegenwärtigungen bleibt allerdings stets die Differenz dieser beiden Typen des Vorstellens zu berücksichtigen. Vergangene Erfahrungen sind bereits abgeschlossen und als solche unveränderbar – auch wenn sie dann im Prozess des Erinnerns verformt werden können. Zukünftiges ist jedoch noch unabgeschlossen. Damit stellt sich nicht zuletzt die Frage, wie Kommendes in seiner Offenheit dann überhaupt vorgestellt wird. Schütz (2003 ff., S. V.1/364–367) beschreibt dies als ein Vorstellen dessen, was gewesen sein wird, da er meint, dass Zukünftiges, zumindest sofern es in Zusammenhang mit dem Vermögen eigenen Wirkens betrachtet wird, in der abgeschlossenen Form der Handlung und insofern eben in einer zukünftigen Rückschau, in der Zeitform der vollendeten Zukunft, vorgestellt werde.

Es leuchtet ein, dass in dieser inneren Dimension des Zeitbewusstseins, die sich im Zuge der Erfahrungsaufschichtung konstituiert[33] – und die übrigens nicht unabhängig von sozialer und äußerer Zeit entsteht, doch gleichwohl klar von diesen als ein subjektives Erfahren von Zeit unterschieden werden muss – ganz unterschiedliche Formen innerer Dauer möglich sind. Grundsätzlich können sie mehr oder weniger auf Zukünftiges oder Vergangenes ausgerichtet sein und unterschiedlich weit in diese beiden Zeitperspektiven reichen. Allerdings ergeben sich gerade aus den Notwendigkeiten des Handelns und der eigenen Körperlichkeit immer wieder starke Gegenwartsbezüge – der Faktizität des Lebens in der Gegenwart können sich noch so stark zukunfts- oder vergangenheitsbezogene Haltungen niemals entziehen.

3.4.2   Soziale Zeit

Der Dimension der sozialen Zeit können wir uns anhand der Arbeit von Norbert Elias nähern. Sein Aufsatz über die Zeit behandelt im Wesentlichen die historische Herausbildung einer intersubsubjektiven, d. h. sozialen Zeit.[34] Dabei blickt er zum

---

[33] Vgl. hierzu auch die in dieser Hinsicht verwandte Rekonstruktion von Zeitlichkeit von Oevermann (1995, S. 31–60).

[34] Elias' Arbeit über die Zeit ist, wie gesagt, ein Aufsatz. Daher muss er als skizzenhafter Abriss zu diesem großen Thema verstanden werden. Dennoch überrascht, dass Elias, der in seiner Zivilisationstheorie (Elias 1978) in aller Sorgfalt die Parallelität von Psycho- und

einen auf das Verhältnis von sozialer und natürlicher Zeit und die damit zusammenhängende Frage der Synchronisierung von natürlichen und sozialen Abläufen. Zum anderen liefert er einige Betrachtungen, die auch für unser wissenssoziologisch orientiertes Verständnis, wie sich Wahrnehmungsprozesse von Wandel überhaupt vollziehen, sehr instruktiv sind. Schließlich hat er in seiner Arbeit über den Prozess der Zivilisation (Elias 1978) auch auf langfristig sich vollziehende Prozesse und sich damit verändernde Zeitvorstellungen geblickt. Daher beziehen wir uns hier schwerpunktmäßig auf seine freilich eher skizzenhaften Überlegungen zur Zeit und nicht auf von anderen Autoren vorgelegte und zum Teil wesentlich differenzierter ausgearbeitete Arbeiten zur sozialen Zeit.[35]

Ein Kernthema des gesamten Werks von Norbert Elias liegt in dem von ihm so bezeichneten Zivilisationsprozess, einer sich sehr langfristig vollziehenden Veränderung des menschlichen Handelns und Empfindens, die in engem Zusammenhang mit strukturellen Veränderungen der Interdependenz von Menschen und insbesondere der Herausbildung der Staatlichkeit steht. Im langfristigen historischen Wandel, so Elias, vollziehe sich eine Tendenz der Umwandlung von Fremd- in Selbstzwänge und damit nicht zuletzt eine sowohl zeitliche wie auch räumliche Einhegung von Gewalt. Schwankungen und Rückschläge in dieser Entwicklung, wie beispielsweise die Weltkriege des letzten Jahrhunderts, änderten nichts an dem langfristig sich vollziehenden Wandel.[36] Diese Perspektive passt selbstverständlich auch daher sehr gut zu unserer eingehenderen Betrachtung des SBS, da sie einen nicht-linear sich vollziehenden und durch sehr markante Schwankungen geprägten historischen Wandel anspricht, der bei Betrachtung von kürzeren Zeiträumen überhaupt nicht erkennbar werden bzw. sogar in entgegengesetzter Tendenz – z. B. der Gewaltsteigerung – erscheinen kann.

Instruktiv für unseren Zusammenhang ist ebenfalls, dass Elias (1988, S. XV) seine Überlegungen über die Zeit in einige grundlegende Überlegungen zum Verhältnis von Mensch und Natur rahmt. Anstatt beides als völlig getrennt zu betrachten und mit den Sozial- und Naturwissenschaften jeweils exklusiven Wissenschaftsbereichen zu überantworten, bedürfe ein Verständnis von Zeit vielmehr

---

Soziogenese, d. h. von Veränderungen psychischer und sozialer (v. a. staatlicher) Strukturen herausarbeitet, in seiner Skizze über die Zeit vor allem die soziale Dimension thematisiert und deren Zusammenhang mit Prozessen auf der Subjektseite zwar immer wieder in die Argumentation einfließen lässt, ohne dies jedoch systematisch zu entfalten.

[35] Vgl. hierzu die Überblicke von Bergmann (1983); Nassehi (2008); Stanko und Ritsert (1994); Rosa (2005).

[36] „(...) erst die Einsicht, daß wir selbst noch mitten im Wellengang, mitten den Krisen einer solchen Zivilisationsbewegung stehen, nicht an deren Ende, sie erst rückt das Problem der ‚Zivilisation‘ ins rechte Licht." (Elias 1978, S. Bd. II, 341)

einer Betrachtung von „Menschen in der Natur". Da Menschen „nicht abgesondert für sich, sondern eingebettet in das Naturgeschehen" (ebd.) leben, läge in dieser Betrachtungsweise auch eine Voraussetzung für Erkenntnisse zum Phänomen der Zeit.[37]

Bei diesem Blick auf „Menschen in der Natur" liegt für Elias ein Interesse in den historischen Schritten, in denen die Faktizität der äußeren Zeit mit der relativ hohen, doch sich niemals gänzlich von der Natur lösen könnenden Autonomie der sozialen Zeit synchronisiert wurde. Hiervon zeugen nicht zuletzt die verschiedenen Reformen des Kalenders (vgl. ebd., S. 10). Die sozialen und auch inneren Zeitvorstellungen der Menschen stellen für Elias demnach ein kulturelles System dar, bei dem sich stets die Frage nach seiner Synchronisierung mit natürlichen Abläufen, der äußeren Zeit, stellt. Die primäre Funktion der sozialen Zeit liegt dabei insbesondere darin, dass sie Handlungskoordinierung und Orientierung innerhalb eines unablässigen Geschehensflusses erlaubt, der sich auf der physikalischen, biologischen, sozialen und individuellen Ebene vollzieht. Im Zusammenhang dieser Ebenen verändert sich das Wissen von der Zeit im historischen Prozess. Immer bleibt es dabei ein Teil jenes gesellschaftlichen Wissensschatzes, der die Menschen prägt, auf den sie aufbauen und den sie durch ihr Tun fortsetzen und auch modifizieren (ebd., S. XII).

Elias' Erörterungen zielen zudem auf die historische Entwicklung der sozialen Zeit. Geschichtlich hat sich nicht zuletzt in Zusammenhang mit der Entwicklung industrialisierter Staaten ein kulturelles Zeitraster von einer hohen Komplexität herausgebildet und weltweit ausgebreitet. Es ist ein Raster linearen Zeitablaufs, das als Maßstab sozialer wie auch individueller, d. h. autobiografischer, Orientierung dient. Dieses Zeitraster ist insofern Teil der Wissenshorizonte geworden.

> „Daß Zeit den Charakter einer universellen Dimension annimmt, ist nichts anderes als ein symbolischer Ausdruck der Erfahrung, daß alles, was existiert, in einem unablässigen Geschehensablauf steht. Zeit ist ein Ausdruck dafür, daß Menschen Positionen, Dauer von Intervallen, Tempo der Veränderungen und anderes mehr in diesem Flusse zum Zwecke ihrer eigenen Orientierung zu bestimmen suchen." (Elias 1988, S. XLVII)

Diesen Aspekt eines universell in weiten Bereichen gültig werdenden zeitlichen Orientierungssystems verknüpft Elias mit einer Tendenz zur Entwicklung von Langsicht, die er wiederum als eng mit dem Zivilisationsprozess verknüpft an-

---

[37] Elias skizziert in diesem Zusammenhang, das sei nur am Rande bemerkt, zugleich eine Verantwortungsethik. Menschen trügen „kraft der Eigenart ihrer Natur, auch um ihrer selbst willen, die Verantwortung für diese Beziehung" (Elias 1988, S. XVI), d. h. die Beziehung von Menschen in der Natur zu dieser Natur. – Das klingt ganz ähnlich wie manche Ausführungen von Hans Jonas (2003), auf die wir unten näher eingehen werden.

sieht. „In späteren Gesellschaften dagegen werden Vergangenheit, Gegenwart und Zukunft stärker unterschieden. Das Bedürfnis und die Fähigkeit zur Vorausschau und damit zu Berücksichtigung einer relativ entfernten Zukunft gewinnen einen immer größeren Einfluß auf alle Tätigkeiten hier und jetzt." (ebd., S. 125) Diese Aussage mag zum einen die Vielfalt und Widersprüche im Nebeneinander von sozialen Zeiten in der Moderne unterschätzen – eine Kritik, die sich insbesondere aus der Perspektive von Nassehi (2008) ergibt. Zum anderen mag die von Elias diagnostizierte zunehmende Zukunftsbezogenheit von Akteuren und Tätigkeiten insbesondere im Kontext von Problemkonstellationen wie dem Klimawandel eventuell zu optimistisch klingen – vor allem im Vergleich zu dem eher düsteren Bild, das Autoren wie Jonas (2003) oder Anders (1980) zeichnen. Elias sieht jedoch, dass diese größere Zukunftsorientierung, die sich in der historischen Tendenz herausbildet, nicht bedeutet, dass Menschen aller vielfach ungeplanten und ungewollten Prozesse gewahr werden, die durch ihre Tätigkeiten hervorgebracht und in Gang gehalten werden. Vielmehr stecke die Fähigkeit, solche blinden sozialen Prozesse zu kontrollieren, noch immer in den Anfängen (Elias 1988, S. 146). Damit lenkt Elias den Blick hier eher auf die Möglichkeiten und Chancen einer auch in seinen Augen in aktuellen Gesellschaftsverhältnissen notwendigen Ausdehnung von zukunftsbezogenen Vorstellungen.

Alles in allem betrachtet liegt die Bedeutung der sozialen Zeit für unsere Fragestellung vor allem in dem Ausmaß, in dem eine übergreifende soziale Zeit, die sich auch den Subjekten als eine prägende Struktur auferlegt, Chancen und Grenzen der Wahrnehmung von Veränderungen setzt. Das hängt grundsätzlich mit der Frage der Zeithorizonte (der Weite von Zeitvorstellungen) und Zeitperspektiven (der Ausrichtung von Zeitvorstellungen in Richtung der Vergangenheit oder der Zukunft) zusammen. Bevor wir hierauf näher eingehen, behandeln wir zunächst in einem Exkurs noch einmal Erfahrungsweisen von Zeit und daran anschließend das Thema „äußere Zeit".

3.4.3 Exkurs: Die Erfahrung von Zeit und die Erfahrung von Wandel

Blicken wir näher auf einen weiteren Gesichtspunkt in Elias' Arbeit, der einige Aufschlüsse für den uns interessierenden Zusammenhangs von Zeit und Veränderungswahrnehmungen bietet. Das menschliche Vermögen des Erinnerns stellt für Elias eine Grundvoraussetzung der Wahrnehmung von Zeit dar. Nicht zuletzt ihre Erinnerungsfähigkeit erlaube den Menschen, nicht einfach nur in einem unaufhörlichen Fluss der Geschehensabfolge zu leben, sondern aktuelles Geschehen mit dem Geschehen eines anderen (vergangenen) Zeitpunktes in Bezug zu setz-ten.[38] Die Erfahrung von Zeitdauer ist demnach ohne Gedächtnis und Erinnerung nicht möglich. Solche Operationen – Schütz würde sie als Heraustreten aus dem Bewusstseinsstrom bezeichnen – synthetisieren aktuelles Geschehen und erinner-te Vorstellungen vergangenen Geschehens. Abläufe aus dem unaufhörlichen Fluss der Geschehensabläufe können so in Position zueinander gebracht werden. „Der Ausdruck ‚Zeit' verweist also auf dieses ‚In-Beziehung-Setzen' von Positionen oder Abschnitten zweier oder mehrerer kontinuierlich bewegter Geschehensabläufe." (Elias 1988, S. XVII) Zeitwahrnehmung erlaubt damit Menschen eine Orientierung im Fluss der Dinge, sie löst sie davon, nur die aktuelle Gegenwart wahrneh-men zu müssen, und erlaubt eine Wahrnehmung des Ablaufs der Dinge. Elias' Überlegungen zu diesem Zusammenhang von Gedächtnis und Zeitwahrnehmung entsprechen übrigens genau denen der Gedächtnisforschung, die die Fähigkeit zu mentalen Zeitreisen als ein menschliches Spezifikum hervorheben.[39]

Die Lektüre von Elias weist uns auch darauf hin, dass nicht nur das Wahrneh-men von Zeit, sondern ganz ähnlich auch die Wahrnehmung von Veränderung als eine recht komplexe Operation verstanden werden muss. Auch die Wahrnehmung von Veränderung, so können wir schließen, ergibt sich aus einer Ko-Repräsentation von mindestens zwei Geschehensabläufen bzw. Zuständen, in deren Zuge ein Ver-gleich und ein Urteil über eine Differenz der repräsentierten Abläufe bzw. Zustände erfolgt. Im Falle der Differenz scheint dann eine Veränderung, im Falle der Nicht-Differenz eine Kontinuität der reflektierend betrachteten Sachverhalte vorzuliegen. Die Wahrnehmung von Zeit und die Wahrnehmung von Wandel sind demnach aufs Engste verbunden.

Elias spricht allerdings auch davon, dass es bei diesem In-Beziehung-Setzen des Ungleichzeitigen zu einer Art Zusammenschau kommt, in der früher Geschehenes vor dem geistigen Auge zusammen mit später Geschehenem und jetzt Gesche-hendem als ein einziges Bild gesehen werde (ebd., S. 1). Diese Synthese, die als

---

[38] „(…) die Wahrnehmung von Ereignissen, die nacheinander als eine ‚Abfolge in der Zeit' geschehen, setzt die Entstehung von Lebewesen in der Welt voraus, die – wie die Menschen – imstande sind, früher Geschehenes eindeutig zu erinnern und es vor ihrem geistigen Auge zusammen mit später Geschehenem und jetzt Geschehendem als ein einziges Bild zu sehen." (Elias 1988, S. 1) Vgl. auch das oben bereits wiedergegebene Zitat von Elias (ebd., S. 44, 45) zur spezifischen Fähigkeit von Menschen, mittels des Gedächtnisses in einem Vorstellungsakt Dinge zusammen zu sehen, die nicht zusammen geschehen.

[39] Mit Blick auf andere Lebewesen als Menschen liege es „nahe anzunehmen, daß das Gefühl für subjektive Zeit biologisch nicht notwendig ist. Menschen besitzen es als eine Art Zugabe der Evolution, weil es für mentale Zeitreisen unentbehrlich ist. Kein Gefühl für subjektive Zeit, keine mentale Zeitreise." (Tulving 2006, S. 51)

das sich im Vergleich ergebende Urteil begriffen werden kann, ergebe ein einziges Bild. Dieses eine Bild fasst demnach Zeitabläufe zusammen und repräsentiert sie in einem Symbol. Hiermit ergibt sich nun ein weiterer Berührungspunkt mit der Wissenssoziologie von Alfred Schütz. Dieser spricht in sehr ähnlicher Weise – anknüpfend an Husserl – eine symbolische Zusammenfassung des Ungleichzeitigen an, wenn er monothetische von polythetischen Erfahrungen unterscheidet. Erfahrungen werden nach Schütz durch eine reflektierende Rückschau auf Geschehenes Schritt für Schritt aufgebaut. In gleicher Weise können sie später in einer reflexiven Rückschau auch Schritt für Schritt – und damit polythetisch – rekonstruiert werden. Der Fluss des Ablaufes wird in dieser Weise erneut erlebt. Andererseits kann eine solche polythetisch aufgebaute Erfahrung dann auch als Ganzes – d. h. monothetisch – erfasst werden. Unter Abstraktion von ihren einzelnen Schritten wird sie somit als eine Gesamtheit erfasst.

3.4.4 Äußere Zeit, Eigenzeiten von Dingen und Systemen

Was als äußere Zeit verstanden werden kann, hat sich in den bisherigen Ausführungen bereits in Grundzügen abgezeichnet. Dennoch müssen wir diese Dimension der Zeit noch etwas näher erörtern.

Zum einen bezieht sich dieser Begriff auf eine universelle oder kosmische Zeit, die sich aus den Abläufen des Universums ergibt und insofern eine Basis liefert für die Ableitung eines allgemeinen – kalendarischen – Maßstabs von Zeitabläufen, der sich auf diese äußeren Abläufe stützt.

Zum anderen, das ist für uns der wichtigere Punkt, blickt die Perspektive der äußeren Zeit auf die Dauer und Rhythmen von Abläufen in verschiedenen Bereichen der nichtmenschlichen Natur, die als „Zeitmaße der Natur" (Haber 1995) bezeichnet werden können. Als inhärente Systemzeiten werden in dieser Perspektive systemspezifische Zeitskalen verstanden, die sich daraus ergeben, wie lange es dauert, bis sich das System reproduziert bzw. wie lange es dauert, bis das System auf Störungen sicht- oder messbar reagiert (Kümmerer 1993, S. 88). In dieser Hinsicht unterscheiden sich beispielsweise Populationen einzelner Lebewesen, Ökosysteme und Sphären des Erdsystems. Generell ist hier also von einer Pluralität von unterschiedlichen Eigenzeiten bzw. Systemzeiten[40] auszugehen. Damit stellen sich wiederum Fragen der Synchronisierung von solchen Eigenzeiten bzw. auch von Asynchronizitäten, die zu Veränderungen von Systemabläufen führen. In unserem

---

[40] Eine ähnliche Sicht auf Systemzeiten ergibt sich aus systemtheoretischer Herangehensweise, siehe dazu Nassehi (2008) und Luhmann (1987, S. 253 ff.).

Interessenhorizont beziehen sie sich vor allem auf Zusammenhänge zwischen Bereichen der äußeren Welt und der sozialen Welt, d. h. auf Konsequenzen menschlicher Produktion und Konsumtion für Systeme der Natur.

Das klassische Beispiel liefert hier die Waldwirtschaft mit dem in ihrem Kontext gebildeten Konzept einer nachhaltigen (Forst-)Wirtschaft, die langfristig eine kontinuierliche, d. h. nachhaltige Nutzung erlaube (Grober 2007, S. 7). Später wurde dieses Leitbild im Sinne von maximalen dauerhaft erzielbaren Erträgen („maximum sustainable yield") auch auf die Fischereiwirtschaft bezogen (Grunwald und Kopfmüller 2012, S. 19) – wenn wir an die Lage der weltweiten Fischbestände denken, offenbar ohne großen Erfolg. In beiden Fällen geht es jedenfalls darum, dass die wirtschaftlichen Eingriffe die Reproduktionsfähigkeit des Waldsystems bzw. der Fischbestände nicht gefährden sollen und also stets genügend „Nachhalt" zu bewahren bleibe.

Für unser Interesse am SBS ist dies insofern interessant, da ein solches am Leitbild nachhaltiger Entwicklung[41] orientiertes Handeln Veränderungen im betreffenden System recht genau erkennen bzw. antizipieren muss. Dies schließt eine ausreichende zeitliche Weite der Betrachtung ein, die zum einen die längerfristigen möglichen Effekte der aktuellen Eingriffe im Blick haben muss, zum anderen aktuelle oder ehemalige Zustände des betreffenden Systems kennen muss, die als erhaltenswert, reproduktionsfähig und eventuell auch als Referenzzustand für dauerhaft gewinnbare Erträge erscheinen.

Dieser Punkt führt demnach ganz direkt zurück zu dem von Pauly (1995) angesprochenen Problem, wie denn überhaupt zutreffende Referenzzustände – in diesem Falle der Meeresfauna – bestimmt werden können, deren dauerhafte Reproduktionsfähigkeit gemäß dem Leitbild nachhaltiger Entwicklung garantiert werden solle. Um gerade in Bereichen der biologischen Umwelt, die bereits stärker durch menschliche Einwirkungen verändert wurden, einen Zustand bestimmen zu können, der sich langfristig reproduzieren kann und an dem auch Verluste bemessen werden können, die mit nicht nachhaltigen Eingriffen verbunden wären, bedarf es historischer Perspektiven.[42]

Wie schwierig und problematisch das Bestimmen solcher zu bewahrender Referenzpunkte sein kann, verdeutlichen einige Bemerkungen des Umweltwis-

---

[41] Zu Genese, Karriere und impliziten Machtrelationen des Nachhaltigkeitskonzepts s. Radkau (2011, S. 465, 549 ff.).

[42] Das mag ein Grund für Radkaus (2011, S. 552 f.) Ansicht sein, dass das Richtziel „nachhaltige Entwicklung" gerade aus historischer Sicht sinnvoll sein könnte – würde es nicht, u. a. aufgrund des geringen Geschichtsbewusstseins der „Öko-Szene", noch immer ohne genauere Präzisierung und Operationalisierung verwendet.

senschaftlers Wolfgang Haber. Sicherlich aufgrund seiner Beschäftigung mit Problemen, die denen des Meereswissenchaftlers Pauly vergleichbar sind, besitzt Habers Beschreibung dieser Probleme nicht zu übersehende Ähnlichkeiten mit Paulys Ausführungen zum SBS. Wir gehen daher etwas näher auf sie ein und zitieren ausführlicher:

> Selbst der Naturschutz, der sich dem Schutz der lebenden und unbelebten Natur vor schädigenden und zerstörerischen menschlichen Einflüssen und Eingriffen widmet, verfängt sich – unbewußt! – oft in der Begrenztheit des menschlichen Zeitsinns und gerät dadurch in Gegensatz zur Dynamik des Lebens und der Entwicklung von Pflanzen, Tieren und Mikroorganismen. Die heute tätigen Naturschützer verkörpern die – oft selektiv-zweckgerichtet gewonnenen – Erkenntnisse und die Werthaltung von nur zwei menschlichen Generationen und leiten daraus Entscheidungen ab, die aus biologisch-ökologischer Sicht in den Zeitmaßen unangemessen sind und daher keinen Bestand haben können. (Haber 1995, S. 34)

Haber fasst das Problem einer zu geringen historischen Tiefe bei der Betrachtung von Veränderungen der natürlichen Umwelt insofern als eine Asynchronizität zwischen der Zeitdauer, die den Alltagsanschauungen zugrunde liegt und derjenigen von natürlichen Systemen. Das Beispiel der ostfriesischen Inseln an der deutschen Nordseeküste dient ihm dabei zur Veranschaulichung. Da sich diese Inseln innerhalb von ein bis zwei Jahrhunderten unter Einfluss des Meeres in ihrer Konfiguration fast völlig veränderten, könnten auch die mit dem Ziel dauerhaften Bewahrens ausgewiesen Naturschutzgebiete nur vorübergehend sein (Haber 1995, S. 34). Auch Haber geht es also um ein unzureichendes Erfassen von Veränderungen und damit um Grenzen der Wahrnehmung von vergangenem wie auch zukünftigem Wandel.

Noch deutlicher zeigt das Beispiel des Waldes die Schwierigkeiten der Wahrnehmung von Veränderung insgesamt wie auch des Bestimmens von Referenzpunkten, an denen natürliche Systeme einen Zustand besaßen, der ihre dauerhafte Reproduktion erlaubt. Haber betont hierbei die Veränderlichkeit und Prozesshaftigkeit von Natur generell wie auch die große historische Tiefe des menschlichen Faktors im Wandel von Natur. Wälder in Mitteleuropa haben sich beispielsweise im Laufe von zehntausend Jahren in erheblichem Maße gewandelt, zunehmend auch unter menschlichem Einfluss. Waldökosysteme besitzen zudem eine eigene Dynamik. Im Zuge der Sukzession verändern sie sich in einer gerichteten Entwicklung hin zu einem sogenannten Schlusswaldstadium, das wiederum die Phasen von Verjüngung, Reife, Alterung und Verfall umfasst. Auch ohne Einfluss des Menschen ist eine Stabilität dieses Schlusswaldstadiums über einige hundert Jahre hinaus nicht gesichert.

Doch die hier genannten Veränderungen der Wälder können dem an Nachhaltigkeit orientierten Blick leicht entgehen. Mitunter kommt es dazu, dass auch das Verschwinden bestimmter Lebensgemeinschaften, die sich erst auf der Grundlage von menschlichen Eingriffen wie der Landwirtschaft etabliert haben, als Verlust von Natur betrachtet wird. Für Haber ist dies insofern problematisch, als damit Prozesse und Zeiten der Natur aufgrund ihrer „längeren, weit in die Vergangenheit zurückreichenden Zeitmaßstäbe" (Haber 1995, S. 39) nicht richtig erkannt werden. Seine Betrachtungen sind damit in der Lage, das von uns mit dem SBS anvisierte Problemfeld zu erweitern. Denn er weist nicht nur auf Schwierigkeit eines tiefer in die Vergangenheit von Systemabläufen reichenden Blickes hin, sondern auch auf die spezifischen Probleme einer Nachhaltigkeitsorientierungen dienenden Bestimmung von Referenzzuständen, die mitunter sehr langfristige Eigenzeiten von natürlichen Systemabläufen erfassen können muss.

Wenn wir uns von Problemen der Waldwirtschaft denjenigen der anthropogenen Einwirkungen in das Klimasystem zuwenden, zeigen sich entsprechend andere systemspezifische Eigenzeiten. Dazu genügt es, an das mit der globalen anthropogenen Erhöhung der CO_2-Konzentration in der Atmosphäre verbundene Risiko eines Abschmelzens des Grönländischen Eisschildes zu denken. Sein Abschmelzen wie eventuell auch sein erneutes Anwachsen dürften Zeitspannen umfassen, die weit jenseits derjenigen von Zyklen des Waldes liegen. Die Reihe solcher Beispiele braucht hier nicht fortgesetzt zu werden.

Entscheidend ist für uns vielmehr der dieser Erörterung von systemischen Eigenzeiten zu entnehmende Hinweis, dass die Frage der Wahrnehmbarkeit von Veränderungen nicht unabhängig von den Zeitspannen, Perioden und Rhythmen der Sachbereiche bzw. Systeme beantwortet werden kann, um die es dabei jeweils geht. Es genügt also nicht, in diesem Zusammenhang nur nach Faktoren der Wahrnehmung von Wandel zu suchen, die subjektiv oder sozial begründet sind. Ebenso gilt es, jeweils Merkmale zu beachten, die den Gegenständen, um deren Veränderung bzw. Kontinuität es geht, selbst zukommen – egal ob es sich dabei nun um natürliche Gegenstände wie Fischbestände, das Klimasystem etc. handelt oder um soziale Phänomene wie umweltrelevante Handlungsformen, Familienformen, Bekleidungsmoden etc. Zu diesen Merkmalen zählt nicht nur ihre allgemeine Wahrnehmbarkeit für menschliche Sinne, sondern auch ihre spezifische eigene Zeitlichkeit sowie die Dynamik ihrer Veränderung.

Damit stellt sich weiterhin die Frage des Verhältnisses der Zeitvorstellungen auf Seiten von Subjekten bzw. Kollektiven zu den Eigenzeiten der Sachverhalte, auf die sich diese Subjekte und Kollektive in ihrem Anschauen und Handeln beziehen. Es geht dabei insbesondere darum, welche Weite und welche Richtung die Zeithorizonte der Wahrnehmung überhaupt besitzen.

3.4.5   Zeithorizonte und Zeitperspektiven

Der Frage unterschiedlicher zeitlicher Weiten von Erinnerungen und Veränderungswahrnehmungen begegneten wir im Laufe der bisherigen Darstellung bereits an mehreren Punkten. Die Untersuchung von Sáenz-Arroyo et al. (2005) berührte sie beispielsweise empirisch, indem sie unter den befragten Fischern altersgruppenabhängige Erinnerungen an ehemals bestehende Fischpopulationen aufzeigte, die bei den jüngeren Befragten weniger weit zurück reichen als bei den älteren. Die Frage, wie weit zurück in die Vergangenheit die für Wahrnehmung von Veränderungen herangezogenen Referenzzustände reichen, ist für die Perspektive des SBS ja ohnehin zentral. Wenn es im Folgenden um solche zeitlichen Weiten des Erinnerns geht, werden wir von Zeithorizonten sprechen. Wir blicken dabei also auf die Spannweiten bzw. die Räume der Vorstellungen von Zeit und Wandel.

Von Zeitperspektiven werden wir hingegen mit Bezug auf die Richtung von Zeitvorstellungen sprechen. Neben der angesprochenen Rückschau, die von der Gegenwart auf Vergangenes blickt, ist ja ebenso ein Blick in die andere Richtung möglich, also eine Vorschau, die von der Gegenwart in die Zukunft reicht. Solche Ausrichtungen des Zeitbezugs begegneten uns unter anderem bereits in der wissenssoziologischen Fassung des Handelns als eines in die Zukunft gerichteten Entwurfs einer abgeschlossenen Handlung.

Wenn wir über die Bedeutung von Zeitorientierungen für Wahrnehmungen von Veränderung nachdenken, so sind also einerseits die Zeithorizonte – im Sinne von Zeiträumen bzw. Spannweiten – wie auch die Zeitperspektiven zu berücksichtigen. Dabei stellen sich vor allem zwei Fragen: zum einen, wie weit die Zeithorizonte des Wahrnehmens und Erinnerns reichen; zum anderen nach der schwerpunktmäßigen Ausrichtung der Perspektiven von Zeithorizonten – ob sie etwa gleichermaßen in die Vergangenheit wie die Zukunft reichen oder überwiegend auf Vergangenes oder Zukünftiges ausgerichtet sind.

Bevor wir auf diese Fragen näher eingehen wird, müssen wir kurz erörtern, ob überhaupt Vorstellungen von Vergangenem und Zukünftigem – d.h. Wahrnehmungen einerseits von Veränderungen, die sich zwischen Gegenwart und vergangenen Zuständen vollzogen haben, und andererseits solchen, die sich zwischen Gegenwart und zukünftigen Zuständen vollziehen werden – so einfach in einem Zusammenhang betrachtet werden können. Angelehnt an Schütz wie auch Elias können wir zunächst festhalten, dass zwischen Vorstellungen des Vergangenen und des Zukünftigen kein absoluter Unterschied besteht.[43] In beiden Fällen

---

[43] Wie bereits ausgeführt, begreift Schütz das zukunftsbezogene Handeln als Entwurf einer abgeschlossenen Handlung. Auch Elias' Rede von einem „Vermögen von Menschen, in ihrer

geht es um Vorstellungen dessen, was in der Gegenwart aktuell nicht ist, sondern lediglich als reine Repräsentation von Nicht-Gegenwärtigem vorgestellt – und insofern erinnert – wird. In dieser Hinsicht gleichen sich Vergangenheits- und Zukunftserinnerungen. Demgegenüber weisen z. B. Bemerkungen von Hans Jonas (2003, S. 201, 206) auf eine zugleich gegebene Differenz von Vorstellungen des Vergangenen und solcher des Zukünftigen hin. Denn erstere beziehen sich auf abgeschlossene Erfahrungen, die insofern – abgesehen von allen Tücken des Gedächtnisses und Erinnerns – eine feste Gestalt besitzen, während das vorgestellte Zukünftige eben noch unabgeschlossen ist und diese Vorstellungen daher – insbesondere wenn es nicht um erwartete Wiederholungen von scheinbar ewig Gleichbleibendem geht – eine weniger feste Form besitzen und in stärkerem Maße durch unerwartete Erfahrungen überrascht werden können.

Zeithorizonte und Zeitperspektiven verändern sich im historischen Verlauf. Hierauf hat Elias mit seiner Rede vom Trend zur Langsicht hingewiesen, und dies ergibt sich auch aus dem Zusammenhang von Kontingenzerfahrungen und Zeitwahrnehmungen. Eine Dynamisierung der Gesellschaftsentwicklung führt zu Veränderungen der Zeitorientierungen. Mit einer höheren Dynamik geht zumindest eine höhere Wahrscheinlichkeit von Kontingenzerlebnissen einher, die ihrerseits Unterschiede wie auch den Ablauf von Zeit wahrnehmbar machen (vgl. z. B. Koselleck 2000, S. 164 ff.). Die im Verlaufe dieser Arbeit bereits genannten Formen sozialer Gedächtnisse gestatten dabei ein Ausdehnen des Zeitraums, aus dem Vergangenes festgehalten und vergegenwärtigt werden kann. Längere Lebensspannen, Ausbau staatlichen Handelns, Kapitalinvestitionen längerer Umschlagsdauer oder vielleicht auch die Einsicht in mögliche langfristige Konsequenzen bestimmter Praktiken wie der Verwendung des die Ozonschicht schädigenden FCKW sprechen dafür, dass Zukunftsperspektiven im Laufe des historischen Ganges tatsächlich aufgewertet und ausgeweitet wurden.

Weit in der Zukunft liegende Gefährdungen, wie sie sich z. B. mit dem anthropogenen Klimawandel verbinden, können allerdings nur wahrgenommen und bearbeitet werden, sofern es überhaupt zu diesbezüglichen Reflexionen kommt und diese dann auch Vorstellungen mit hinreichend weiten Zukunftshorizonten einschließen. Auf Seiten der Wissenschaft bezieht sich diese Frage nach der Fähig-

---

Vorstellung etwas gegenwärtig zu haben, was realiter hier und jetzt nicht gegenwärtig ist, und es mit dem zu verknüpfen, was realiter hier und jetzt geschieht" (Elias 1988, S. 44, 45) können wir im Sinne einer gewissen Gleichartigkeit von Vorstellungen des Vergangenen und Zukünftigen verstehen.

keit zu einer Vorausschau möglicher künftiger Zustände zudem darauf, in welchem zeitlichen Horizont solche Vorausschauen oder Szenarien noch als aussagekräftig betrachtet werden können. Auf Seiten der Öffentlichkeit oder im Bereich des politischen Entscheidens stellt sich die Frage, in welchem Maße der Blick in die Zukunft ausgedehnt werden kann oder vorwiegend gegenwartsfixiert verbleibt.[44]

Die Möglichkeiten und Grenzen von Zukunftsbezügen lassen sich anhand der Frage nach dem Verhältnis verschiedener Zeitperspektiven oder, noch allgemeiner, der Frage von Zeitbezügen erörtern. Instruktiv ist dabei ein Blick auf historischen Wandel. Einmal abgesehen von gesellschaftlichen Zuständen, die ganz überwiegend statische bzw. zyklische Zeitvorstellungen hervorbrachten, lassen sich in der jüngeren Geschichte leicht Verschiebungen erkennen, die sich zwischen Phasen eines dominierenden Fortschrittsdenkens, das als Zukunftsorientierung begriffen werden kann, und Phasen stärkerer Vergangenheitsbezüge vollzogen. Gerade Ungewissheiten und Verunsicherungen können offenbar zu Zeitperspektiven motivieren, die eher in die Vergangenheit gerichtet sind (Welzer 2010, S. 17, 18).

Wird von einer allgemeinen Beschleunigung ausgegangen, die verschiedenste Bereiche der gesellschaftlichen Wirklichkeit durchzieht, so werden allerdings auch Verhältnisse einer „Gegenwartsschrumpfung" (Lübbe 1997, S. 29 ff.) oder eines „rasenden Stillstands" (Virilio 1980) denkbar, in denen sich die Zeithorizonte zunehmend auf die Gegenwart verengen (vgl. Nassehi 2008; Rosa 2005). Paul Virilio beschreibt dies als einen Prozess zunehmender Bruchstückhaftigkeit und Diskontinuität des Erlebens. Übersetzt in die Tradition phänomenologischer Zeitanalyse können wir dies wohl als den diskontinuierlichen Fluss eines Bewusstseinsstrom bezeichnen, der durch permanente Brüche geprägt ist und aufgrund eines sehr hohen Erlebnisrhythmus nicht mehr in der Lage ist, im Modus der Reflexion durch Zusammenschau des Ungleichzeitigen zusammenhängende Felder der Wirklichkeit in ihrem vergangenen und zukünftigen Wandel zu erschließen. Auch aus dieser Perspektive zeigt sich also eine Kluft zwischen faktischem Wandel und den individuellen wie auch kollektiven Vermögen, diesen Wandel wahrzunehmen.

---

[44] In diesem Sinne äußert sich der Klimawissenschaftler Schellnhuber (2010, S. 6) in einem Zeitungsinterview sehr kritisch: „Und es gibt das, was ich kausale Distanz nenne. Vieles, was in unseren Computermodellen aufscheint, geschieht in ferner Zukunft und auf der anderen Seite des Planeten. Ob Tuvalu oder die Küsten von Indien im Jahr 2080 versinken, wen interessiert das hier und heute?"

3.4.6   Exkurs: Die Veränderung des technisch-industriellen Handelns, seiner Wirkungen und der menschlichen Zeithorizonte in Hans Jonas' „Das Prinzip Verantwortung"

Zukunftsbezüge großer Reichweite, die sich als Notwendigkeit aus dem technologischen Fortschreiten moderner Gesellschaft ergeben, stehen im Mittelpunkt der Überlegungen, die Hans Jonas in seinem Buch „Das Prinzip Verantwortung" (Jonas 2003/1979) entfaltet. Dieses Werk ist ein prominenter und einflussreicher Ausdruck sowohl der in den 1970er Jahren gewachsenen Fortschrittsskepsis als auch der Probleme, die diese fortschrittsskeptische Perspektive in einigen utopistischen Zügen bestimmter marxistischer Ansätze erkennt. Die Fragen, die Jonas hier behandelt, kreisen somit um die Zeitlichkeit des Handelns, um dessen zeitliche Konsequenzen sowie um Möglichkeiten einer antizipierenden Reflexion der von Menschen bewirkten Veränderungen der Welt. Während sich der Schwerpunkt des Interesses von Jonas auf die Begründung der Notwendigkeit einer Ethik der Verantwortung sowie die Erörterung von Grundformen und Durchsetzungschancen einer solchen Ethik richtet, können wir für unsere Zwecke eine alternative Lesart dieses Werkes wählen. Ausgehend von unserem wissenssoziologischen Interesse betrachten wir – in einer eher nüchternen und analytischen Perspektive – die in diesem Werk enthaltenen Überlegungen zu verschiedenen Aspekten der Zeitlichkeit. Es geht uns im Folgenden also nur um jene Punkte der Argumentation von Jonas, in denen wir Implikationen für Überlegungen zur Weite und Ausrichtung von Zeithorizonten erkennen.

Der moderne Entwicklungsstand von Technik und dessen Konsequenzen bilden den Ausgangspunkt der Überlegungen in „Das Prinzip Hoffnung". Aufgrund der modernen Entfesselung von Wissenschaft und Wirtschaft, die Jonas in engem Zusammenhang mit kapitalistischen wie auch staatssozialistischen Gesellschaftsstrukturen betrachtet, sei es zu einem Umschlag der gesellschaftlichen Bedeutung von Technik gekommen, mit der sich auch Veränderungen in der Wahrnehmung der Qualität der Zukunft verbänden: aus einer Verheißung besserer Zukunft sei sie in eine Drohung umgeschlagen (ebd., S. 7). Der Grund hierfür liegt in der räumlichen und zeitlichen Reichweite von kausalen Effekten des technisch vermittelten Tuns gegenwärtiger Menschen. Diese allgemeine Bezeichnung ‚der Menschen' bezieht Jonas in vielen Fällen durchaus nur auf jenen Teil der Menschheit, der in vergleichsweise begünstigten Regionen der Erde lebt – globale soziale Ungleichheiten und Unterschiede in der Verantwortlichkeit bleiben also nicht ausgeblendet, obwohl Jonas zumeist ganz allgemein von ‚den Menschen' spricht.

Die Effekte des menschlichen Tuns hätten nun jedenfalls ein Ausmaß erreicht, mit dem das Wissen um diese Effekte nicht Schritt gehalten habe. Die Macht des gesellschaftlichen Handelns reiche wesentlich weiter als die Kraft des Vorherwissens um die möglichen Konsequenzen des Handelns. Jonas diagnostiziert somit eine Begrenztheit der Weite von zukunftsbezogenen Zeithorizonten, die eine Veränderung des Wissens um die Zukunft verlangt. Erkannt werden müsse dabei vor allem, dass in vielen Bereichen nichts über die möglichen Folgen technischer Entwicklung gewusst werde. Aus solchem Wissen um Unwissen seien dann entsprechende Konsequenzen für das Handeln zu ziehen. Unwissenheit über das mögliche Ausmaß zukünftiger Handlungsfolgen – wie auch eine gewisse Furcht vor möglichen Folgen (ebd., S. 390) – lege dabei eine verantwortungsbegründete Zurückhaltung in der Anwendung des aktuell möglich Gewordenen nahe (ebd., S. 55). Jonas' Spekulation über eine notwendige Zukunftsethik sieht demnach vor, in jenen Bereichen, in denen Defizite von Zeithorizonten erkennbar werden, auf Handlungen zu verzichten, deren Konsequenzen die Grenzen dieser defizitären Zeithorizonte voraussichtlich überschreiten. Zudem plädiert Jonas – wir können sagen mit Bezug auf die Randbereiche des zukunftsbezogenen Horizonts, in denen Wissen über Zukünftiges zwar vorliegt, aber durch Unsicherheit gekennzeichnet ist – für den Vorrang der schlechten vor der guten Prognose. Er empfiehlt also eine Strategie des Umgangs mit technologischen Risiken, die auf Zurückhaltung und Vorsicht setzt.

Ob der Erweiterung der faktischen Zukunftsbezüge des (technischen) Handelns, hat sich Jonas zufolge faktisch, wenn auch noch nicht in der gesellschaftlichen Reflexion, auch der Zeithorizont der Verantwortung verschoben. In der Gegenwart beziehe er sich nicht mehr wie in früheren Zeiten auf den zeitgenössischen Raum der Handlung, sondern er habe sich nun ausgedehnt und schließe eine unbestimmte Zukunft ein. Für diese Zukunft gelte es – so Jonas weiter –, ob der nicht genau bestimmbaren Gefährdungen, die sich aus bestimmten Anwendungen von Technik ergeben können, in der Gegenwart so zu handeln, dass die physische Welt in einer Form erhalten bleibt, die eine Fortsetzung menschlichen Lebens und der dafür notwendigen Bedingungen auf der Welt gestattet. Insofern schließt die Frage nach der Zukunft des Menschen zwangsläufig die allgemeinere Frage nach der Zukunft der Natur ein (ebd., S. 245). Jonas' Perspektive entspricht hierbei weitgehend dem, was etwas später als nachhaltige Entwicklung[45] bezeichnet wurde – auch er blickt auf die Bereiche der Ökologie (Erhalt von äußerer Natur), der Gerechtigkeit (Erhaltung der Menschheit, Lebensmöglichkeit für folgende Generationen, Ausgleich von globaler Ungleichheit) und der Wirtschaft (als Grundlage der Herstellung global gerechter Lebensverhältnisse in Gegenwart und Zukunft). Er problematisiert zudem, dass

---

[45] Vgl. Weltkommission für Umwelt und Entwicklung (1987).

in politischen Prozessen eine angemessene Repräsentation der Zukunft, d. h. der langfristigen Konsequenzen gegenwärtiger Handlungen und Entscheidungen, fehle (ebd., S. 55).

Die Suche nach einer neuen Ethik der Verantwortung – um die selbst es uns hier wie gesagt nicht gehen soll – führt Jonas zu weiteren Überlegungen, die ebenfalls unser Interesse an Zeithorizonten berühren. So betrachtet er die historisch und anthropologisch begründete „Sorge um den Nachwuchs" (ebd., S. 171) als einen „Urtyp des Zusammenfalls von objektiver Verantwortlichkeit und subjektivem Verantwortungsgefühl" (ebd.) und insofern als elementare Form eines auf die Zukunft des Lebens bezogenen Handelns.

Neu an den zukunftsbezogenen Zeithorizonten, die sich aus weiten Teilen des modernen Handelns ergeben, sei jedoch, dass sie immer weniger in Analogie mit der Vergangenheit zu begreifen seien, sondern nur in Versuchen, die immer unübersichtlicher werdende Komplexität des Gesellschaftsgeschehens zu berechnen (ebd., S. 206, 207). Mit diesem Hinweis auf Verschiebungen der Zeitperspektiven deutet Jonas zugleich einen qualitativen Wandel von Vorstellungen der Zukunft an. Wenn auch heute insgesamt mehr über die Zukunft gewusst werde als früher, so werde zugleich weniger über sie gewusst, da in weiten Bereichen mit gänzlich Neuem zu rechnen sei, von dem nur gewusst werde, dass es aufgrund der in der Moderne allgemein hervorgetretenen Dynamik komme, nicht aber welcher Art es sei (ebd., S. 216, 217). Er bezieht sich hier also wieder auf mit der Zukunft verbundene Bereiche des Unwissens, um die durchaus gewusst wird.

Aufgrund der erkennbaren Gefahr einer „universalen Katastrophe" (ebd., S. 229) oder zumindest einer den gesellschaftlichen Kontrollmöglichkeiten entgleitenden Beschleunigung des Handelns und seiner Folgen verändern sich für Jonas – dessen Betrachtungen in weiten Teilen eine Auseinandersetzung mit einer von Ernst Blochs „Prinzip Hoffnung" verbundenen Variante eines stark auf utopische Momente setzenden Marxismus darstellen, von der er sich als „Postmarxist" abgrenzt – zugleich die gesellschaftlichen Anschauungen geschichtlichen Wandels. Da der historische Blick sich zunehmend auf eine ungewisse Zukunft und deren Drohungen richte, sei es nicht mehr möglich, weiterhin Vorstellungen einer der Geschichte immanenten Vernunft zu trauen. Historischer Wandel, so können wir sagen, sei nun immer weniger im Sinne eines kontinuierlichen Wandels von Vergangenem zu Zukünftigem zu deuten, der einfach aus erfahrenem Wandel hergeleitet werden könne.

Die Diagnose der drohenden Gefahren, die Jonas unter Bezug auf eine noch junge „globale Umweltwissenschaft" (ebd., S. 330) schon 1979 als „skizzenhafte Erinnerung an Bekanntes" (ebd., S. 331) referiert, erscheint bei heutiger Lektüre noch immer klarsichtig und überraschend aktuell. Sie behandelt Nahrungs-,

Rohstoff- und Energieprobleme und spricht dabei zugleich verschiedene Aspekte der Zeitlichkeit an. Sicher naheliegend ist sein Hinweis auf das merkwürdige Missverhältnis zwischen den „Äonen" (ebd., S. 333), derer es zur Aufspeicherung von solarer Energie in fossiler Form bedurfte, und der rasanten Nutzung dieser fossil aufgespeicherten Energie binnen nur weniger industrieller Jahrhunderte. Im Rahmen der wesentlich kürzeren Menschheitsgeschichte betrachtet, besitzt diese zeitlich stark verdichtete Nutzung der fossilen Ressourcen geradezu Merkmale eines großen Festes, denn in außeralltäglichem Ressourcenverbrauch liegt zweifelsohne ein wesentliches Charakteristikum von Festen. Auch die Konsequenzen dieses „Festes", das mit dem Treibhauseffekt verbundene globale Wärmeproblem und dessen mögliche Dauerfolgen für Klima und Leben, spricht Jonas explizit an (ebd.).

Damit befindet sich die Menschheit in seinen Augen bereits zu Ende des 20. Jahrhunderts in einer apokalyptischen Situation, in der eine ganze Reihe von gesellschaftlich hervorgebrachten Gefahren akut wird. Hierzu liefert sein Buch einen keineswegs hoffnungsvoll gestimmten Ausblick. Aber dennoch stellen die gesellschaftlich Stück um Stück klarer hervortretenden Probleme zumindest ein Moment dar, das ein Erkennen der in der Vergangenheit bereits vollzogenen und für die Zukunft absehbaren Veränderungen ermöglichen bzw. erleichtern kann.

Aus den drohenden Gefährdungen leitet Jonas schließlich auch eine Abkehr oder wenigstens eine Revision des Fortschrittsbegriffes ab. Statt expansionistischer Ziele seien im Mensch-Umwelt-Verhältnis nun eher homöostatische Ziele zu verfolgen (ebd., S. 323). Die Sensibilität gegenüber den in Zukunft drohenden Gefährdungen künftiger Menschen führt Jonas übrigens dazu, Hoffnungen auf einen im Zuge weiterer technischer Entwicklungen entstehenden ‚neuen Menschen' zugunsten des gegenwärtig existierenden Menschen aufzugeben. In diesem Punkt verschiebt er also die Zeitperspektive in die Gegenwart. Andererseits sieht er trotz seiner häufig durchklingenden allgemeinen Technologiekritik – der eine genauere Erläuterung seines Begriffes von Technik und Technologie übrigens fehlt und die auch Fragen der gesellschaftlichen Anwendung technischer Potentiale nicht immer in den Vordergrund stellt – für die Entwicklung von Technologie keinen Stillstand. Denn im Zuge der Bewältigung globaler Ungleichheit und Umweltprobleme blieben weiterhin genügend Aufgaben für eine „nicht abreißende Fortentwicklung" (ebd., S. 323, vgl. auch 337) von Technik.

Hans Jonas' „Das Prinzip Verantwortung" kreist somit um Fragen der Ausformulierung sowie insbesondere der Grundlagen und Chancen einer Verantwortungsethik für eine Gesellschaft, die in der Lage ist, durch ihr aktuelles Handeln langfristig die Grundlagen des menschlichen wie nichtmenschlichen Lebens auf der Erde zu bewahren. Eng damit verknüpft behandelt Jonas einige für unsere

Fragestellung besonders interessante Aspekte von Zeitlichkeit, die zumindest den Stellenwert von Veränderungen der Spannweiten und Perspektiven von Zeithorizonten wie auch deren Zusammenspiel aufzeigen. Zudem verdeutlicht sein Buch sowohl die Notwendigkeit als auch einige Grenzen der Antizipation langfristiger Konsequenzen des gegenwärtigen gesellschaftlichen Handelns.

3.4.7 Zwischenresultate

Wahrnehmungen von Veränderungen sind eng mit vielen Facetten der Zeitlichkeit verbunden. Einerseits können wir auf einer sehr abstrakten Ebene formulieren, dass Unterschiede Zeit konstituieren. Ohne Unterschiede, sofern also grundsätzlich alles gleich bliebe, gäbe es zumindest weder innere noch soziale Zeit. Andererseits, das zeigte schon das SBS, liegen in zeitbezogenem Wissen und Zeitvorstellungen, beispielsweise der Erinnerung früherer Zustände, Voraussetzungen, um Wandel überhaupt wahrnehmen zu können.

Wahrnehmungen von Wandel beruhen immer auf einer synthetisierenden Zusammenschau von Ungleichzeitigem, d. h. von Sachverhalten, die zumindest auf zwei unterschiedliche Zeitpunkte bezogen sind. In der reflexiven Zusammenschau werden diese ungleichzeitigen Zustände verglichen, und es ergeben sich hieraus Urteile über Wandel (im Falle von Differenz) oder Kontinuität (sofern keine Differenz festgestellt wird). Insofern sind sie grundsätzlich voraussetzungsreich.

Zudem schließen Wahrnehmungen von Wandel stets die Möglichkeit von Verzerrungen ein. Sachverhalte können überhaupt der Aufmerksamkeit entgehen; sofern sie relevant werden, kann jegliche Möglichkeit des Erinnerns von früheren bzw. späteren Zuständen dieses Sachverhalts fehlen; falls solche Erinnerungen möglich sind, können sie verzerrt sein; und schließlich besitzt der zeitliche Horizont des Erinnerns von Referenzzuständen Grenzen, die zugleich Grenzen der Wahrnehmung von Veränderung bedeuten.

Unser besonderes Interesse gilt neben den Grenzen stets auch den Formen und Möglichkeiten der Wahrnehmung von Veränderung. Hierfür ist nun gerade das Zusammenspiel der drei betrachteten Formen von Zeitlichkeit bedeutsam. Unsere Skizze hat gezeigt, dass sich aus dem subjektiven Erleben und Erfahren spezifische Rhythmen, Horizonte und Perspektiven von innerer Zeit ergeben. Diese wiederum stehen in Wechselbeziehung mit den sozialen Institutionalisierungen von Zeitlichkeit, die nicht nur als objektivierte Wirklichkeit soziale Prozesse zeitlich formen und synchronisieren, sondern eben auch auf das innere Zeiterleben rückwirken. Mit beidem ebenfalls in Wechselbeziehung steht schließlich die äußere Zeit, die Eigenzeit, die als den Dingen und Systemen inhärent angenommen werden kann.

Auch sie hat, entsprechend den jeweiligen Sachverhalten, eine spezifische Rhythmik und Dauer, von der nicht zuletzt abhängt, ob und wie dem menschlichen Wahrnehmen Veränderungen in diesem Bereich überhaupt zugänglich werden.

Insbesondere mit Blick auf die Arbeiten von Norbert Elias und Hans Jonas wird deutlich, dass zum einen die Wahrnehmung von Zeit sich historisch verändert, also keinesfalls von anthropologisch feststehenden menschlichen Zeitwahrnehmungen ausgegangen werden kann, und sich zum anderen gerade aus dem historischeren Verlauf heraus Notwendigkeiten einer veränderten Wahrnehmung von Veränderungen – und damit auch von Zeit – ergeben.

Dieser Punkt führte zu einer Präzisierung zweier in diesem Kontext entscheidender Gesichtspunkte, die auch für unsere weitere Untersuchung bedeutsam bleiben. Einerseits geht es unserer Fragestellung zur Wahrnehmung von Wandel stets um die Spannweite von Zeithorizonten, innerhalb derer Veränderungen wahrgenommen werden können. Andererseits zeigte sich, dass zudem die Perspektiven der Zeitwahrnehmung, d. h. ihrer Ausrichtung, berücksichtigt werden müssen. Gerade jene Problematiken, die sich aus den in der Moderne fortlaufend erweiterten Handlungsmöglichkeiten von Menschen ergeben, bedürfen einer Ausrichtung von Zeit- und Veränderungswahrnehmungen in die Zukunft. Hiermit verbinden sich Fragen nach den Verhältnissen und Kombinationen mehrerer Zeitperspektiven sowie unterschiedlichen Schwerpunktsetzungen auf Zukunft, Gegenwart oder Vergangenheit.

Zwischenresultate: Die Wahrnehmung von Wandel aus wissenssoziologischer Perspektive

4

Nachdem wir eine Reihe von Feldern erörtert haben, die uns Aufschlüsse zu den Chancen, Formen und Grenzen der Wahrnehmung von Veränderungen boten, gilt es nun, den Ertrag dieser Erörterungen zu sichten. Wie stellt sich das vom SBS aufgeworfene Problem vor einem weitgehend wissenssoziologisch geprägten Hintergrund von Gedächtnis-, Generations- und Zeitforschung dar?

4.1 Kulturelle und situative Ausrichtungen der Wahrnehmung

Zunächst können wir von einer grundlegenden Grenze des Wahrnehmens von Veränderungen ausgehen, die in der Ausrichtung der Wahrnehmung liegt. Menschen können selbstverständlich in keinem Falle alle Aspekte ihrer natürlichen wie auch ihrer sozialen oder kulturellen Umwelt wahrnehmen. Ihre Aufmerksamkeit kann sich niemals auf mehr als nur kleine Ausschnitte dieser Umwelt richten. Stets ist diese Ausrichtung zudem in spezifischer Weise kulturell geprägt. In der Sozialisation erworbene Sinnmuster, wir können mit Bourdieu auch sagen: inkorporierte Sinnmuster, richten die Wahrnehmung auf bestimmte Aspekte aus. In der Regel werden dabei bestehende Typen und Muster des Wahrnehmens quasi automatisch angewandt, die sich im Zuge ihrer problemlosen Anwendung immer wieder neu bewähren und bestätigen. Aus wissenssoziologischer Sicht ist die Aufmerksamkeit von Menschen in besonderer Weise auf jene Dinge ausgerichtet, die als problematisch erscheinen oder sich situativ als Kontingenzen des Erlebens aufdrängen. Diese Dinge werden so zu Gegenständen einer Reflexion, in deren Zuge dann auch Elemente des neu Erlebten als Erfahrungen festgehalten und somit individuell sowie unter Umständen auch sozial verfügbar und das heißt erinnerbar bleiben.

D. Rost, *Wandel (v)erkennen*, DOI 10.1007/978-3-658-03247-0_4,
© Springer Fachmedien Wiesbaden 2014

Gegenüber der eher diffus ausgerichteten Alltagswahrnehmung sind Wahrnehmungen in spezifischen Handlungsfeldern in besonderer Weise auf bestimmte Gegenstände oder Problematiken ausgerichtet. So kann in dem von Pauly (1995, 2001) fokussierten Bereich der Wissenschaft die Frage nach Veränderungen z. B. ganz grundlegend als Forschungsfrage gestellt sein. Diese Ausrichtung führt zu einer systematischen Sammlung von vergleichbaren Zuständen, deren Differenz dann eventuell noch anhand spezifischer Instrumente in möglichst gültiger (valider) und wiederholend nachvollziehbarer (reliabler) Form gemessen werden kann. Eine Besonderheit der wissenschaftlichen Wahrnehmung liegt also darin, dass aufgrund ihrer Orientierung an wahrem Wissen, hier eine grundlegende Tendenz besteht, Phänomene und Begriffe nicht als selbstverständlich hinzunehmen, sondern sie zu problematisieren und zu explizieren.

Nicht auf allgemein gültige Erkenntnisse, sondern auf das Erreichen klar gesetzter Ziele ausgerichtet ist die Wahrnehmung hingegen im Bereich von Arbeitstätigkeiten, also von Tätigkeiten, die vorwiegend an klar benennbaren wirtschaftlichen Zwecken orientiert sind. Blicken wir auf die Untersuchungen von Sáenz-Arroyo et al. (2005), so zeigt sich z. B. bei Fischern eine selbstverständliche Ausrichtung ihrer Aufmerksamkeit auf Fangerträge und erfolgversprechende Fanggründe. In diesen Gebieten werden Personen aus diesem Tätigkeitsfeld eine besondere Expertise, d. h. ein Expertenwissen, besitzen. Die vielen Sachverhalte aus diesen Gebieten, die sie in einer detaillierten Form in Gedächtnis und Erinnerung halten, ermöglichen ihnen hier in einer besonderen Weise Betrachtungen zum Wandel – beispielsweise von Fischbeständen. Ihr aus dieser Arbeitstätigkeit stammendes Expertenwissen über solchen Wandel – das sich zum Teil auch als lokales Wissen begreifen lässt – wird trotz all der von uns behandelten Probleme von Verzerrung, Vergessen und Transmission in vielen Fällen wesentlich umfassender sein, nicht nur als das von jenseits der Fischerei tätigen Personen, sondern auch als das gewissermaßen aus der Außenperspektive akkumulierte wissenschaftliche Wissen zu diesen Gebieten. Auch aus diesem Grunde empfiehlt Pauly (1995) eine Erweiterung der Datentypen, die von wissenschaftlichen Untersuchungen genutzt werden.

Gegenüber der spezifisch ausgerichteten Aufmerksamkeit in den genannten Bereichen von Wissenschaft und Arbeitstätigkeit unterscheidet sich die Aufmerksamkeit in all jenen Bereichen des Alltagslebens, die – wissenssoziologisch formuliert – nicht regelmäßig in das Zentrum des thematischen Bereichs der Aufmerksamkeit rücken. Personen, die spezifische Sachgebiete vorwiegend in diesem Modus der Aufmerksamkeit erfahren und in diesen Gebieten gemäß ihrer sich immer wieder neu bewährenden Alltagsrezepte handeln, ohne hierbei Probleme zu erleben, werden nur in geringem Maße über individuelle Wissens- und Gedächtnisbestände verfügen, die ihnen zuverlässige Urteile über Wandel und

Kontinuität in diesen Bereichen erlauben. Und auch kollektiv wird weniger Wissen über solche Bereiche verfügbar sein, solange diese nicht im Alltagsleben selbst problematisch werden oder zu Gegenständen professioneller bzw. wissenschaftlicher Aufmerksamkeit werden.

4.2   Reflexive Haltung als Bedingung der Wahrnehmung von Wandel bzw. Kontinuität

Um Veränderungen bestimmter Sachverhalte wahrzunehmen, bedarf es einer besonderen Form der Aufmerksamkeit, einer reflexiven Haltung, die zudem auf mehrere Erfahrungen zugreifen können muss. Bei einer solchen Reflexion wird ein Zustand eines Sachverhalts mit zumindest einem Zustand zu einem anderen Zeitpunkt verglichen und daraufhin ein Urteil über Wandel (sofern eine Differenz erkannt wird) bzw. Kontinuität getroffen (sofern keine Differenz erkannt wird).

Damit hängt ein weiterer Gesichtspunkt unmittelbar zusammen. Das Ergebnis eines solchen Vergleichs ist abhängig von der Kontraststärke der Differenz der vergegenwärtigten Zustände. Ganz schematisch ausgedrückt: Im Falle einer Überschwemmung liegt eine deutliche Differenz gegenüber alltäglichen Zuständen vor, und auch die Differenz weiterer Überschwemmungen bleibt anhand von Pegelständen oder Hochwassermarken noch gut erkennbar. Wesentlich schwieriger ist das jedoch beispielsweise im Falle einer Veränderung von Verkehrslärm. Manche Veränderungen mögen auch in so geringem Ausmaße manifest werden, dass sie unterhalb von Schwellen ihrer Erkennbarkeit liegen – zumindest solange sie im Modus der Alltagswahrnehmung und nicht im Modus der wissenschaftlichen oder professionellen Wahrnehmung oder mithilfe von Instrumenten vollzogen werden.

4.3   Gedächtnis und Erinnerung von Referenzpunkten, Zeithorizonte

Ein Vergleich mehrerer Zustände eines Sachverhalts hat zur Voraussetzung, dass auf Gedächtnisinhalte zugegriffen werden kann, die Informationen zu diesem Sachverhalt enthalten, die nicht der Gegenwart entstammen. Das Vergessen solcher Inhalte stellt damit eine grundlegende Hürde für Wahrnehmungen von Veränderung dar. Noch dazu kann sich Vergessen in mehreren Formen vollziehen. Neben

dem völligen Wegfall von Festgehaltenem aus dem Gedächtnis gibt es vorübergehende Schwierigkeiten des Abrufs aus dem Gedächtnis wie auch Verzerrungen beim
Abruf. Wenn die in einer bestimmten Situation gesuchte Problemlösung allerdings
eine adäquate Wahrnehmung von Wandel verlangt, die sich auch intersubjektiv
wiederholen lässt und insofern sozial als wahr gelten kann, sollten möglichst wenig Verzerrungen im Zuge des erinnernden Abrufes solcher Inhalte erfolgen. Wie
insbesondere die (sozial-)psychologische Erinnerungsforschung zeigt, spielen ver-
zerrende Modifikationen grundsätzlich eine erhebliche Rolle (Welzer 2005, S. 45,
216 ff.). Daher liegt in diesem Punkt ein erhebliches Hindernis für angemessene
Wahrnehmungen von Wandel. Zu berücksichtigen bleibt zudem, dass Wahrnehmungen von Veränderungen nur in einer sehr elementaren Form auf dem Vergleich
von lediglich zwei Zuständen beruhen. In vielen Fällen geht eine größere Zahl von
Zuständen in solche Vergleiche ein oder sie wird zumindest für eine problemangemessene Veränderungswahrnehmung verlangt. Damit stellt sich nicht nur die
Frage, wie weit die Zeithorizonte von der Gegenwart aus betrachtet reichen, son-
dern in welchem Maße Lücken in Gedächtnis und Erinnerung bestehen, die zu
Leerstellen in der Wahrnehmung von Wandel beitragen und somit den Blick auf
Veränderungsprozesse trüben.

Eine entscheidende Schwelle hinsichtlich der Zeithorizonte des Erinnerns grün-
det in der Endlichkeit des Lebens und dem generativen Austausch älterer durch
jüngere Menschen. Da autobiografisch erworbene Erfahrungen in der Regel sinnlich und emotional komplexer sind, reichen ihre Gedächtnisspuren meist tiefer
als im Falle der Erfahrungen, die von anderen Menschen zu gleicher Zeit oder bereits zu früherer Zeit gesammelt wurden und durch Weitergabe angeeignet werden.
Hierin liegt ein wichtiger Faktor, der zu Präferenzen des Erinnerns zeitlich näher an
der Gegenwart liegender und vor allem autobiografisch selbst erlebter Sachverhalte
führt. Gleichwohl vollziehen sich trotz dieser Schwelle des Vergessens in vielen
Bereichen stets Transmissionen von Erfahrungen, die aus Zeiten stammen, die vor
der biografischen Lebensdauer derjenigen liegen, die sich aktuell erinnern. Solche
weiter in die Vergangenheit zurückreichenden Transmissionen können einerseits
aus dem Bereich von Erfahrungen stammen, den einige in der Gegenwart noch
lebenden Menschen selbst erfahren haben und über den eine intergenerationale
Kommunikation erfolgt. Zum anderen können sie auch eine größere historische
Tiefe besitzen und also Inhalte betreffen, zu denen kein in der Gegenwart noch lebender Mensch mehr autobiografisch gesammelte Erfahrungen besitzt. Gedächtnis
und Erinnern beruhen in diesem Bereich jenseits des Austauschs zusammenlebender Generationen auf unterschiedlichen Formen des Übermittelns, die von
mündlicher Tradierung über schriftliche Aufzeichnungen bis zu bildlichen Informationen reichen. Grenzen des Erinnerns aus weiter in die Vergangenheit zurück

reichenden Bereichen ergeben sich damit aus dem Umfang, in dem jeweils Aufzeichnungen oder Zeugnisse vorliegen, die entsprechende Informationen liefern können, sowie aus den Institutionen, die ein solches Erinnern anregen und somit in der gesellschaftlichen Praxis verstetigen.

Die Spannweiten des Erinnerns können sich demnach erheblich unterscheiden. Sie können im autobiografischen Horizont verbleiben, über diesen hinaus auch einen Nahbereich von nicht mehr selbst erlebter Vergangenheit umfassen oder noch wesentlich tiefer in die Vergangenheit zurück reichen. Es verbinden sich hier also Gesichtspunkte der Zeithorizonte mit denen des Gedächtnisses und des Erinnerns. Die Gesamtheit solcher spezifischen sozialen Formen und zeitlichen Horizonte von Gedächtnis und Erinnerung können wir als Erinnerungskultur bezeichnen.

Zugleich stellt sich die Frage nach der Anzahl entsprechender Referenzpunkte, die in Vergleichsoperationen der Wahrnehmung von Wandel eingehen. Wir haben ja gesehen, dass für einen Vergleich, der überhaupt ein Urteil über Wandel bzw. Kontinuität eines Sachverhalts erlaubt, Vorstellungen erforderlich sind, die sich mindestens auf zwei zeitlich differente Referenzpunkte beziehen – z. B. die Gegenwart und einen Zeitpunkt der Vergangenheit. Stellen wir uns Besucher des Ruhrgebiets vor, die zum ersten Male Ende der 1950er Jahre mit der Eisenbahn durchs Revier fuhren und dies nun wiederholen, so werden diese wohl sehr schnell feststellen, dass die Montanindustrie beinahe verschwunden ist und sich die Luftqualität stark verbessert hat. Langjährigen Einwohnern hingegen sind nicht nur Vergleiche zweier Zeitpunkte möglich, sondern einer Vielzahl von Zeitpunkten aus ihrem eigenen Leben, aus Erzählungen ihres Umfeldes wie auch aus dem gesamten Bereich, der ihnen z. B. in der Schule oder historischen Informationen aus Presse und Büchern vermittelt wurde. Grundsätzlich erlaubt die größere Fülle an verfügbaren Referenzpunkten ihnen substantiellere eigene Urteile über Veränderungen. Doch eben diese Fülle kann zugleich eine Schwierigkeit darstellen, wenn sie eine solche Komplexität besitzt, dass sie gar nicht in ihrer Gesamtheit erinnert und verglichen werden kann. In einem solchen Fall werden daher meist ad hoc verkürzende Heuristiken eines abschätzenden Vergleichs nur weniger einzelner Zeitpunkte gewählt. So wird in Alltagserzählungen häufig auf in der Kindheit erlebte Situationen zurückgegriffen, die Vergleiche erlauben, die noch handhabbar sind, eine gewisse historische Tiefe besitzen und insofern in vielen Fällen auch einen hinreichenden Kontrast für das Erzählen von Veränderungen bieten. Oder es erfolgt einfach ein Rückgriff auf sozial etablierte Topoi eines Wandels, die in bereits zusammenfassender Form Urteile enthalten. Anwohner, die Veränderungen wie den oben angesprochenen der Montanindustrie tagtäglich beiwohnten, können zu diesen eventuell auch nur wenig selbst erinnern, da ihre Aufmerksamkeit sich in der Regel auf andere Dinge richtete und Geschehnisse in der Montanindustrie für sie beispielsweise nur im Falle großer Betriebsstilllegungen oder von Unglücksfällen thematisch wurden.

4.4 Subjektive und kollektive Formen des Wahrnehmens von Veränderungen

Der zuvor kurz angesprochene Rückgriff auf sozial etablierte Urteile liefert einen Hinweis auf die enge Verflechtung subjektiver und kollektiver Formen des Wahrnehmens von Veränderungen. Wir können sagen, dass diese Unterscheidung von subjektiven und kollektiven Aspekten sich durch die von uns betrachteten Felder von Wissenssoziologie, Gedächtnis- und Erinnerungsforschung wie auch der Zeitforschung hindurchzieht. Halten wir daher fest, welche Aspekte hier für unsere Fragestellung von besonderer Bedeutung sind.

Die subjektive Wahrnehmung stellt sich uns als das Operieren eines Bewusstseinsstromes dar, der dem jeweils Gegenwärtigen und den in die Zukunft gerichteten Zielsetzungen des Handelns folgt. Wahrnehmungen von Wandel stellen hierbei eine besondere Operation dar, da sie ein Innehalten in diesem Bewusstseinsstrom verlangen, eine reflektierende Haltung. In dieser Haltung werden vergleichende Blicke auf Elemente der einem Subjekt verfügbaren Wissens- bzw. Erfahrungsbestände möglich, die Urteile über Wandel bzw. Kontinuität bestimmter Sachverhalte erlauben. Die Fähigkeit zur Wahrnehmung von Wandel ist demnach abhängig davon, in welchem Maße die subjektiv verfügbaren Wissensbestände ein solches Vergleichen und Urteilen erlauben. Wenn es beispielsweise um Veränderungen im Bereich des Hausmülls geht, so werden – idealtypisch gesprochen – Personen, die sich wissenschaftlich mit diesem Thema beschäftigen, vermutlich auf eine Reihe von wissenschaftlich erhobenen Referenzzuständen blicken können, die ihnen Vergleiche in diesem Bereich erlauben. Beschäftigte der Müllabfuhr werden stärker aus dem persönlichen Erleben stammende, gleichwohl komplexe Erfahrungen besitzen, die ihnen Aussagen z. B. über Müllzusammensetzungen und mengen gestatten. Menschen, die nicht mit diesen Praxisbereichen in Berührung kommen, werden hingegen nur über eher zufällige und unstrukturierte Erfahrungen mit Hausmüll verfügen, die insbesondere auf ihren eigenen Müll bezogen sind oder beispielsweise auf Situationen zurückgehen, in denen die Mülltonnen nicht gelehrt wurden.

Generell gesprochen bedeutet dies, dass subjektive Vermögen der Wahrnehmung von Wandel sehr begrenzt und spezifisch sind. Die Gründe hierfür liegen in der jeweils spezifischen Ausrichtung der Wahrnehmung; darin, dass sich vielfach überhaupt kein problematischer Anlass bietet, eine entsprechende reflektierende Haltung einzunehmen, die ungleichzeitige Zustände vergleicht; den Schwierigkeiten des Festhaltens und Abrufens festgehaltener Erfahrungen oder in den möglichen Verzerrungen, die in das Erinnern von Zuständen einfließen.

Andererseits spielen zahlreiche soziale Faktoren in das subjektive Vermögen, Veränderungen wahrzunehmen, hinein. Zum einen betrifft dies das Erinnern von Referenzzuständen. Wir haben gesehen, dass das subjektive Erinnern auch auf soziale Formen des Gedächtnisses zugreift, d. h. nicht nur auf von ihnen angeeignete gesellschaftlich sedimentierte Wissensbestände, sondern auch auf verschiedene soziale Speichermedien von Erfahrungen, die den Umfang des Erinnerbaren stark erweitern und zugleich Medien der sozialen Vermittlung dieser Sachverhalte darstellen. Mit dem Anwachsen der Formen und des Umfangs derartiger sozialer Speicher von Wissen erweitert sich auch das subjektive Vermögen, Veränderungen wahrzunehmen.[1]

Zum anderen spielen soziale Faktoren eine Rolle für die situativen Anreize, eine reflektierende und ungleichzeitige Zustände vergleichende Haltung einzunehmen. Hier ist von sozial geformten subjektiven Dispositionen bzw. Neigungen zu reflektierenden Haltungen auszugehen, wie sie unter anderem im Bildungsbereich durch die Vermittlung historischer Perspektiven im Sinne des Geschichtsbewusstseins (Jeismann 2000) oder der Geschichtsorientierung (Rüsen 1994, 2006) angeregt werden. Auch die unterschiedlichen Angebote im Kontext von Geschichtspolitik (in Form von Gedenktagen, Museen, Ausstellungen, Presseartikeln, Geschichtsfernsehen . . . , die allerdings stets den Hürden von Rezeptionsprozessen und dabei erfolgenden Re-Interpretationen begegnen) dürften einen Einfluss auf die Bildung solcher Vermögen der Wahrnehmung von Wandel besitzen.

Diese beiden sozialen Faktoren fallen ebenfalls unter den Begriff der Erinnerungskultur. Sie erinnern unmittelbar daran, dass sich Erinnerungsvermögen historisch wandeln – worauf z. B. die Arbeiten von Norbert Elias hinweisen – und sie andererseits auch zum Gegenstand von gesellschaftlichen Bemühungen um Formungen solcher Vermögen werden können.

---

[1] Allerdings besitzen solche Erweiterungen von sozialen Speichern und Mengen der in ihnen gespeicherten Informationen durchaus Ambivalenz. Geoffrey Bowkers (2005, S. 15; 29 f.) interessante Arbeit über Erinnerungspraktiken in der Wissenschaft weist auf zwei auch über die Wissenschaft hinaus relevant erscheinende Punkte hin: Zum einen gehen immer wieder Informationen durch Wandel in der Informationstechnologie verloren (hier kann z. B. an Verluste im Zuge der Ablösung von Diafotografie oder Videokassetten durch digitale Medien gedacht werden). Zum anderen legen die technisch erweiterten Archive eine neue kulturelle Form des Erinnerns nahe, da sie dem erinnernden Abruf häufig eine gänzlich unstrukturierte Vielzahl an Einzelinformationen anbieten, die erst in einen Zusammenhang gebracht werden müssen, während zumindest einige andere Formen des Erinnerns bereits narrativ und insofern auch inhaltlich und zeitlich strukturiert waren (so z. B. die „erfundenen Traditionen" (Hobsbawm und Ranger 1983) im Zuge der Etablierung von Nationalstaaten).

Damit kommen wir zu einer Perspektive auf die Wahrnehmung von Veränderung, die klar von deren subjektiver Wahrnehmung unterschieden werden muss. Ein Mangel der Problemskizze von Pauly liegt ja unter anderem im Fehlen einer genaueren Unterscheidung zwischen den Wahrnehmungen von Wandel durch einzelne Subjekte und dem kollektiv – in diesem Falle innerhalb der Wissenschaft – verfügbaren Wissen über Wandel. Gerade innerhalb der Wissenschaft bilden sich im Zuge der institutionalisierten fortlaufenden Kommunikation kollektive Wissensbestände, die den Mainstream bestimmen und schließlich das vorherrschende „Lehrbuchwissen" von Disziplinen ausmachen.[2] Im Bereich von Arbeitstätigkeiten werden ähnliche Wissensbestände über den Wandel bestimmter Sachverhalte z. B. in expliziten oder impliziten Curricula der Ausbildung festgehalten. Ähnlich können Aspekte des Wandels oder Aussagen über Wandel auch einen Bestandteil von Diskursen bilden, die das öffentliche Feld durchziehen.

Wenn also anstatt auf subjektive Bewusstseinsleistungen auf das sozial kommunizierte Wissen und die entsprechenden Wissensbestände geblickt wird, so ergibt sich eine ganz andere Perspektive auf die Wahrnehmung von Wandel, die dann als eine gesellschaftliche Wahrnehmung im Rahmen sozialer Prozesse und gesellschaftlicher Arbeitsteilung erscheint. In dieser Perspektive stellt sich nicht zuletzt die Frage, wie das Wissen aus dem für die Wahrnehmung von Veränderungen besonders prädestinierten Feld der Wissenschaft in andere Bereiche des gesellschaftlichen Wissens gelangt und wie andererseits das wissenschaftliche Wissen wiederum spezifische gesellschaftliche Probleme und Erfahrungen aus nichtwissenschaftlichen Bereichen wie lokalem Wissen oder nichtwissenschaftlichem Expertenwissen aufgreift. Es geht dann um Fragen der gesellschaftlichen Verteilung und Kommunikation von Veränderungswissen, d. h. der aufgespeicherten Erfahrungen von Wandel.

4.5 Materialität und Dynamik

Die von uns aufgegriffenen Arbeiten zum Problem der Wahrnehmung von Wandel von Pauly (1995) und Sáenz-Arroyo et al. (2005) beziehen sich auf ökologische Veränderungen in einem spezifischen Feld, dem Leben unterhalb des Meeresspiegels. Da eine Beobachtung dieses Lebensraumes besonders schwierig ist, zeigt sich die Problematik einer Wahrnehmung von Veränderungen hier in zugespitzter und besonders deutlicher Form.

---

[2] Vgl. zu diesen Aspekten wieder Kuhn (1976).

Das Gewicht, dass demnach der spezifischen Qualität des jeweiligen Gegenstandsbereiches zukommt, kann daran erinnern, dass eine Verallgemeinerung unserer Fragestellung auf ganz verschiedene Bereiche, die von ökologischen Sachverhalten über materielle Kultur bis hin zum Wandel von Praxisformen reichen, unbedingt die Unterschiedlichkeit dieser Sachverhalte sowie die Bedeutung von deren spezifischen materiellen Qualitäten für die Wahrnehmbarkeit von Wandel berücksichtigen muss.

Diese Unterschiede sind zum einen sachlicher Art. Die Differenz der Beobachtbarkeit z. B. von Tier- oder Pflanzenpopulationen, Niederschlagsmengen, Temperaturen, Mobilität, eigenen Lebensstilen und denjenigen ganzer Personengruppen oder von Wertvorstellungen ist evident. Insofern hängen Vermögen der Wahrnehmung von Veränderungen stets auch mit Merkmalen und Eigenschaften der jeweiligen Sachverhalte zusammen, d. h. mit deren Qualität.

Unterschiedlich sind zudem die jeweiligen Dynamiken von Veränderungen. Das vereinfachende Schaubild von Pauly (2001) zeigt z. B. nur einen kontinuierlichen Verlauf des Wandels. In vielen Bereichen – wie etwa im Wetter- und Klimageschehen oder der Ausübung von physischer Gewalt – haben wir es in der Regel jedoch mit diskontinuierlichen, d. h. vielfach extrem schwankenden Verläufen von Wandel zu tun. Solche Dynamiken sind besonders schwer wahrzunehmen, da sie zu Verzerrungen beispielsweise durch Überbetonung von Extremwerten einladen. Ein weiteres Problem stellt die Wahrnehmung exponentiell sich beschleunigenden Wandels dar, dessen zukünftiger Verlauf häufig unterschätzt wird (Sale 2011, S. 162 ff.). Zudem zeigte sich im Rahmen von Überlegungen zu Eigen- bzw. Systemzeiten, dass manche Veränderungen so langsam ablaufen können, dass sie auf menschliche Zeitmaßstäbe bezogen gar nicht mehr als Veränderung, sondern als Kontinuität erscheinen. Hier passt eine Beobachtung, die Hegel (1986, 466) beiläufig in seiner Rechtsphilosophie erwähnt. Mit Bezug auf die Veränderung der Verfassungen in der frühen Neuzeit spricht er dort von einer scheinbar ruhigen und unbemerkten Fortbildung eines Zustandes zu einem ganz anderen Zustand als vorher. Dieses Fortschreiten sei „eine Veränderung, die unscheinbar ist und nicht die Form der Veränderung hat." (Hegel 1986, S. 465)[3] Solche faktischen Veränderungen erhalten

---

[3] Komplementär hierzu verweist Koselleck auf die schnellen Verfassungswechsel, die dann im Zuge der Französischen Revolution folgten und zum verbreiteten Befund führten, dass hier „alle Möglichkeiten menschlicher Organisationsformen binnen zehn Jahren durcheilt worden seien" (Koselleck 2000, S. 196). Die hohe Dynamik des Wandels erlaubte insofern nicht nur dessen Wahrnehmung, sondern führte darüber hinaus zu geschichtstheoretischer Reflexion. – Wir können vermuten, dass diese Erfahrung der schnellen Verfassungswechsel auch den Hintergrund darstellt, vor dem Hegels Beobachtung der Nichtwahrnehmung früheren langsamen Wandels erst möglich wurde.

also wahrnehmungsmäßig nicht die Form der Veränderung und erscheinen daher als konstant oder werden überhaupt nicht zu Gegenständen der gesellschaftlichen Wirklichkeit. Geringe Dynamiken erschweren demnach die Wahrnehmbarkeit von Wandlungsprozessen, und es ist von einer Schwelle auszugehen, unterhalb derer Veränderungen nicht wahrgenommen werden oder in verkehrter Form als Kontinuität erscheinen. Die Materialität der Sachverhalte und ihrer Dynamiken stellt insofern einen grundsätzlich zu beachtenden Faktor und zugleich eine Grenze der Wahrnehmung von Wandel dar.

4.6 Zeitperspektiven als Richtungen der Zeitwahrnehmung

Die Bedeutung unterschiedlicher Spannweiten von Zeitvorstellungen für Wahrnehmungen von Wandel haben wir bereits hinreichend angesprochen. Aufzunehmen bleibt jedoch noch der Aspekt der Zeitperspektiven, d. h. der Ausrichtung von Zeitvorstellungen. Hier zeigte sich, dass Wandel nicht nur mit Bezug auf Vergangenes, sondern auch vorausgreifend auf Künftiges vorgestellt werden kann. Gerade die mit der Ausdehnung von Handlungsvermögen und Produktivkräften erweiterten möglichen Konsequenzen des menschlichen Handelns versetzen – global betrachtet – die Menschheit zunehmend in eine Situation, in der einige möglichen Handlungskonsequenzen als Risiken problematisch werden und somit einer dringenden Bearbeitung bedürfen. Notwendig werden also antizipierende Wahrnehmungen möglichen Wandels, die entsprechend weite Horizonte der Vorausschau auf die Zukunft verlangen. Dass hier auf der institutionellen Ebene wie auch der Subjektebene durchaus Veränderungen von Zukunftsperspektiven und -horizonten möglich erscheinen, haben wir unter Bezug auf entsprechende Überlegungen von Elias und Jonas ausgeführt. In welchem Maße sich solche Veränderungen tatsächlich und in einer den sich stellenden Problemen angemessenen Geschwindigkeit vollziehen, ist eine andere Frage. Hans Jonas, der die Möglichkeiten einer solchen Veränderung auslotet, vermittelt letztlich ein eher düsteres Bild. Noch skeptischer gestimmt ist die ebenfalls in diesen Zusammenhang passende, wenn auch sehr stark anthropologisierende These eines ‚promethischen Gefälles‘, die Günther Anders (1980, S. 15 ff.) formuliert. Seines Erachtens besitzt die Adaptierbarkeit „des Menschen" an die von ihm hervorgebrachte rapide und scheinbar grenzenlose Entwicklungsdynamik weitgehend feststehende Grenzen. Daher komme es zu einer zunehmenden Kluft und Asynchronizität zwischen der Dynamik der rasch fortschreitenden, von Menschen hervorgebrachten Produktwelt und den vergleichsweise statischen Formen, in denen Menschen sich Vorstellungen von ihrer Wirklichkeit machen.

Ein letzter Punkt, den wir noch festhalten müssen, betrifft den Zusammenhang und die eventuellen Verknüpfungen der unterschiedlichen Zeitperspektiven. Hier stellt sich insbesondere die Frage des Stellenwerts, den Erfahrungen vergangenen Wandels für Wahrnehmungen möglichen zukünftigen Wandel besitzen. Dies betrifft nicht zuletzt Formen und Möglichkeiten dessen, was wir als Lernen bezeichnen können. Doch im Zuge einer Zukunft, die nicht mehr als Fortschreibung vergangenen Wandels antizipiert werden kann, sondern in weiten Bereichen als ein Wandel vorgestellt werden muss, dessen konkrete Formen offen sind, steht ein solches Lernen aus Erfahrung vor neuen Herausforderungen. Auch auf diesen Punkt werden wir im Rahmen der empirischen Befunde, denen wir uns nun zuwenden, erneut zurückkommen.

Teil II
Wahrnehmung von Wandel – empirische Perspektiven

Während der erste Teil unseres Buches vorwiegend begrifflichen und theoriegeleiteten Überlegungen galt, setzen wir unsere Untersuchung zu Formen, Grenzen und Konsequenzen der Wahrnehmung von Wandel nun anhand von empirischer Forschung fort. Die Grundlage dieser Forschung lieferte das im Projektrahmen erhobene, ausgesprochen umfangreiche Interviewmaterial, bei dessen qualitativer Auswertung wir typische Muster sowie weiterführende Hinweise und Überlegungen herausarbeiten konnten. Diese Ergebnisse sollen hier dargestellt, diskutiert und illustriert werden. Dabei greifen wir auch auf den begriffs- und theoriebezogenen ersten Teil unserer Studie zurück und nehmen Bezug auf Ergebnisse und Positionen anderer Untersuchungen.

Anzumerken bleibt, dass wir, weiterhin an unserer übergreifenden Fragestellung orientiert, hier recht selektiv auf das vorliegende Interviewmaterial zugreifen und dieses im Rahmen der vorliegenden Untersuchung nur ansatzweise ausschöpfen. Ausführlichere und dann jeweils auf einzelne Länderfallstudien bezogene Einblicke in das Datenmaterial sowie in dessen Aufschlusskraft liefern die einzelnen Dissertationen, die in unserem Projektzusammenhang entstehen.[1] Demgegenüber zielt die fallübergreifende Perspektive der vorliegenden Studie auf weiterführende Aufschlüsse zur wissenssoziologisch ausgerichteten Frage nach individuellen und kollektiven Wahrnehmungen von Wandel, der sich in unterschiedlichen Bereichen und Formen vollzieht. Im Vordergrund bleiben somit stets der Zusammenhang und die Zielrichtung dieser übergreifenden Fragestellung, während die Kontexte der jeweiligen Länderfallstudien wie auch die Biografien der Personen, aus deren Interviews wir Auszüge präsentieren, aufgrund dieses Designs unserer Studie im Hintergrund verbleiben.

---

[1] Nähere Angaben zu Schwerpunkten sowie den Autorinnen und Autoren dieser Dissertationen folgen unten.

Die Gliederung dieses zweiten Teils unserer Untersuchung folgt einer Unterscheidung von Dynamiken des Wandels. Im ersten Teil haben wir gesehen, dass die Geschwindigkeit von Wandel einen erheblichen Einfluss auf dessen Wahrnehmbarkeit besitzt. Eine höhere Dynamik erhöht nicht zuletzt die Wahrscheinlichkeit von Kontingenzerfahrungen, die ihrerseits die Wahrscheinlichkeit einer Wahrnehmung von Wandel erhöhen. In idealtypischer Weise unterscheiden wir im Folgenden nun drei Dynamiken: langsamen, rapiden und krassen Wandel.

Zunächst befassen wir uns mit langsamem Wandel, der einen besonders problematischen Bereich für Wahrnehmungen von Wandel darstellt. Anders als im Falle krassen Wandels, lenken Prozesse geringer Dynamik nicht beinahe von selbst Aufmerksamkeit auf sich, und in vielen Fällen vollziehen sie sich unterhalb von Schwellen wahrnehmbarer Differenz. In diesem Zusammenhang stellt sich auch die Frage nach der Wahrnehmbarkeit von Veränderungen des Wettergeschehens wie auch des Klimas. Rapider Wandel, dem wir uns anschließend zuwenden, geht gegenüber langsamem Wandel eher mit dem Erleben von Kontingenz einher. Hier werden wir vor allem auf Wahrnehmungen von Veränderungen im Bereich der Mobilität eingehen. Kontingenzerleben und mehr oder weniger schockhaft sich vollziehende Wahrnehmungen von Veränderungen sind in besonderer Weise im Rahmen krassen Wandels zu erwarten, den wir schließlich als dritte Dynamik untersuchen. Anknüpfend an die Katastrophensoziologie von Lars Clausen (1994) können wir krassen Wandel als katastrophenförmiges Geschehen begreifen und zugleich erwarten, dass solcher Wandel in besonders starkem Maße in die Wahrnehmung der Betroffenen drängt.

Das empirische Material, das wir hier nutzen, wurde im Rahmen der zwei am Kulturwissenschaftlichen Institut Essen (KWI) angesiedelten, von Harald Welzer geleiteten und eng miteinander verbunden Forschungsprojekte „Shifting Baselines" und „Katastrophenerinnerung" erhoben. Es umfasst insgesamt 370 biografische Interviews, die vor allem in ihrem an einen biografischen Erzählteil anschließenden leitfadengestützten Nachfrageteil verschiedene Aspekte des Wandels von Umwelt und umweltrelevanter Handlungsformen fokussieren. Daher bezeichnen wir sie als „umweltbiografische Interviews".

Im Rahmen des Teilprojekts „Shifting Baselines", das dicht an der Fragestellung des SBS ansetzt und langsamen und rapiden Wandel zum Gegenstand hat, wurden jeweils ca. 60 dieser Interviews in China, Deutschland, der Schweiz und den USA geführt. Dabei gehörte jeweils ein Drittel der Befragten einer jüngeren (20–34 Jahre), mittleren (35–59) und älteren (60 und älter) Alterskohorte an.[2]

---

[2] Eine detaillierte und jeweils auf unterschiedliche Themenschwerpunkte zugespitzte Analyse dieser Fallstudien erfolgt im Rahmen der einzelnen Dissertationsprojekte: Karin Schürmann

Ohne eine solche Untergliederung in Alterskohorten führten die Forschenden des zweiten Teilprojekts „Katastrophenerinnerung", das vor allem krassen Wandel zum Gegenstand hat, umweltbiografische Interviews mit jeweils ca. 60 Personen in Chile, Deutschland, Ghana und den USA, die katastrophale Überschwemmungssituationen bzw. entsprechende Bedrohungen erlebt haben. Im Einzelnen handelt es sich um die durch einen plötzlichen Vulkanausbruch 2008 verursachte Überschwemmung des Ortes Chaitén in Chile sowie um Hochwasser an der Oder 1997 und der Elbe 2002 in Deutschland, saisonale Überschwemmungen innerhalb des städtischen Raums in Accra (Ghana) sowie den Hurrikan „Katrina" und die folgenden Überschwemmungen in New Orleans (USA) im Jahre 2005.[3]

Neben seinem großen Umfang zeichnet sich das verwendete Datenmaterial also durch seinen Ursprung aus sehr verschiedenen Kontexten aus. In den Interviews spiegeln sich Erfahrungen aus einer Reihe von Ländern, die sich bezüglich ihrer Wohlstandsniveaus, Lebensstile, Umweltprobleme und Dynamiken des Wandels stark unterscheiden. Damit eignet sich dieses Interviewmaterial gerade für eine explorative Herangehensweise, die darauf abzielt, möglichst viele Facetten der im Mittelpunkt des Interesses stehenden Sachverhalte zu erfassen.[4]

---

ist für die Studie zu den USA verantwortlich (vgl. auch Schürmann [im Erscheinen]), Annett Entzian für diejenige zur Schweiz, Jorit Neubert für China. Björn Ahaus übernahm die Durchführung und Aufbereitung der Interviews in Deutschland.

[3] Vorgelegt werden die entsprechenden Dissertationen von Maike Böcker (Oderflut in Deutschland), Gitte Cullmann (Vulkanausbruch in Chaitén, Chile), Ingo Haltermann (Überschwemmungen in Accra, Ghana) und Eleonora Rohland (Hurrikan „Katrina" in New Orleans, USA). Vgl. zu diesen Studien auch: Böcker und Haltermann (2012); Cullmann (2010); Haltermann (2011, 2012); Rohland (im Erscheinen) sowie Rohland/Mauelshagen/Haltermann/Cullmann/Böcker (im Erscheinen).

[4] Sämtliche Interviews wurden komplett verschriftlicht. Die vergleichende Auswertung erforderte dabei die Übertragung aller Interviews in eine gemeinsame Sprache, nicht in deutscher Sprache geführte Interviews wurden daher ins Deutsche übersetzt. Diese Übersetzung bedeutet nicht nur einen erheblichen Arbeitsaufwand, sondern selbstverständlich auch einen Eingriff in das Material, der z. B. die Anwendungsmöglichkeit tiefer greifender hermeneutischer Interpretationsverfahren einschränkt, die hier allerdings auch nicht angestrebt wurden. Demgegenüber erlaubt die gewählte pragmatische Aufbereitung des Datenmaterials, seinen großen Umfang zu erschließen, es zusammenzuführen und es im Zuge einer strukturierenden qualitativen Inhaltsanalyse (Mayring 2010) – für beide Projektteile getrennt, doch inhaltlich eng aufeinander abgestimmt – in seinem gesamten Umfang zu kodieren. Das hierzu verwendete Kategoriensystem wurde in der typisierenden Interpretation einer Reihe von Interviews aus allen Fällen zunächst induktiv ausgearbeitet und am Datenmaterial erprobt. Als Ergebnis der mit Hilfe der Software Max.qda durchgeführten, sehr aufwändigen inhaltsanalytisch-strukturierenden Kodierung stehen thematisch eingegrenzte Auszüge aus dem Gesamtmaterial für weiterführende Feinanalysen zu Verfügung.

Wie erwähnt, handelt es sich bei den vorliegenden Interviews um auf die Biografie sowie Umwelterfahrung und Umwelthandeln ausgerichtete Einzelinterviews. Ihre Analyse eröffnet demnach zunächst Perspektiven auf die Alltags- und Erfahrungswelt einzelner Subjekte. Dennoch lassen sie keineswegs nur subjektive Erlebens- und Erfahrungsweisen, sondern zugleich übergreifende Muster und Mechanismen der Wahrnehmung von Wandel erkennen. Darüber hinaus bieten sie Aufschlüsse zu sozialen Kontexten und zu den spezifischen Formen des Wandels verschiedener Sachverhalte aus den Bereichen von Umwelt und umweltrelevantem Handeln.

Zu all diesen hier genannten Bereichen von subjektivem Erleben und Erfahren, von kollektiven Formen wie auch von Kontexten und Bedingungen möchten wir im Folgenden aus dem empirischen Material gewonnene und insofern datenbasierte Einsichten darstellen und erörtern. Weiterhin liegt unser Ziel darin, durch eine explorative Haltung möglichst zahlreiche Aspekte zu erschließen, die das Verständnis von Grenzen, Formen und Konsequenzen der Wahrnehmung von Wandel vertiefen und erweitern können.

Methodisch können diese Feinanalysen unterschiedlich vorgehen. Sie können an einzelnen besonders aufschlussreich erscheinenden Interviewauszügen ansetzen, innerhalb bestimmter Themengebiete oder Gruppen von Befragten interpretativ Typen bilden oder auch Einzelfälle analysieren.Das Design der Interviews wie auch die Kategoriensysteme für beide Teilprojekte wurden gemeinsam innerhalb der Forschungsgruppe ausgearbeitet. Die Durchführung der Interviews, deren Verschriftlichung und Übersetzung wie auch das Kodieren erfolgte – abgesehen von einzelnen Unterstützungen bei Transkription und Kodierung – jeweils durch die mit den einzelnen Länderfallstudien betrauten Forschenden.

Langsamer Wandel   5

Die folgenden Ausführungen beziehen sich auf Auszüge aus dem Interviewmaterial, in denen Sachverhalte thematisiert werden, die schwerpunktmäßig durch langsam bzw. schleichend verlaufenden Wandel gekennzeichnet sind. Zu solchem Wandel geringer Dynamik stellt sich insbesondere die Frage, in welcher Weise er überhaupt wahrgenommen wird und wahrgenommen werden kann. Damit geht es zugleich um die Grenzen der Wahrnehmbarkeit von langsam verlaufenden Veränderungen.

5.1   Veränderungen der natürlichen Umwelt

Beginnen wir beispielhaft mit einigen Thematisierungen von langsam und länger-fristig verlaufenden Veränderungen der natürlichen Umwelt, die unter anderem den Bereich von Fauna, Flora, Wasser, Landschaft, Luft, Wetter und Klima in Stadt und Land betreffen.

Seitens der Befragenden wurden derartige Sachverhalte nur durch eine Frage des leitfadengestützten Nachfrageteils explizit in die umweltbiografischen Interviews eingeführt („Fühlen Sie sich vom Klimawandel bedroht?"). Aussagen zu verschie-denen Aspekten des Wandels natürlicher Umwelten ergaben sich daher vor allem im Zuge der allgemeinen Ausrichtung auf Umweltaspekte, die sich im Teilprojekt „Shifting Baselines" aus der an die Befragten gerichteten Aufforderung ergab, doch bitte über das eigenen Leben und seinen örtlichen Rahmen zu erzählen, und die im Teilprojekt „Katastrophenerinnerung" mit dem Bezug auf katastrophal wirkende Naturkräfte verbunden war. Viele Befragte kamen so bereits in Reaktion auf den recht allgemein formulierten Erzählanreiz („Wie und wo sind Sie aufgewachsen, in welcher Umgebung? Erzählen Sie mir von den wichtigsten Ereignissen und Orten von Ihrer Geburt bis heute!") zu Beginn ihrer lebensgeschichtlichen Erzählung auf

D. Rost, *Wandel (v)erkennen*, DOI 10.1007/978-3-658-03247-0_5,
© Springer Fachmedien Wiesbaden 2014

einige Aspekte ihrer Lebensumwelt zu sprechen. Vielfach wurden in diesem Zuge, doch auch in den anschließenden Teilen der Interviews, verschiedene Aspekte von Veränderungen der Umwelt angesprochen.

5.1.1 Natürliche Umwelt im eigenen Umfeld

Ein Beispiel für Bezüge auf verschiedenste Umweltveränderungen in der eigenen Umgebung liefert die Lebenserzählung einer Schweizer Befragten, die gleich zu Anfang mit dem Hinweis auf den Ort, an dem sie aufgewachsen ist, einen Vergleich der damaligen und der heutigen Situation verbindet:

> Okay, aufgewachsen bin ich in R., das liegt bei W. in einem Einfamilienquartier. *Damals war das noch alles grün*, die ganze Umgebung. *Heute ist es recht überbaut.* (SB/CH/43/w29, Abs. 10)[1]

In ähnlicher Form kommen solche Äußerungen in vielen Interviews vor. Sie thematisieren einen Wandel der Umgebung, die als Kind kennengelernt wurde und seitdem siedlungsmäßig erschlossen bzw. urbanisiert wurde. Damit handelt es sich um Wahrnehmungen von Wandel, deren Zeithorizont durch frühe biografische Erfahrungen bestimmt wird, die jetzt als Referenzpunkte für eine vergleichende Zusammenschau von Zuständen aus unterschiedlichen Zeiten (z. B. „damals" und „heute") erinnert werden.[2]

Die entsprechenden Sequenzen zeigen zudem, dass Wandel in vielen Fällen nicht einfach berichtet, sondern zusätzlich mit Wertungen versehen wird. Ein Typus

---

[1] Die Angaben zu den Interviewauszügen sind wie folgt zu decodieren: Teilprojekt (KE = Katastrophenerinnerung; SB = Shifting Baselines)/Länderkürzel/Interviewnummer/Geschlecht + Alter, Absatznummer. Alle Interviews wurden sprachlich leicht geglättet. Abbrüche sind durch „. . . " gekennzeichnet; Auslassungen durch „(. . .)"; erläuternde Einfügungen stehen in eckigen Klammern („[. . .]"). Sämtliche *Kursivsetzungen dienen der Hervorhebung von Punkten, die für unsere hier ausgeführten Interpretationen wichtig sind.* Sofern innerhalb der Interviewauszüge Sprecherwechsel erfolgen, sind diese wie folgt markiert: I = interviewende Person; A, B, C . . . etc. = Befragte bzw. in die Interviewsituation tretende Personen.

[2] Es liegt hier der Einwand nahe, dass solche Wahrnehmungen von Wandel ausschließlich durch die Interviewsituation selbst hervorgebracht werden. Selbstverständlich müssen solche produktiven Funktionen von Befragungssituationen stets reflektiert werden. Doch sowohl die Genauigkeit der Schilderungen solcher Sachverhalte (z. B. der Ortshinweise im zitierten Beispiel) als auch häufig sehr detailliert geschilderte Sinneseindrücke (z. B. von Verschmutzungen der Wäsche oder an Wohnbauten) zeigen, dass das hier in der Befragungssituation aktuell Erinnerte früher bereits Relevanz besaß und im Gedächtnis festgehalten wurde.

solchen Erzählens von Umweltwandel thematisiert insbesondere Verluste, die im Zuge solcher Veränderungen zu beklagen sind:

> In M., das war der zweite Ort, wo ich sagte, ich sah über den ganzen See, da war unterhalb, es war *oben an einem Hang eine riesige Wiese voll Birnbäumen. Also wenn das geblüht hat, das war ja ein Paradies.* Und dann wurde *dieses Land langsam überbaut, diese Birnbäume umgehauen. Da kommen mir dann schon die Tränen, wenn so etwas passiert, weil da geht wirklich etwas kaputt.* (SB/CH/01/w78, Abs. 84)

Ähnlich diesem Beispiel geht es auch vielen anderen Erzählungen um beklagenswerte Verluste des „Grüns" in der Umgebung oder um Beeinträchtigungen der Umweltsituation durch Verschmutzung von Wasser und Luft.

Neben solchen Erzählungen zunehmender Verschmutzung und Beeinträchtigung lässt sich insbesondere mit Bezug auf Zonen einer stärkeren Industrialisierung – in folgendem Beispiel dem Ruhrgebiet – ein Typus des Erzählens von Wandel erkennen, der demgegenüber eine Verringerung von Verschmutzung und Belastung thematisiert.

> Man erlebte das in den *sechziger Jahren,* (...) *wie die Luft sauberer wurde, auch immer noch schlimm genug anfangs.* Das war mit ein Grund für meine Frau, dass Sie sich hier nicht wohlfühlen wollte (...). Ja, aber dann erlebte man das in den *siebziger Jahren, dass alles sauberer wurde,* das *Obst musste man nicht mehr mit dem Tuch abreiben.* Und *wenn heute hier geschimpft wird, ja das ist die Müllverbrennung, die den Dreck verursacht: Ihr kennt die Vergangenheit nicht.* Das ist keine Müllverbrennung, die ist eine Schmutzsenke, die Luft geht sauberer raus als sie eingesaugt wird, so ist das ja tatsächlich. Das hat andere Gründe, das sind die Reste noch der früheren Schwerindustrie und des Hausbrandes. (SB/DE/52/m72, Abs. 75)

Dieses Beispiel zeigt eine recht komplexe Wahrnehmung von Umweltveränderungen. Auch hier dienen autobiografische Erinnerungen als Referenzpunkte für einen Vergleich, der allerdings in diesem Falle nicht nur einen ehemaligen Zustand mit der Gegenwart vergleicht, sondern prozesshaft einen Verlauf der Verbesserung der Luftqualität nachzeichnet. Für uns interessant ist zudem die eingeschlossene Kritik an kritischen Sichtweisen auf aktuelle Industrieanlagen wie die Müllverbrennung. Diesen Sichtweisen wirft der Gesprächspartner nicht nur vor, sachlich falsch informiert zu sein, sondern zugleich ohne historische Tiefe auf den Sachverhalt zu blicken. Er thematisiert hier also eine Verschiebung der Wahrnehmung von Wandel und hebt dabei die Bedeutung seines weiter zurückreichenden historischen Horizonts hervor, den er als älterer Mensch lebensgeschichtlich erworben hat.

Ein vergleichender Blick auf das Material aus verschiedenen Ländern liefert somit ein interessantes Bild.[3] Während in der Schweiz der Verlust ehemals intakter ökologischer Bedingungen wie sauberem Wasser oder ausgedehnten Wäldern im Vordergrund steht, thematisieren die schwerpunktmäßig im Ruhrgebiet geführten Gespräche in Deutschland einige Verbesserungen dieser Bedingungen, die mit einem anderen Wandel einhergehen – dem Niedergang der Montanindustrie und dem Strukturwandel der Region.

Auch das entsprechende chinesische Material liefert Schilderungen einer Verschärfung der Umweltsituation. Mit Bezug auf den berühmten Westsee bei Hangzhou erläutert ein Mann sowohl die Dynamik dieser Veränderungen als auch ihre weiteren Zusammenhänge:

> A: (...) *Vor dreißig Jahren haben Öffnung und Reformen angefangen, die wirtschaftliche Entwicklung nahm Geschwindigkeit auf,* Umweltverschmutzung ... *man kennt jetzt auch Umweltverschmutzung.* Früher war das Wasser in den Flüssen ... man kann sagen, dass man es trinken konnte.
> I: Wirklich? Sogar im Westsee?
> A: Das Wasser im Westsee, da gab es das nicht, im Großen und Ganzen gab es da keine Verschmutzung.
> I: Das kann ich mir gar nicht vorstellen.
> A: Das wäre jetzt total unmöglich. Die Farbe hat sich verändert, *jetzt ist es schon wieder besser,* vor fünf Jahren, da konnte man es nicht mitansehen, vor zehn Jahren, eher vor zehn Jahren. Er war unheimlich dreckig, es gab Blasen auf dem Wasser, auf der Oberfläche waren Luftblasen, die Farbe war mal grün, mal blau.
> I: Vergiftet.
> A: Die Regierung nahm [den Zustand] des Wassers des Westsees sehr ernst, aber *das Tempo der Umweltverschmutzung war zu groß,* man kann schon nicht mehr den Himmel sehen, man kann keinen blauen Himmel und keine weißen Wolken mehr sehen. (SB/Cn/16/m57, Abs. 11–19)

Zugleich finden sich Erzählungen einer Verbesserung von Umweltbedingungen in China, die vor allem mit einer Fortschrittsdynamik in Verbindung gebracht werden:

> Die Lebenserwartung der heutigen Dorfbewohner ist viel höher. Jetzt ist es schon so, Gas und das sauberere Erdgas, erst haben die Leute Gas und später dann Erdgas benutzt. *Gas hat die Umwelt noch verschmutzt,* das macht *Erdgas nicht mehr.* Die Verbesserung des Lebensstandards ist *gut für die Gesundheit der Menschen.* Erdgas gab es früher nicht, jetzt verbessert es sich, *selbst die Autos werden weiterentwickelt und verringern die Verschmutzung der Umwelt,* sehr gut für die Gesundheit. Sieh mal

---

[3] Einige der hier aufgegriffenen wesentlichen Erkenntnisse aus dem Vergleich von Sequenzen zu Umweltwandel entstammen den ausführlichen Auswertungen und Memos, die Markus Wollina anfertigte.

wie sauber die Straßen jetzt sind, und wie dreckig sie früher waren. *Hangzhou hat sich zu einer sehr schönen Stadt gewandelt.* Vor fünfzehn Jahren war Hangzhou noch sehr zurückgeblieben. (SB/Cn/29/w41, Abs. 32)

Gerade dieses Beispiel aus China veranschaulicht, wie verschiedene Veränderungsprozesse in ein umfassenderes Narrativ eingebunden werden. Wandel wird so durchaus in größeren Zusammenhängen wahrgenommen – wobei die Wahrnehmung allerdings auch Gefahr läuft, in starkem Maße durch ein übergreifendes Deutungsmuster wie z. B. das Fortschrittsnarrativ geprägt zu werden.

Insgesamt finden wir demnach eine Reihe unterschiedlicher Erfahrungsformen und Narrative von Wandel der natürlichen Umwelt. In vielen Fällen geht es auch nicht um ein ausschließliches Thematisieren von Umweltveränderungen, sondern – wie nicht zuletzt das vorige Zitat belegt – um weiter gefasste Perspektiven, die zugleich Natur-Mensch-Beziehungen einschließen.

Damit zeichnet sich hier eine interessante weiterführende Frage nach alltagsweltlichen Naturverständnissen ab. Nicht zuletzt im Rahmen der Umweltbewusstseinsforschung wäre es sinnvoll, einmal sehr genau zu rekonstruieren, wo jeweils die Grenzen des als natürlich Begriffenen liegen. Werden z. B. städtische Umwelten oder gar die Menschen selbst in ihrer Naturseite in diese Begriffe aufgenommen? – Es liegt auf der Hand, dass dieses Feld der Naturbegriffe in der Alltagswelt äußerst komplex und heterogen ist. Wir können das hier nicht systematisch untersuchen und begnügen uns mit einem Schlaglicht. Zurückschauend auf die 1960er und 1970er Jahre des Ruhrgebiets meint beispielsweise eine Befragte, dass sie diese Region zu dieser Zeit nicht mehr als Natur wahrgenommen habe:

Da muss ich sagen, dass ich die Landschaft als furchtbar ramponiert oder beschädigt und *eigentlich gar nicht mehr als Naturlandschaft erlebt.* Ich habe da nur riesige Industrieanlagen gesehen. Oder wenn ich mit dem Zug von Essen kam und an diesen riesigen Fabrikanlagen in Essen, die heute schon zum Teil abgerissen sind, vorbei fuhr, da war ich schon geschockt. *Das habe ich hier nicht mehr als Naturraum empfunden.* (SB/DE/51/w72, Abs. 58)

Der Verlust des Naturcharakters einer Landschaft erscheint in diesen und vielen ähnlichen Ausführungen als eine Deutung eines tiefgreifenden Wandels der natürlichen Umwelt.

Anfügen müssen wir hier, dass derartige Klagen über den Verlust von Natur zumindest seit der Romantik ein Grundmuster der Modernisierungserfahrung darstellen. Erfahrungen von Veränderungen der natürlichen Umwelt erscheinen gesellschaftlich immer wieder neu als tiefgreifender Wandel des Verhältnisses von Stadt und Land sowie als ein Element eines umfassenderen Verlusts von Natur und Landschaft wie auch von Landleben. Aus einer analytischen historischen Perspektive erweisen sich derartige Aussagen damit als Wiederholung ähnlicher Klagen, die bereits seit Jahrhunderten vorgebracht werden.

Raymond Williams (1973, S. 9 ff.), ein Literaturwissenschaftler, die die britischen Cultural Studies maßgeblich mitprägte, hat diesbezüglich von einer Art Rolltreppeneffekt gesprochen. Als er ausgehend von der Lektüre eines Texts über den Wandel des Landlebens einmal die Spur solcher Klagen über Verluste von Landleben in der Literatur zu verfolgen begonnen hatte, schien er wie auf einer Rolltreppe beinahe von allein durch eine Vielzahl ähnlicher Zeugnisse hindurch tief in die Geschichte zurückgetragen zu werden. Daher dürfen derartige Aussagen seines Erachtens nicht nur als Hinweise auf jeweils zeitgenössischen Wandel verstanden werden, sondern sie sind zugleich als Ausdruck einer sozial etablierten Perspektive bzw. eines bestimmten Deutungsmusters zu begreifen.

In dieser von Williams beobachteten Wiederholung gleichartiger Klagen über jeweils aktuell erlebte definitive Verluste des Landlebens fällt es zudem nicht schwer, ein Grundmuster des SBS-Theorems wiederzuerkennen: den Mangel an Wahrnehmung längerfristiger Veränderungen. Wahrgenommen wird in diesen Fällen nicht der längerfristige Wandel (oder gar die längerfristige Kontinuität), sondern nur das, was lebensgeschichtlich als seit den eigenen Kindheitstagen oder ganz aktuell in tiefgreifendem Wandel befindlich erfahren wird.[4] Die Zeithorizonte solcher Veränderungswahrnehmung sind also begrenzt und verschieben sich im historischen Ablauf mit den jeweiligen autobiografischen Perspektiven.

5.1.2 Wetter und Klimawandel – Formen der Wahrnehmung unterschiedlich komplexer Sachverhalte

Wie werden nun Phänomene der Umwelt wahrgenommen, die gegenüber den zuvor angesprochenen naturräumlichen Aspekten wesentlich abstrakter, flüchtiger und daher weniger leicht zu erfassen sind?

---

[4] „The apparent resting places, the successive Old Englands to which we are confidently referred but which then start to move and recede, have some actual significance, when they are looked at in their own terms. Of course we notice their location in the childhoods of their authors, and this must be relevant. Nostalgia, it can be said, is universal and persistent; only other men's nostalgias offend. A memory of childhood can be said, persuasively, to have some permanent significance. But again, what seemed a single escalator, a perpetual recession into history, turns out, on reflection, to be a more complicated movement: Old England, settlement, the rural virtues – all these, in fact, mean different things at different times, and quite different values are being brought to question." (Williams 1973, S. 12)

In den Interviews führte vor allem die Nachfrage, ob die Befragten sich vom Klimawandel bedroht fühlten, zu einigen Antworten, an denen sich die Problematik der Wahrnehmung solcher Umweltphänomene wie auch die große Varianz von alltagsweltlichen Klimabegriffen und -verständnissen gut veranschaulichen lässt. Die Ausführungen, die auf das so in die Interviews eingeführte Stichwort „Klimawandel" reagieren, beziehen sich auf einen sehr weiten Bereich von Phänomenen, der vom lokalen Wettergeschehen über regionales Klima bis hin zum Erdklima als Ganzem reicht. Zugleich beziehen sie sich auch auf unterschiedliche Erfahrungshintergründe, die von der subjektiven Erfahrungswelt der Befragten über öffentliche Debatten um den Klimaschutz bis hin zu wissenschaftlichen Analysen, wie sie z. B. vom „Weltklimarat" (IPCC) zusammengefasst werden, reichen.

Es liegt auf der Hand, dass die verschiedenen Aspekte, Ebenen und Zusammenhänge des Gesamtphänomens „Klimawandel" der Erfahrungswelt verschiedener Menschen in unterschiedlicher Weise zugänglich sind. Alle Menschen machen tagtäglich Erfahrungen mit einem ihnen nicht selten als launenhaft erscheinenden Wetter. Bereits diese fortlaufende Begleitung des Daseins durch Wettergeschehen trägt erheblich zur Problematik einer vergleichenden Zusammenschau von Wetter über längere Zeiträume hinweg bei. Denn die Komplexität der unzählig vielen Wettererfahrungen sprengt in der Regel den Rahmen desjenigen, das erinnerbar und in der Reflexion noch überschaubar bleibt. Umfassenderes Wissen über Veränderungen des Wetters kann daher – in einer auf eigener Erfahrung gründenden Form – nur als Resultat einer spezifischen, beispielsweise auf Tätigkeiten wie der Landwirtschaft beruhenden, Wahrnehmung entstehen, die in der Regel mit Hilfsmitteln wie z. B. der Aufzeichnung operiert. In der Regel werden dabei eigene und sozial vermittelte Erfahrungen kombiniert.

Das gilt umso mehr, wenn es um Veränderungen der Wetterphänomene einer größeren Region oder gar der Erde als Ganzem sowie während längerer Zeitspannen geht. Solches Wissen kann nicht mehr allein auf sinnlichen Wettererfahrungen beruhen, die von einzelnen Menschen selbst gemacht und verknüpft werden, sondern es beruht in hohem Maße auf Erfahrungen, die von vielen einzelnen Menschen gemacht und durch Kommunikation zusammengeführt werden. Der Sachzusammenhang von Klima und Wetter führt demnach unmittelbar zu Grenzen subjektiver Vermögen der Wahrnehmung von Wandel sowie zu jenen erweiterten Wahrnehmungsvermögen, die sich durch kooperative bzw. kommunikative Vermittlung ergeben. Einmal mehr zeigt sich hier die soziale Dimension des Wahrnehmens von Veränderung.

Erinnern wir, um einen klaren begrifflichen Hintergrund zu erhalten, zunächst an die Unterscheidung von Wetter und Klima, die sich auf Grundlage

der wissenschaftlichen Fassung dieser Begriffe etabliert hat.[5] Demnach bezeichnet der Begriff des Wetters aktuelle Zustände der Atmosphäre, insbesondere von
Temperatur, Wind, Bewölkung, Niederschlag und Luftfeuchtigkeit. Eng mit ihm
verknüpft ist auch der Begriff der Witterung, der etwas über die aktuelle Gegenwart hinausreicht und eine typische, meist mehrere Tage umfassende, Abfolge von
Wetterphänomenen wie z. B. eine nasskalte Witterung umfasst.

Demgegenüber bezeichnet der Begriff „Klima" die Gesamtheit von Wetterphänomenen in Räumen und Zeitspannen größerer Ausdehnung. Räumlich reicht das
vom Mikroklima, über regionale Klimate bis hin zum Erdklima. Zeitlich bezieht sich
der Klimabegriff stets auf viele Jahre umfassende Zeiträume, nicht selten werden
hierbei 30 Jahre zugrunde gelegt. Gerade wenn es um den anthropogenen Klimawandel geht, der die Gesamtheit des längerfristigen globalen Wettergeschehens
in starkem Maße zu beeinflussen droht, impliziert der Klimabegriff also ausgesprochen große Räume und Zeitspannen. Zusätzliche Komplexität erhält dieser
ganze Sachverhalt dadurch, dass mit dem Begriff „Klima" mehr als nur statistische
Mittelwerte des Wetters erfasst werden, nämlich insbesondere auch die Varianz
von Wetter- und Witterungsereignissen. Das Spektrum beobachteter Temperaturen sowie die Ausprägung und Häufigkeit von extremen Wetterereignissen sind
wichtige Aspekte des Erdklimasystems und seiner klimatischen Teilbereiche. Die
hohe Komplexität des Klimabegriffes ergibt sich zudem daraus, dass neben den at-
mosphärischen Prozessen zum Klimasystem der Erde auch noch weitere Faktoren
zählen, die sich aus der Konstitution der Ozeane, der Landoberflächen, der Eis- und
Schneedecken sowie der Biosphäre (z. B. Wälder) für das Klima ergeben. Aussagen
über das in dieser umfassenden Weise begriffene Klima oder gar dessen Wandel
beruhen daher auf Synthesen einer enorm hohen Zahl von Einzelinformationen.
Zur Komplexität dieses Sachverhalts zählt schließlich des Weiteren, dass sich das
Erdklima grundsätzlich langfristig verändert und die erdgeschichtlich betrachtet
noch jungen anthropogenen Beiträge zum Klimawandel von längerfristigen Ten-
denzen zu unterscheiden und mit diesen in Verbindung zu setzten sind. In diesem
Sinne geht es dann um die Frage der menschlichen Veränderung der natürlichen
Varianz des Erdklimas.[6]

Dies ist also die Begrifflichkeit, in der die Problematik des anthropogenen Klimawandels erfasst und beschrieben wird, in der sie auch in verschiedene Foren

---

[5] Wir stützen uns hier auf Dunlop (2005); IPCC (2007); Somerville (1996).

[6] Weil menschliche Einflüsse nun tiefgreifend in den Wandel des Erdsystems eingreifen
(können), plädieren verschiedene Naturwissenschaftler für die Periodisierung des „Anthropozäns" als einer neuen Phase der Erdgeschichte (vgl. Crutzen 2002; Mauelshagen 2012;
Schwägerl 2010; Steffen et al. 2004, S. 81, 2007, 2011; Zalasiewicz et al. 2008).

der Öffentlichkeit wie z. B. in Politik, Bildung oder Unterhaltungsindustrie (vgl. Kinofilme „The Day After Tomorrow", „An Inconvenient Truth") hineinwirkt, und dort auf andere, aus den verschiedenen Bereichen der Alltagswelt stammende Begrifflichkeiten zu Wetter und Klima trifft.

In unseren Interviews spiegelt sich die Problematik unterschiedlicher und in der Regel nur sehr selektiver und begrenzter Perspektiven auf das Phänomen „Klima", wie schon erwähnt, unter anderem in der Varianz der verschiedenen Reaktionen auf die Nachfrage zum Klimawandel wider. So antwortet ein älterer Mann in den USA mit einem Hinweis auf seine eigenen Lebenserfahrungen:

> Denn in meiner Lebenszeit *habe ich gesehen, wie sich das Klima entwickelt,* von den Jahren des Zweiten Weltkrieges, die ich Ihnen gegenüber erwähnt habe, die *waren wirklich sehr kalt und sehr schneereich im Winter hier,* bis *jetzt kaum noch.* Und die *wirklich großen Gletscher zu sehen, wie sehr sie zurückgegangen sind* in den letzten 50 Jahren. (SB/US/45/m78, Abs. 64)

Implizit erhebt seine Aussage den Anspruch, Veränderungen ‚des Klimas' erschlössen sich aus der eigenen Erfahrung, nicht zuletzt aus erlebten Wintern und beobachteten Rückgängen von Gletschern. Einerseits liefert dieser Gesprächsauszug uns so einen Hinweis auf jene Heuristiken des Alltags, die Wege einer vereinfachten Abschätzung des komplexen Gesamtphänomens finden. Extremereignisse oder z. B. Gletschergrößen dienen ihnen als alltagsweltliche Indikatoren des Klimawandels. Das zeigt zugleich, dass Alltagswahrnehmungen von Wetter und Klima obwohl sie einerseits vereinfachen, andererseits durchaus Chancen besitzen, gegenstandsadäquate Beobachtungen zu machen. Allerdings sind beispielweise Veränderungen von Gletschern aufgrund ihres langsamen Anwachsens oder Abschmelzens der menschlichen Wahrnehmung nicht unmittelbar in ihrem Ablauf zugänglich. Möglich wird dies erst durch Vergleiche mit bereits weiter zurückliegenden Referenzpunkten, die wiederum zur Voraussetzung haben, dass frühere Anschauungen eines Gletschers einst einen Erfahrungswert erhalten haben und im Gedächtnis festgehalten wurden, aus dem nun ein möglichst wenig verzerrter erinnernder Abruf erfolgt. Zudem beruht eine reflektierende Zusammenschau früherer und gegenwärtiger Zustände eines Gletschers auf der Voraussetzung, dass sich die Veränderung von Gletschern überhaupt als Problem stellt, d. h. für Menschen thematisch wird. Denkbar wäre hier, dass sich dem Befragten diese Problematik irgendwann stellte, als ihm das Betrachten einer alten Fotografie eines Gletschers mit einem Schlage die Differenz von heutiger und früherer Gletschergröße erlebbar machte. Ebenso denkbar sind hierzu eigene Erfahrungen, die sich im Laufe des Bergwanderns und des Lesens geologischer Spuren am Rande von Gletschern ergeben, oder eine Wirkung der vielen medialen Berichte, die Klimaveränderungen nicht zuletzt anhand der Größenveränderung vieler Gletscher veranschaulichen. Die Thematisierung einer solchen Problematik kann also in starkem Maße der subjektiven Erfahrungswelt entstammen, ebenso kann sie jedoch auf die sozial vermittelte Ausrichtungen der Wahrnehmung zurückgehen.

Sehen wir auf eine sehr ähnliche Schilderung eines älteren Mannes aus der Schweiz:

> Was mir speziell während meinem Leben aufgefallen ist, (...) wenn ich dann im Gebirge, wenn ich *den Susten hinauf fuhr, von Wassen auf den Susten, sogenanntes Meiental, und ich das vor 30 Jahren hinauf gefahren bin,* staunte ich im Sommer bei *größter Hitze, wie viel Wasser das da daher kommt und die Gletscher wirklich teilweise noch fast an den Straßenrand,* bis an den Straßenrand, waren. Und *wenn ich jetzt wieder hinauf fahre, muss ich feststellen, dass teilweise gar keine Gletscher mehr sind. Und die da noch sind, nur eigentlich noch klein und sehr stark eben zurück gezogen.* Also da ist eine sehr starke Verminderung mit bloßen Augen feststellbar! *Das zeigen ja auch alle geologischen Messungen, die das bestätigen, dass alle Gletscher nicht nur in der Länge, sondern in der Masse enorm geschwunden sind.* Das ist meines Erachtens zur Zeit das Größte, was man an der Veränderung der Natur sieht! (SB/CH/56/m75, Abs. 38)

In diesem Falle werden im Abstand von 30 Jahren erfolgte eigene Anschauungen der Bergwelt und ihrer Gletscher verglichen, wobei zusätzlich noch auf die weitere Ebene der wissenschaftlichen Messungen verwiesen wird, die für diese Zusammenhänge eine allgemein gültige Bestätigung liefert. Eigene Erfahrungen und wissenschaftliche Aussagen fließen hier zusammen.

Auf die hiermit berührte Frage nach der subjektiven Wahrnehmbarkeit von langsam verlaufenden Veränderungen sinnlich leicht zugänglicher Gegenstände wie Gletschern oder Schneegrenzen in den Bergen bezieht sich auch eine Bemerkung des Geographen Jared Diamond, die für unseren Zusammenhang bedenkenswert ist. Diamond nimmt an, dass diejenigen, die derartige Wandlungsprozesse fortlaufend betrachten können (z. B. Anwohner), jeweils nur den aktuellen Zustand „unbewusst" mit Zuständen, die nicht weit zurückliegen, vergleichen und daher keine Differenz wahrnehmen. Der touristische Blick eines sporadisch wiederkehrenden Besuchers hingegen würde viel leichter einen Rückgang „ewigen" Schnees – oder in unserem Beispiel: der Gletscher – erkennen, da er den aktuellen Zustand mit einem weiter zurückliegenden und dadurch stärker differierenden Zustand vergleicht.[7] Sehr ähnlich dem Modell des SBS von Pauly (1995) betrifft

---

[7] Diamond bezeichnet dies als „landscape amnesia" und erläutert diesen Begriff wie folgt: „forgetting how different the surrounding landscape looked 50 years ago because the change from year to year has been so gradual." (Diamond 2005, S. 425) Als Beispiel schildert Diamond, dass ihm als rückkehrenden Besucher nach 42 Jahren der Rückgang schneebedeckter

Diamonds Hinweis also eine Differenz der Referenzpunkte und die Defizite von Veränderungswahrnehmungen, deren Referenzpunkte nicht genügend weit in die Vergangenheit reichen.

Anregend für ein tieferes Verständnis von Chancen und Grenzen des Erkennens von Wandel ist unseres Erachtens der bei Diamond implizit gegebene Hinweis auf Wechselwirkungen zwischen Merkmalen der Beobachtung und der beobachteten Objekte. Da sich ihnen größere Kontraste darbieten, scheinen demnach sporadische Alltagsbeobachtungen bei schleichenden Prozessen eher in der Lage zu sein, Wandel zu erkennen, als fortlaufende Alltagsbeobachtungen, die jeweils nur mit minimalen Kontrasten konfrontiert sind, die kein Kontingenzerleben begründen und daher unterhalb der Wahrnehmungsschwelle bleiben. Es handelt sich hier um ein kleines Paradoxon, denn häufigere Anschauungen führen in diesem Falle, verglichen mit eher sporadischen Anschauungen, zu unzuverlässigeren Wahrnehmungen von Veränderungen. Je umfassender – und damit wohl auch alltäglicher – die Anschauungen werden, desto schwieriger wird eine Wahrnehmung von Veränderungen. Im Vergleich zum fremden Blick von außen bleiben lokale Blicke und das sich aus ihnen konstituierende Wissen in dieser Beziehung blind.[8]

Kommen wir noch einmal zurück zur hohen Komplexität von Veränderungen des Wetters wie auch dem Bemühen, diese anhand von Indikatoren darzustellen. Beides veranschaulichen die folgenden auf viele Jahre zurückblickenden Ausführungen einer älteren Befragten in der Schweiz:

Berge in anderer Weise als den lokalen Bewohnern deutlich auffiel, „they were less aware of it: they unconsciously compared each year's band (or lack thereof) with the previous few years. Creeping normalcy or landscape amnesia made it harder for them than for me to remember what conditions had been like in the 1950s. Such experiences are a major reason why people may fail to notice a developing problem, until it is too late." (ebd.) – Für eine Kritik an soziologischen und psychologischen Lücken des populären Buchs von Diamond vgl. Geertz (2005). Auch der Modus der von Diamond im Zitat angesprochenen unbewussten Vergleiche wäre genauer zu explizieren und zu prüfen.

[8] Hierzu passt die Erzählung einer Lehrerin, die schildert, wie ein fremder Blick ihre eigene Wahrnehmung des Bergpanoramas, auf das sie tagtäglich von ihrer Schule aus sehen kann, veränderte: „Und einmal hatte ich auch ein Kind aus Deutschland, und mir ist es vorher gar nie so aufgefallen, dass man vom Zimmer aus die Rigi sieht. Und einmal ist die Mutter extra ins Schulzimmer gekommen, um die Rigi vom Schulzimmer aus zu sehen, weil das Mädchen ihr erzählt hat: ‚Ja, vom Schulzimmer her, hat man so einen guten Ausblick auf die Rigi, Du musst das sehen!' Und dann ist sie extra gekommen deswegen. Ja und jetzt ist es mir auch aufgefallen, jetzt weiß ich, dass wir einen Ausblick haben, jetzt betrachten wir sie auch des Öfteren extra um irgendetwas zu beobachten, eben ob halt Schnee kommt oder wie der Nebel ist oder wenn die Sonne draufscheint am Morgen früh" (SB/CH/34/w26, Abs. 22).

Das Wetter hat sich geändert, dass wir keinen Frühling mehr haben, dass es zuerst lange kalt und unwirtlich mit Regen und Nebel und dann plötzlich heiß und dass wir nicht mehr, zum Beispiel der Sommer, da hat es im Juni, hat es da in dieser Gegend, im Juni hat es oft geregnet und dann im Sommer, da war es vielleicht doch die ersten zwei Wochen, im Juli hat es auch noch geregnet, aber dann kam das schöne Wetter und der ganze August war trocken. Ja und dann im September hat es vielleicht wieder geregnet. Wir haben nicht mehr den Wechsel zwischen schön, also sonnigem Wetter und Regen so, mehr oder weniger regelmäßig. Entweder kommt dann also zuerst Winter und dann sofort Sommer. Zum Beispiel ich kann nicht mehr wie früher, was wir auch immer genossen, das war, in den blühenden Bäumen wandern zu gehen. In den letzten Jahren konnten wir das nicht mehr, in den blühenden Bäumen wandern zu gehen und den Kuckuck zu hören. Den Kuckuck gibt es nicht mehr in unserer Gegend. Und dann der Sommer kommt mit ganz heiß und dann wieder ganz kalt und mit Überschwemmungen, oder? Und dann wieder ganz heiß, entweder ist es zu trocken oder dann ist es zu viel Regen, gibt es Überschwemmungen. Das war vorher nicht so. Auch keine rechten Winter mehr oder ganz übertrieben, vor zwei Jahren, oder wann war es, hatten wir im März doch, ich weiß nicht, einen halben Meter Schnee auf der Straße, also verrückt. Vorher hat als Kind, da in der Stadt, da gingen wir, wie sagt man auf Deutsch? Schlitteln, schlitteln? (SB/CH/06/w68, Abs. 100)

Diese Ausführungen zeigen einerseits ein intensives Bemühen, das Wettergeschehen längerfristig zu begreifen und zu beschreiben. Andererseits zeichnet sich in dieser schon beinahe erstaunlichen Aneinanderreihung sehr vieler einzelner Erinnerungen die hohe Komplexität des Wettergeschehens ab. Grenzen eines zuverlässigen Begreifens dieser vielen Einzelinformationen werden hierbei gut erkennbar.

Ähnliches zeigen auch Untersuchungen zur Wahrnehmung von längerfristigen Veränderungen von Niederschlägen, die in einem schon älteren, doch noch immer aufschlussreichen Forschungsüberblick von Anne Whyte (1985, S. 417) referiert werden. Die Wahrnehmung dieser Veränderungen seitens einer untersuchten Gruppe von Landwirten verzerrte beispielsweise die Erinnerung besonders regenreicher Jahre. Sie schienen jeweils das letzte regenreiche Jahr zu erinnern, das wiederum gegenüber einem weiter zurückliegenden noch nasseren Jahr erinnert wurde. Sie bedienten sich demnach einer Heuristik, die der Alltagswahrnehmung hilft, mit der hohen Komplexität von Erlebnissen und Erfahrungen umzugehen. Trotz der damit verbundenen Verzerrungen, sollten diese Alltagsheuristiken nicht nur in ihren Defiziten, sondern zugleich als problembewältigendes Vorgehen begriffen werden. Sie besitzen also eine nicht zu unterschätzende Erkenntniskraft, auch wenn sie selbstverständlich mit einer Selektivität der festgehaltenen Erfahrungen und einer Differenz zwischen subjektiv wahrgenommenen und mittels objektivierender Verfahren wahrgenommenen Veränderungen einhergehen.

Whyte (ebd., S. 407) behandelt diese Fragen der Wahrnehmbarkeit von Wetter- und Klimaphänomenen durch einzelne Menschen in sehr ausführlicher Form und unter Rückgriff auf eine größere Zahl verschiedener Studien. Auf dieser Grundlage schließt sie, dass vor allem solche Phänomene unmittelbar wahrgenommen werden, die nicht durch schleichenden Wandel geprägt sind, sondern als extreme, d. h. weit über das Erwartete hinausreichende Ereignisse erlebt werden können.[9] Das ist z. B. im Falle von Naturkatastrophen der Fall. Whyte verweist zudem auch auf Unterschiede zwischen Extremereignissen: Hurrikane sind gegenüber Dürreperioden zeitlich und räumlich viel klarer abgrenzbar und insofern leichter wahrnehmbar. Das äußert sich auch darin, dass Hurrikane Namen erhalten und durch diese symbolische Verdichtung leichter als Erfahrung im Gedächtnis gehalten werden können.

Demgegenüber betrachtet Whyte geringere Varianzen des Wetter- und Klimageschehens, die sich innerhalb von kürzeren Zeiträumen manifestieren, ebenfalls als erfahrbar, wenn auch nicht in solchem Maße wie bei den Extrem- und Katastrophenereignissen, bei denen die Differenz zwischen erwarteten und manifesten Werten wesentlich größer ist.

Von diesen beiden Typen des Erfahrens von Wetter- und Klimaveränderungen unterscheidet Whyte dann zwei Typen von Veränderungen, die nicht direkt durch Individuen wahrgenommen werden können. Sie umfassen zum einen jahrzehnteübergreifende Varianzen, zum anderen im Vergleich dazu noch längerfristiger erfolgende Veränderungen, die freilich durchaus drastische Abweichungen enthalten können (wie sie z. B. im Zuge der möglichen langfristigen Erderwärmung zu erwarten sind). Eine Vierfeldertafel veranschaulicht diese vorgeschlagenen Typen der Wahrnehmbarkeit von Wetter- und Klimaveränderungen (Abb. 5.1).

Die Grenzen der individuellen Vermögen der Wahrnehmung von Veränderungen von Wetter und Klima ergeben sich demnach aus einem Zusammenspiel der Differenz verglichener Sachverhalte und der Zeitdauer, innerhalb derer sich entsprechende Veränderungen vollziehen. Während einzelne Jahre mit einer geringeren Variation noch erkannt werden können, entziehen sich längere Phasen einer insgesamt eher niedrig bleibenden Varianz der Wahrnehmbarkeit von Wandel. Entsprechend zeigte eine Studie, dass ein über 30 Jahre hinweg vollzogener dreißigprozentiger Anstieg der Niederschläge der Wahrnehmung der im betreffen-

---

[9] Genau betrachtet fragt Whyte nicht nach der Wahrnehmbarkeit von Veränderungen, sondern nach der Wahrnehmbarkeit von Wetter- bzw. Klimaereignissen aufgrund von deren Abweichung gegenüber erwarteten Werten. Ihre Aufstellung unterscheidet allerdings nicht klar zwischen der Wahrnehmung von Ereignissen und von Prozessen. Ihre Ausführungen eignen sich hier zur Veranschaulichung, wären jedoch weiter zu differenzieren.

Wetter- bzw. Klimavarianz und unmittelbare Wahrnehmbarkeit		
	hohe Varianz gegenüber erwarteten Normalwerten	*geringe Varianz gegenüber erwarteten Normalwerten*
oberhalb der Wahrnehmungsschwelle direkter Erfahrung	Extremereignisse Naturkatastrophen	saisonale Varianz jährliche Varianz
unterhalb der Wahrnehmungsschwelle direkter Erfahrung	langfristige Trends ("kleine" Klimaperioden; CO_2-Erwärmung; Ozonabbau)	jahrzehnteübergreifende Varianz

Abb. 5.1 Typen der Wahrnehmbarkeit von Wetter- und Klimaveränderungen (nach: Whyte 1985, S. 407 [unsere Übersetzung])

den Gebiet ansässigen Bevölkerung vollständig entging. Selbst die dort befragten Farmer gingen davon aus, dass ihre höheren Erträge auf technologische Fortschritte und nicht auf erhöhte Niederschlagsmengen zurückzuführen seien (Whyte 1985, S. 407; Farhar-Pilgrim 1985, S. 326).[10]

All dies liefert uns instruktive Hinweise darauf, welche Veränderungen – in spezifischen soziohistorischen Situation – innerhalb und welche außerhalb der Wahrnehmungsvermögen einzelner Menschen liegen. Hierbei sollte sich der Blick stets sowohl auf die Defizite als auch die vorhandenen oder sich eventuell neu herausbildenden Fähigkeiten der Wahrnehmung von Wandel richten.[11]

Dementsprechend lassen sich in unserem Interviewmaterial auch immer wieder Wahrnehmungen von Veränderungen von Wetter und Klima erkennen, die einen gewissen Grad an Präzision und Fokussierung besitzen. Ein Auszug aus einem der in China geführten Gespräche illustriert dies:

B[12]: Wir haben nach dem Klimawandel gefragt, das ist dieses Wetter.

---

[10] Umgekehrt können wir allerdings vermuten, dass sinkende Erträge demgegenüber eher auf (mutmaßliche) klimatische Veränderungen zurückgeführt werden.

[11] Mike Hulme spricht beispielsweise von einer Ausweitung unmittelbarer wie auch sozial vermittelter Wettererfahrungen in der Gegenwart: „Rather than impoverishing our experience of weather in some way, the human generation presently alive has in fact experienced more weather than did any of our ancestors. We have become more mobile and our sensory encounters with climate are therefore more cosmopolitan (. . .). Through new communication and digital media we encounter exotic climates vicariously in ways never before imagined. We are in fact the weatherrich generation." (Hulme 2010, S. 121)

[12] In diesem Interviewauszug stammen die Fragen von einer chinesischen Studentin [B], die den Dialekt des befragten Mannes sprach und daher die Gesprächsführung mitübernahm.

A: Oh, Wetter. Ich habe das Gefühl, wenn man es *mit dem Wetter unserer Kindheit vergleicht, ungefähr vor sechzig Jahren,* dann sind die *Temperaturen heute höher.* Als wir klein waren, *hatten wir Erfrierungen, es wurde bis zu minus sieben, minus acht Grad kalt.* Auf den Straßen rutschte man, weil es vereist war. Jetzt ist es wesentlich wärmer.
B: Was hat das denn für einen Einfluss auf Sie?
A: Das hat keinen Einfluss auf mich.
B: Ist es denn im Sommer auch heißer?
A: Der *Sommer hat sich überhaupt nicht verändert,* früher waren die Sommer auch sehr heiß. Aber die *Winter sind tatsächlich milder geworden, das kälteste in diesem Jahr war minus zwei Grad.* Als ich klein war, waren es minus sieben, minus acht Grad oder kälter, überall fror es, ich schätze mal, es gab sogar minus elf Grad. Der Winter *war am kältesten bis zur ‚Kleinen‘, bis zur ‚Großen Kälte‘* [Kleine Kälte ca. um den 6. Januar, Große Kälte um den 21. Januar]. (SB/Cn/32/m78, Abs. 61–66)

Der Befragte konkretisiert hier nicht nur ein spezifisches einzelnes Wetterphänomen, sondern er verweist zudem auf Alltags-Wetterwissen, wie es sich in allgemeinen „Wetterregeln" oder kalendarischen Bezeichnungen typischer Wetterphänomene (hier einer „Kleinen" und einer „Großen Kälte") niederschlägt. Ähnlich den Ergebnissen einiger älterer und ebenfalls von Whyte (1985, S. 427) angesprochener Studien zeigen sich so zum Teil durchaus präzise oder zumindest plausibel erscheinende Wettererinnerungen.

Die Frage nach dem Klimawandel rief andererseits Antworten hervor, die weniger vom eigenen Erfahren des Wettergeschehens oder institutionalisiertem Alltagswissen, sondern stärker von Bezügen auf Wissensbestände ausgehen, die wissenschaftlichen Ursprungs sind und medial kommuniziert werden:

I: Fühlen Sie sich vom Klimawandel bedroht?
A: [lacht] Ja nicht so wahnsinnig. Nicht so wahnsinnig. Ja, einfach das ist … ich weiß, es ist … es kann sein, dass der … oder ist vermutlich auch so … aber die *Veränderungen sind dermaßen langsam und fast nicht wahrnehmbar für den einzelnen, jedenfalls in unseren Breitengraden.* Außer dass man mal ein bisschen Wetter hat, das vielleicht mal ein bisschen turbulenter ist, aber es ist noch lange nicht gesagt, dass es wirklich auf den Klimawandel zurückzuführen ist. Entsprechend ist die *Gefahr auch relativ nicht so nahe.* Ja. Ich hätte fast eher Angst, wenn es viel kälter würde. Muss ich ehrlich gesagt sagen. Wenn es heißen würde, in 50 Jahren ist es fünf Grad kälter … wird es vermutlich wärmer. *Vielleicht ist es eigengemacht, vielleicht auch nicht, ich weiß es nicht genau.* (SB/CH/62/m48, Abs. 51–52)

Diese Ausführungen betrachten die Frage unmittelbar in einem globalen Rahmen (nicht nur „in unseren Breitengraden"). Daneben weisen sie auf Wahrnehmungsprobleme hin, die erstens mit der Langsamkeit des Wandels, zweitens seinem prospektiven Charakter und drittens der möglichen Unabhängigkeit einzelner Wetterkapriolen vom globalen Klimawandel zusammenhängen. Schließlich erwähnen sie auch noch ein persönlich nicht hinreichendes Wissen, ob der Klimawandel nun anthropogen sei oder nicht. Es handelt sich gegenüber den anderen zitierten Ausführungen um eine Position, die sich in wesentlich stärkerem Maße auf Erfahrungen stützt, die aus der Wissenschaft übernommen werden. Sie geht weniger von selbst gemachten Erfahrungen aus, sondern bezieht sich vor allem auf kommunizierte Bestände von Wissen zur Klimaproblematik und problematisiert zudem die Grenzen des eigenen Wissens. Stärker persönlich gefärbt sind lediglich jene Erwägungen, die eine Erwärmung einer Abkühlung vorziehen.

In ihrer Gesamtheit veranschaulichen die bislang herangezogenen Gesprächsauszüge, in welchem Maße unterschiedliche Erfahrungshintergründe, unterschiedliche Zeithorizonte und unterschiedlich umfassende Informationsbestände in Aussagen zu Veränderungen von Wetter und Klima einfließen.

In anderen Zusammenhängen zeichnen sich auch die unklaren Grenzen des Redens über Wetter und Klima genauer ab. Das ist beispielweise im Kontext des Vulkanausbruchs im Chilenischen Chaitén der Fall. Einige der Befragten sind hier von plötzlichen Klimaveränderungen überzeugt, manche verneinen eine solche Möglichkeit, während andere Interviewte – wie in der folgenden Sequenz – genau die Ungewissheit zum Ausdruck bringen, ob sich hier Wetterphänomene nur kurzfristig oder auch längerfristig verändern:

> A: Ja, klar, also das Klima hat sich hier verändert. Oder es kann auch sein, dass es nur in diesem Jahr so ist, aber dieses Jahr war einfach unglaublich schlecht. Weil jetzt, also im Oktober, also in der zweiten Hälfte, da hat es unglaublich geregnet. Immer nur Regen. Und der November auch. Unglaublich schlecht. Immer nur schlecht. Die ganze Zeit. Auch Schnee.
> I: Im November? [ein Frühlingsmonat in Chile]
> A: Ja.
> I: Und dann noch mit diesem eiskalten Wind.
> A: Ja, es ist klar, dass das nicht so bleiben wird. Die Temperaturen sind ja auch schon ganz schön angestiegen. *Es kann sein, dass sich das Klima aufgrund des Vulkans geändert hat oder es kann sein, dass es einfach nur ein außergewöhnliches Jahr ist. Das kann man nicht sagen.* (KE/CL/47/m69, Abs. 81–85)

Hier zeigt sich, wie Diskurse über Wetter, Klima, und Klimawandel verwischen und sich auf recht unterschiedliche Sachverhalte beziehen können. Aus Sicht der Wissenssoziologie liegt in dieser begrifflichen Unschärfe ein allgemeines Merkmal von Alltagskommunikation. Dieser genügt es zumeist, mit unscharfen Begriffen zu operieren, und nur sehr gelegentlich, z. B. im Falle offensichtlicher Missverständnisse, stellt sich ihr das Problem, zu klären, was beispielsweise mit der Rede vom „Klima" genau gemeint ist.

Zu beachten bleiben hier zudem – insbesondere, wenn Material aus unterschiedlichen kulturellen Kontexten herangezogen bzw. interkulturell geforscht wird – mögliche unterschiedliche kulturelle Prägungen solcher allgemeinen Begriffe wie „Klima", die in unterschiedlichen Kontexten sehr Unterschiedliches bedeuten können. Der folgende Auszug aus einem Gespräch in China verdeutlicht, wie einige von den Forschenden nicht unbedingt erwartete Bedeutungen von Klimawandel und Klimaveränderungen in die Erzählung einfließen:

> In der chinesischen Kultur heißt es zum einen, man sollte sich selbst genug regulieren, zum anderen sollte man sich genügend auf das Klima einstellen. *Es gibt in China viele alte Redensarten, z. B. ‚dongjiuwusi', alle haben mit Klimawandel zu tun. ‚Dongjiuwusi':* im September sollte man nicht zu viel [Kleidung] tragen – wenn es gerade nicht zu kalt ist, dann ist es genug, denn man hat Oktober, November und Dezember noch vor sich, und wenn man zu viel trägt, wird der Winter sehr unangenehm, man hat keine Widerstandskraft. Im April sollte man nicht zu schnell zu wenig Kleidung tragen, weil man noch die Monate Mai bis September, die sehr heiß sind, vor sich hat. Die Menschen in China – und nicht nur in der Traditionellen Chinesischen Medizin – erzählen das ihren Kindern. (...) Wenn du zu viel Kleidung trägst, wird dieser Winter sehr unangenehm. Und wenn es wieder wärmer wird, darfst du nicht zu schnell deine Kleidung ausziehen. So sind wir vor allem kleinen Kindern und Babys gegenüber, ansonsten wird man sehr schnell krank. Es gibt Leute, die das nicht verstehen, sobald es kälter wird, tragen sie so viel Kleidung, dass es so warm wird, dass sie es kaum aushalten können. So erkältet man sich sehr schnell. Das ist die Klima-Kultur Chinas. (SB/Cn/38/m75, Abs. 88)

In diesen Ausführungen spiegelt sich eine hohe Sensibilität nicht nur gegenüber den im Jahresablauf typischerweise abfolgenden klimatischen Bedingungen sondern ebenso gegenüber den entsprechenden Wirkungen zwischen Natur und Mensch. Zugleich verweisen sie auf die vielen möglichen Bedeutungen, die in ein alltagsweltliches Gespräch über Klima und Klimawandel eingehen können.

Gerade dann jedoch, wenn es um den näher umschreibbaren Problemzusammenhang des anthropogenen Klimawandels samt der mit ihm verbundenen Gefährdungen geht, kann es sich als Kommunikationshindernis erweisen, wenn in weiten Teilen der auf das Phänomen „Klimawandel" bezogenen gesellschaftlichen Kommunikation mit Begriffen von Klima und Wetter operiert wird, die der Spezifik und Komplexität dieses Sachverhalts nicht gerecht werden. Um gesellschaftlich dem Problem „Klimawandel" angemessene kollektive und individuelle Handlungsstrategien finden zu können und entsprechenden Versuchen einer Problemlösung eine gesellschaftliche Legitimität zu ermöglichen, führt an einer genaueren Unterscheidung der in den einschlägigen Wissenschaften etablierten und oben bereits näher erläuterten Begriffe „Wetter" und „Klima" eigentlich kein Weg vorbei. Aus der Sicht der auf einer wissenschaftlichen Grundlage hervorgebrachten Problemdiagnose des anthropogenen Klimawandels ergibt sich somit für die angemessene gesellschaftliche Bearbeitung dieser Problematik die Notwendigkeit einer gewissen Verwissenschaftlichung der Alltagswelt, d. h. einer Verfeinerung derjenigen Begriffe, die in öffentlichen Thematisierungen der Klimaproblematik verwendet werden.

In der Tat bleiben solche feineren Begriffsunterscheidungen ja auch nicht ausschließlich auf das wissenschaftliche Feld beschränkt. Sie fließen in die weitere gesellschaftliche Öffentlichkeit ein, in Beiträge und Debatten zum Klimawandel oder auch in politische Bemühungen um einen angemessenen Umgang mit dieser Problematik. Längerfristig könnten sie so durchaus auch stärker innerhalb des Alltagswissens sedimentieren. In diesem Zusammenhang zeigt sich also, dass der gesellschaftliche Umgang mit der Klimaproblematik zum einen durch ein Zusammenspiel von unterschiedlichen Begriffsverständnissen und -abgrenzungen bestimmt wird und zum anderen eine hinreichende Unterscheidung von Klima und Wetter unumgänglich erscheint, wenn öffentliche Diskurse in der Lage sein sollen, die mit einem Klimawandel verbundenen Gefährdungen wahrzunehmen und angemessene Reaktionen auf diese Problematik abzuwägen.

Vor diesem Hintergrund versteht sich übrigens auch, dass der Schwerpunkt einer Forschung, die einige der im SBS-Theorem angesprochenen Fragen näher untersuchen möchte, sich nicht vorzugsweise auf Wahrnehmungen des Klimawandels in der Alltagswelt richten kann. Der Klimawandel stellt eben einen Gegenstand dar, der der subjektiven sinnlichen Wahrnehmung in weiten Bereichen nicht direkt zugänglich ist und nur indirekt mittels Kommunikation wissenschaftlicher Perspektiven und Erkenntnisse wahrgenommen werden kann.[13] Er lässt insofern vor allem Grenzen der Wahrnehmung von Wandel erkennen. Zweifellos lassen sich viele der mit dem SBS-Theorem verbundenen Fragen eher auf jene Prozesse des Wandels beziehen, die einer direkten Wahrnehmung zugänglich sind. Ausgehend von den Herausforderungen und Risiken eines anthropogenen Klimawandels ist es daher sinnvoll, nun auf jene Bereiche des Wandels zu blicken, die nicht nur klima- bzw. umweltrelevant sind, sondern zugleich grundsätzlich in den Bereich des subjektiv sinnlich Wahrnehmbaren fallen. Hierzu zählen einige Veränderungen der sozialen und kulturellen Umwelt, vor allem jedoch einige Bereiche der individuellen und kollektiven Praxis wie z. B. die Mobilität, auf die wir weiter unten blicken werden. Welche Erkenntnisse zu unserer Fragestellung zeichnen sich also in diesen Bereichen ab?

---

[13] Siehe zu diesem und vielen weiteren Aspekten der Alltagswahrnehmung des Klimawandels Weber (2008).

5.2 Veränderungen der sozialen und kulturellen Umwelt

Die umweltbiografische Ausrichtung der Interviews legte nicht nur Thematisierungen der natürlichen Umwelt, sondern auch von sozialen und kulturellen Aspekten der Umwelt nahe. Angesprochen werden in den vorliegenden Daten so unter anderem auch Veränderungen von Wirtschaft, Bevölkerung und Handlungsmustern – vielfach in engem Zusammenhang mit Urbanisierungstendenzen. Die Dynamik der Veränderungen in diesen Bereichen schwankt selbstverständlich, dennoch können sie in hohem Maße als langsam verlaufende Wandlungsprozesse typisiert werden. Ohne hier die entsprechenden Aussagen zu diesem weiten Themenbereich erschöpfend behandeln zu können, möchten wir auf einige typische Aspekte blicken, die sich in solchen Veränderungswahrnehmungen abzeichnen und die im Rahmen einer systematischen Analyse der Wahrnehmung von Wandel unbedingt zu berücksichtigen sind.

Wie in den Erzählungen zum Wandel natürlicher Umweltaspekte, fällt auch bezüglich der sozialen und kulturellen Veränderungen auf, dass diese vielfach unmittelbar bewertet und als Verlust oder Gewinn erfahren werden. So wird mit in China neu entstandenen Siedlungen beispielsweise ein Verlust an Nachbarschaftsbeziehungen und eine zunehmende Anonymität verbunden:

> *Es war eben sehr nachbarschaftlich.* Es gibt in China eine Redensart: ‚Nahe Nachbarn sind besser als entfernte Verwandte'. *Jetzt ist alles etwas anonymer,* jeder bleibt eher für sich, ‚ich kenne dich nicht, du kennst mich nicht'. *Damals konnten zwar einige Bedingungen in den Häusern nicht mit denen von heute verglichen werden,* wenn man aber in einer solchen Umgebung wohnte, *war die Verbindung zu den Mitmenschen näher. Es gab keine Sicherheitstüren, es gab auch nicht diesen Argwohn, die Frage, wen man da überhaupt als Nachbarn hat oder was er macht.* So etwas gab es nicht. (SB/Cn/15/m23, Abs. 25–25)

Zweifellos handelt es sich hierbei um typische Erfahrungen, die sich in sehr ähnlicher Weise auch mit Urbanisierungsprozessen an anderen Orten der Welt und zu anderen Zeiten verbinden.

Ein weiterer hier anzuführender Aspekt liegt in der Verflechtung mehrerer Veränderungsprozesse zu relativ umfassendem Erzählungen über Wandel. So wie der Ausbau von Siedlungen mit veränderten Beziehungen zwischen den Menschen in Verbindung gebracht wird, werden auch weitere Zusammenhänge zwischen wirtschaftlichen Entwicklungsprozessen, ökologischer Situation und Kultur hergestellt. Eine Chinesin schildert dies unter anderem anhand eines Vergleiches ihres eigenen Lebens und desjenigen ihrer Tochter:

Als ich jung war, war wohl das, an dem mich am meisten Spaß hatte ... *Wir hatten dort in der Nähe damals so etwas wie einen wilden Park*, für den man keine Eintrittskarte brauchte und einfach reingehen konnte. Überall war wildes Gras (...). Dann haben wir noch Champignons gepflückt, *es war ein unheimlich naturverbundenes Leben. Wenn ich jetzt darüber nachdenke, dann habe ich das jetzt nicht mehr. Ich habe eine Tochter.* Die Umgebung, in der sie aufwächst ist [im Vergleich] zu der meiner eigenen Kindheit vollkommen anders. Sie hat *nicht mehr die Gelegenheit direkt so nah an die Natur zu kommen*, sie hat diese Gegebenheiten nicht mehr. Peking z. B. hat jetzt so einen Ort gar nicht mehr. Damals, bei uns in C., da *war die Gesellschaft sehr stabil, viel ruhiger als die heutige Zeit.* Meine Eltern mussten sich nicht um unsere Sicherheit sorgen. Als ich klein war, hatte ich einen Schlüssel um den Hals, wenn meine Eltern arbeiten gingen, konnte ich wann ich wollte zum Spielen rausgehen, und sie mussten sich *keine Sorgen machen, dass jemand das Kind verletzt oder dass es von jemandem mitgenommen wird oder von einem Auto überfahren wird.* (SB/Cn/48/w38, Abs. 23)

In dieser Erzählung ergibt sich ein Blick auf negative kulturelle Auswirkungen einer gesellschaftlichen Entwicklung, die als Übergang von Ruhe und Stabilität in Wandel erscheint und zur Auflösung einst bestehender Lebensmuster führt. Auch wenn der Übergang von relativ hoher Statik in eine tiefgreifende gesellschaftliche Transformation im Rahmen unserer Länderstudien sicherlich dem chinesischen Fall spezifisch ist, so zeigt sich dennoch in der Klage über den Verlust einst eher unbesorgter Kindheitssituationen ebenfalls ein allgemeines Erzählmuster, das wir in allen vier Fallstudien bei Personen unterschiedlichen Alters finden und das ohnehin auch aus anderen Zusammenhängen bekannt ist. An diesem Punkt zeichnet sich wieder deutlich ab, wie einige Wahrnehmungen komplexer Veränderungsprozesse in starkem Maße durch narrative Deutungsmuster geprägt sind, in die dann jeweils partikulare und vor allem biografische Erfahrungen „eingebaut" werden können.

Ein weiterer bemerkenswerter Punkt liegt darin, dass die Blicke auf sozialen und kulturellen Wandel in der eigenen Lebensumgebung teilweise sehr umfassende Deutungen des (stadt-)regionalen Rahmens enthalten und ebenfalls viele unterschiedliche Facetten von Wandel in einen Erzählstrang zusammenführen. Das zeigt sich beispielsweise im Kontext des Ruhrgebiets in einer Verknüpfung von wirtschaftlichem Abschwung, Strukturwandel, Verbesserungen der Umweltsituation und Verlusten regionstypischer Kultur:

Mir fällt das immer dann besonders auf, wenn mein Mann und ich uns *Dokumentationen zum Ruhrgebiet ansehen* und wir beide spontan wirklich einen Kloß im Hals haben, weil *wir einfach merken, dass die Strukturen, die damals prägend waren, also wirklich, diese industrielle Erwerbsstruktur,* dass die einen *ganz bestimmten Schlag Mensch hervorgebracht hat, den ich heute deutlich weniger erlebe.* Und ich finde das ist eigentlich *prägend für das Heimatgefühl meiner Kindheit oder Jugend* gewesen. Das ist nicht völlig weg, das will ich nicht behaupten, aber es ist deutlich weniger geworden. (SB/DE/13/w50, Abs. 5)

In derartigen Äußerungen zum Wandel von Nachbarschaft, Kindheit oder des Regionalkolorits deutet sich unmittelbar auch die Möglichkeit einer verzerrenden Verklärung vergangener Verhältnisse an. Wahrnehmungen von Wandel können insofern nicht nur in Zusammenhang mit individuell gemachten Erfahrungen begriffen werden, sondern sie sind stets auf mögliche Einflüsse von Deutungsmustern (bis hin zum „Früher war alles besser") hin zu prüfen. Auf den möglichen Einfluss solcher medial vermittelter Deutungsmuster weist die angeführte Interviewsequenz selbst hin. Deutlich wird in ihr zudem, wie Medienproduktionen als situativer Anlass für individuelle Betrachtungen des Wandels z. B. einer Region dienen können. Insofern illustriert dieser kleine Gesprächsauszug, welche Vielzahl von Facetten von Bedingungen und Formen der Wahrnehmung von Veränderungen aus solch einer kurzen Sequenz heraus erkennbar werden.

Während die zuvor angeführten Interviewsequenzen vor allem Verluste thematisieren, die mit komplexen Wandlungsprozessen verbunden werden, findet sich z. B. mit Bezug auf den Nordwesten der USA eine komplementäre Form des Erzählens regionalen Wandels, in der dieser im Sinne eines tiefgreifenden Aufschwungs erfahren wird – wobei die hier betonte boomartige Entwicklung allerdings auch schon in den Bereich des eher rapiden Wandels überleitet. Es geht in diesem Fall um die Entwicklung der Stadt Seattle:

> Die *80er waren eine schrecklich deprimierende ökonomische Zeit für Seattle*. Sie verlor eine große Zahl an Industrien. Der Immobilienmarkt lag in Trümmern, die Universität war bankrott. Und dann in den *späten 80ern, frühen 90ern wendete sich das Blatt*. Microsoft wurde eine Kraft, Boeing bekam mehr, wissen Sie, Boeing begann zu [unverständlich] und dann schlug die Grunge-Szene zu. Und plötzlich, suchten Leute, die wie ich in den 90ern ihren Abschluss machten, es wurde ein richtiges Mekka von Wow! Was für eine faszinierende Stadt. Bis zu diesem Punkt war sie irgendwie unentdeckt. Was das nun kreierte, war eine unglaubliche Spannung zwischen den Leuten, die hier seit Jahren waren, und den Neuankömmlingen. Und in diesem Sinne wurde die Stadt überrannt, nicht nur durch die Jugend, da war auch das kalifornische Immobiliendesaster, das viele Kalifornier hoch nach Seattle trieb, weil die Dinge hier weniger teuer waren. Und so war da dieser Trend nach Seattle. Und die *Industrien in Seattle expandierten* und Microsoft machte eine Menge Millionäre, die dann wieder neue Industrien schufen wie Real Networks. Und dann kam Amazon dazu. Und auf einmal hast du dieses Aufgebot von diesen wirklich *dynamischen ökonomischen Motoren*. Nicht zu vergessen, diese *ganze künstlerische Bewegung* und die Tatsache, dass es absolut wunderschön ist. (SB/US/21/w39, Abs. 20)

Hier schildert die Befragte regionalen Wandel als eine Erfolgsstory, in der ökonomische und kulturelle Entwicklungen produktiv zusammenfließen. Wandel erweist sich insofern zunächst als Element der narrativen (Re-)Produktion von regionalen Identitätsvorstellungen und Images. Darüber hinaus können wir Wandel auch als

Teil eines institutionalisierten Deutungsmusters erkennen, das Wandel zu einem spezifischen Merkmal der Region erhebt und hierdurch wiederum zu einer gewissen Ausrichtung der Wahrnehmung auf Wandel beitragen dürfte. Damit zeichnen sich in der zitierten Sequenz nicht nur kulturelle Prägungen der Veränderungswahrnehmung sowie Selbstverstärkungen von Wandlungsdiskursen ab, sondern ganz allgemein auch die kulturelle Formbarkeit von Veränderungswahrnehmungen.

5.3   Zwischenresultate

Als Ergebnis unserer explorativen Auswertung des Interviewmaterials, das sich auf vorwiegend langsamen Wandel bezieht, können wir die folgenden Punkte festhalten.

Die Befragten sprechen einige Veränderungen der natürlichen Umwelt an. Hierzu zählen Zersiedlungs- und Urbanisierungsprozesse wie auch Umweltveränderungen im Zuge von Industrialisierungs- oder auch Deindustrialisierungsprozessen. Die Referenzpunkte der Wahrnehmung solcher Veränderungen liegen häufig in der Kindheit der Befragten. Erzählungen solcher Wahrnehmungen verbinden sich zudem in vielen Fällen mit Bewertungen, und sie verknüpfen nicht selten mehrere Veränderungsprozesse. Diese Befunde erscheinen einerseits als durchaus naheliegend, während sie andererseits im Rahmen einer systematischen Analyse sorgfältig zu beachten bleiben und Ansatzpunkte für weiterführende Fragen liefern. So stellt sich beispielsweise mit Blick auf die in der Kindheit angesiedelten Referenzpunkte der Aussagen zur Zersiedlung einer ehemals „grünen" Landschaft weiterhin die Frage, in welchen Zusammenhängen Wahrnehmungen von Wandel über die eigene Kindheit und die Grenzen der eigenen Biografie hinausreichen.

Die in den Interviewauszügen vorliegenden Thematisierungen von Wetter und Klima bieten eine Gelegenheit zur ausführlichen Erörterung der Grenzen der Wahrnehmung nicht nur von langsam verlaufenden (und dabei zudem von starker Varianz verdeckten) Veränderungen, sondern auch von solchen, die zumindest teilweise außerhalb der Möglichkeiten einer direkten sinnlichen Wahrnehmung liegen. Bei Sachverhalten, die mit einer (zu) hohen Komplexität von Erfahrungen verbunden sind, zeigt sich eine potentielle Überforderung subjektiver Vermögen der Veränderungswahrnehmung. Paradoxerweise besitzen in manchen Fällen sporadische Wahrnehmungen von Sachverhalten (wie z. B. nur von Zeit zu Zeit erfolgende touristische Blicke auf sich verändernde Ausdehnungen von Gletschern) beobachtungsstrategische Vorteile gegenüber einer fortlaufenden Anschauung dieser Sachverhalte. Im Bereich der Wahrnehmung von langsamen Veränderungen können daher sporadische Beobachtungen von außen, d. h. aus der Fremdperspektive,

Sachverhalte erkennen, die hingegen einer fortlaufenden Beobachtung aus der Binnenperspektive bzw. der fortlaufenden Möglichkeit zu einer solchen Beobachtung entgehen. Die Frequenz der Beobachtung beeinflusst insofern die Möglichkeiten der Wahrnehmung von Veränderung.

Im Kontext von Wetter- und Klimawahrnehmungen zeigt sich auch die Differenz alltagsweltlicher und wissenschaftlicher Begriffe. Während erstere in der Regel erhebliche Unschärfen enthalten, da sie jeweils Objekte als Selbstverständlichkeiten thematisieren ohne dabei darauf eingehen zu müssen, wie diese nun begrifflich bezeichnet werden, kommt die an Nachvollziehbarkeit, Überprüfbarkeit und Schaffen neuer Erkenntnisse orientierte Wissenschaft nicht ohne ein Explizieren von Begriffen aus. Sie benötigt eine „elaborierte Begrifflichkeit" (Luhmann 1990, S. 124). In diesem Punkt sind daher einige Schwierigkeiten in der Kommunikation zwischen den Sphären von Alltagswelt und Wissenschaft begründet und insofern selbstverständlich.[14]

Mit der Klimaproblematik, so führten wir unsere Überlegungen hier weiter, entsteht allerdings eine massive gesellschaftliche Gefährdung, deren erfolgreiche Bearbeitung eigentlich voraussetzt, dass die Begrifflichkeit der nicht-wissenschaftlichen Sphären sich in diesem Bereich weiter verwissenschaftlicht. Denn hierin liegt eine Voraussetzung für differenzierte und angemessene Wahrnehmungen dieser Problematik, die ein an Lösungen orientiertes Handeln ermöglichen und legitimieren. Gesellschaftlich lässt sich hier also ein Bedarf an Begriffen diagnostizieren, die einerseits nicht hinter jene Unterscheidungen zurückfallen, die sich mit der Diagnose der Klimaproblematik verbinden, und die andererseits mit Erfahrungs- und Handlungsformen der Alltagwelt kompatibel sind. Grundsätzlich wissen wir, dass sich gesellschaftlich Begriffs- und Wissensbestände auch in einem Wechselverhältnis zwischen den unterschiedlichen Gesellschaftssphären von Alltag, Ökonomie und Wissenschaft fortlaufend verändern und verschieben. Wie dies genau erfolgt und wie dies eventuell im Sinne einer Stärkung der Kompetenzen zur Lösung gravierender aktueller Probleme beeinflusst werden kann, ist eine schwierige Frage, auf die wir am Ende unseres Buches noch einmal zurückkommen werden.

Einige Thematisierungen sozialer und kultureller Veränderungsprozesse veranschaulichten schließlich die Bedeutung der medialen Diffusion von Informationen, die als Referenzpunkte für Veränderungswahrnehmungen dienen können und insofern zu einer Erweiterung von Vermögen der Veränderungswahrnehmung beitragen. Auch hier bleibt allerdings stets die Möglichkeit der Verzerrung und Verklärung in Wahrnehmungen von Veränderung zu beachten.

---

[14] Zu strukturellen Schwellen der Kommunikation zwischen Wissenschaft, Politik und Medien vgl. Weingart et al. (2002, S. 144 f.).

Rapider Wandel – z. B. Mobilität und Verkehr 6

Da die Dynamik des Wandels in vielen Bereichen schwankt, kann eine Abgrenzung zwischen langsamem und rapidem Wandel nur schematisch sein. Die Entwicklung des Verkehrswesens, die sich seit Mitte des 20. Jahrhunderts in weiten Teilen der Welt in Form von Massenmotorisierung, intensivem Ausbau der Verkehrsinfrastrukturen und einer enormen Zunahme von Flugreisen vollzog, können wir dennoch ohne Zweifel als rapiden Wandel bezeichnen – obwohl auch sie erhebliche Ungleichzeitigkeiten sowie regionalen Ausnahmen und Zuspitzungen enthält.

Den Verlauf der rapiden Entwicklung des globalen Kraftfahrzeugbestands veranschaulicht beispielsweise eines der in unserer Einleitung wiedergegebenen Diagramme, anhand derer die Autorengruppe um Steffen (Steffen et al. 2004, S. 259) auf Veränderungen des Erdsystems und einiger umweltrelevanter menschlicher Aktivität hinweist. Auch der internationale Tourismus entwickelte sich im Zeitraum zwischen 1950 und 2000 in ähnlich rapider Weise (ebd., S. 132).

Im Folgenden möchten wir zunächst einige weitere Befunde zum Wandel des Verkehrsbereiches skizzieren. Daran anschließend geht das Kapitel ausführlich auf einige besonders aufschlussreich erscheinende Aspekte ein. Sie betreffen vor allem die Zeithorizonte sowie die inhaltliche Reichweite der sich hier abzeichnenden Wahrnehmungen von Wandel sowie situative Voraussetzungen und biografische Dispositionen, die diese Wahrnehmungen prägen und zu unterschiedlichen Vermögen der Wahrnehmung von Wandel beitragen.

D. Rost, *Wandel (v)erkennen*, DOI 10.1007/978-3-658-03247-0_6,
© Springer Fachmedien Wiesbaden 2014

6.1 Ein Bereich umweltrelevanten Handelns – Mobilität und Verkehr

Mit der Mobilität fokussieren wir nun einen Bereich des umweltrelevanten Handelns, der aufgrund der mit dem Verkehrswesen verbundenen Emissionen neben Industrie, Landwirtschaft oder der Beheizung von Wohnräumen einen wichtigen Faktor der anthropogenen Freisetzung von Treibhausgasen und daher auch von deren Vermeidung darstellt.

CO_2-Emissionen aus dem Verkehr haben sich – wenn wir hier zunächst beispielhaft nur auf die Situation in Deutschland blicken – zwischen1990 und 2009 lediglich um 6 % reduziert und machen 20 % der entsprechenden Gesamtemissionen aus (Umweltbundesamt 2011). Es handelt sich damit um einen Bereich, aus dem in Deutschland wie auch in anderen Ländern weiterhin erhebliche Beiträge zur Klimaproblematik stammen. In diesem Zeitraum von 1990 bis 2009 erhöhte sich der Kraftfahrzeugbestand in Deutschland zudem weiterhin rapide, von 35,7 auf 49,6 Mio. Kraftfahrzeuge (Statistisches Bundesamt 2011a, S. 306). Damit illustriert dieses Beispiel – auch wenn die entsprechenden Zusammenhänge weit ausführlicher zu betrachten wären – zugleich den sogenannten Rebound-Effekt, d. h. eine Kompensation von Effizienzgewinnen in Energieverbrauch und Klimaverträglichkeit durch Ausweitung von Konsum (vgl. WBGU 2011, S. 6).

Nicht anders denn als rapide ist auch die Entwicklung des Verkehrswesens in China zu bezeichnen. Von 1995 bis 2010 verneunfachte sich hier die Anzahl der Personenkraftwagen, verdoppelte sich die Zahl der im Schienenverkehr zurückgelegten Personenkilometer und vervierfachte sich ungefähr die Zahl der im Luftverkehr beförderten Passagiere (Statistisches Bundesamt 2011b, S. 6).

Noch aus weiteren Gründen passt der Mobilitäts- und Verkehrsbereich in ganz besonderer Weise zu unserer Fragestellung. Denn neben seiner Regulierung durch Gesetzgebung oder die Entwicklungen von Infrastruktur und Kraftfahrzeugtechnik wird er in starkem Maße durch individuelle Handlungsformen und Entscheidungen für bestimmte Verkehrsmittel geprägt. Zu den Faktoren, die wiederum diese individuellen Handlungsformen und deren Reproduktion bestimmen, zählen beispielsweise auch die häufig mit Verkehrsmitteln verbundenen starken Emotionen – die Begeisterung oder Antipathie gegenüber Automobilen, Fahrrädern oder etwa der Eisenbahn – und nicht zuletzt auch das Maß, in dem Veränderungen im Bereich der Verkehrsmittel (nicht) wahrgenommen werden.[1]

---

[1] Eher nicht wahrgenommen wird beispielsweise die rapide Zunahme des Zustellens öffentlicher Räume mit Verkehrsmitteln. Auch hier zeigt sich wieder das pragmatische Moment, das vielen Wahrnehmungen von Veränderung zugrunde liegt: Wahrgenommen werden Verän-

Da die Mobilität also einen ausgesprochen klimarelevanten Handlungsbereich darstellt, der für einzelne Menschen in der Regel einen erheblichen Stellenwert besitzt und der wegen der Dynamik der Zunahme von Fahrzeugen und Verkehrswegen Wahrnehmungen von Veränderungen zumindest wahrscheinlicher machen dürfte als im Falle langsamen Wandels, werden wir im Folgenden ausführlich auf Hinweise zur Wahrnehmung von Veränderungen eingehen, die wir dem zum Thema Mobilität und Verkehr vorliegenden Interviewmaterial entnehmen konnten.

Aus sämtlichen Äußerungen in den Interviews, die als Thematisierung von „Wandel von Mobilität" kodiert wurden, haben wir im Zuge der weiteren Auswertung – die in diesem Falle für jedes Land und jede Alterskohorte separat erfolgte – Typen der Wahrnehmung von Wandel herausgearbeitet, die der besseren Übersicht halber hier schon einmal genannt seien:[2]

- Wandel eigener Alltagsmobilität in Teilen der eigenen Biografie;
- Wandel eigener Alltagsmobilität im Verlaufe der ganzen Biografie;
- Wandel eigener Reisemobilität im Verlaufe der eigenen Biografie;
- Wandel eigener Reisemobilität gegenüber anderen Generationen;
- Wandel gesellschaftlicher Alltagsmobilität im Verlaufe der eigenen Biografie;
- Wandel gesellschaftlicher Alltagsmobilität über Zeiträume jenseits der eigenen Biografie;
- Wandel gesellschaftlicher Reisemobilität im Verlaufe der eigenen Biografie.

Diese Typen, die Unterschiede von (teilbiografischen, autobiografischen und generationenübergreifenden) Zeithorizonten als auch von Reichweiten wahrgenommener Veränderungen (d. h. des individuellen bzw. gesellschaftlichen Handelns) miteinander verbinden, werden wir im Folgenden zunächst etwas näher erläutern und illustrieren, um dann gezielt auf einige Aufschlüsse einzugehen, die sich aus einer übergreifenden und vergleichenden Betrachtung dieser Typen ergeben. Nicht zuletzt wird es dabei um kulturelle und mit Alterskohorten zusammenhängende Spezifika gehen, deren Diskussion uns schließlich weiterführende Hypothesen zu formulieren erlaubt.

Zwei Sachbereiche werden innerhalb des Mobilitätskontexts vor allem angesprochen. Einerseits sind das die regelmäßigen Wege zwischen Wohnort und Arbeits-

---

derung vor allem dann, wenn sie in Form eines Problems in die Aufmerksamkeit treten, wenn z. B. wieder kein Parkplatz zu finden ist oder Kraftfahrzeuge Rad- und Gehwege blockieren.

[2] Dieses Unterkapitel greift in starkem Maße auf Auswertungen, Interpretationen und ausführliche Memos zurück, die Markus Wollina für unser Projekt erarbeitete.

bzw. Bildungsstätte, also das „Pendeln"; andererseits der Bereich des Reisens. Für eine vergleichende Perspektive eignen sie sich auch aufgrund ihrer Unterschiedlichkeit. Denn während das Pendeln für den Bereich des Alltäglichen und durch Routinen Geprägten steht, stellt das Reisen eine in der Regel außeralltägliche Mobilität dar, die allein schon dadurch überschaubarer und auch in ihrem Wandel eher wahrnehmbar sein dürfte.

6.1.1   Wandel eigener Alltagsmobilität in Teilen der eigenen Biografie

Veränderungen der eigenen Mobilität im Alltag werden von den Interviewten meist nicht über den gesamten Verlauf ihrer eigenen Biografie hinweg berichtet, sondern auf bestimmte Lebensphasen bezogen. Oft sind das vor allem die unmittelbar zurückliegenden und nicht die weiter entfernten Phasen des eigenen Lebensverlaufs.

Die Veränderungen, von denen berichtet wird, hängen vielfach mit Umzügen oder neuen Ausbildungs- oder Arbeitsstätten zusammen. Im Altern und den damit verbundenen gesundheitlichen Einschränkungen liegt ein weiterer Faktor, mit dem Veränderungen der eigenen Mobilität verknüpft werden. In solchen Fällen werden also Veränderungen der Gegenwart gegenüber bestimmten früheren Lebensphasen und Situationen in der eigenen Biografie wahrgenommen, allerdings nicht über den gesamten eigenen Lebenslauf hinweg. Sicherlich liegen Fokussierungen auf Situationen wie Umzüge und gesundheits- bzw. alternsbedingte Einschränkungen der Mobilität aufgrund des Problemcharakters dieser Situationen durchaus nahe. Die hohe subjektive Relevanz solcher Situationen kann Perspektiven auf längerfristigen Wandel dann gewissermaßen abblenden.

Die engeren Zeithorizonte und Ausblendungen in solchen Erzählungen zu Wandel sind auch in Zusammenhang mit der hohen Komplexität des Verkehrshandelns zu begreifen, mit der sich wiederum Probleme des Erinnerns verbinden. Die Ausführungen einer noch nicht einmal dreißigjährigen Frau aus der Schweiz veranschaulicht dies:

A: (. . .) *vorher immer zu Fuß* oder *mit dem Rad* und Freizeit halt *auch mit dem Tram* oder sonst halt *manchmal mit dem Auto, wenn ich irgendwas mitnehmen muss* oder *irgendwo hinfahren muss später dann,* wenn ich nach Z. gehe oder so, gehe ich halt mit dem Auto, schon. *Normalerweise ÖV* [öffentlicher Verkehr], weil hier Parkplätze ziemlich teuer sind, aber ansonsten wenn . . . ja eigentlich ÖV *oder Auto.* Mit dem *Rad liegt jetzt nicht drin, das Fahrrad. Ist mir zu weit.*
I: Und war das früher auch so oder hat sich das im Laufe der Zeit geändert, also wenn Du jetzt eher öffentliche Verkehrsmittel benutzt.

A: Ja *früher bin ich*, also gut, in A. da konntest du *entweder zu Fuß*, da durften nur Kinder, die weiter als zwei Kilometer entfernt wohnen mit dem Rad kommen. Da hatte ich noch Glück, da durfte ich immer *mit dem Rad* und sonst halt zu Fuß und *danach immer mit ÖV, wo ich dann in die Stadt rein musste*. Und *dann bin ich ja in die Stadt gezogen*, da konnte ich eigentlich *immer zu Fuß gehen*. Und jetzt oder *dann nachher* halt, wo ich bisschen weiter weg war vom Bahnhof, jetzt wo wir arbeiten, bin ich dann *mit dem Rad* gekommen, ich bin ja fünf Minuten mit dem Rad … Das war ganz praktisch oder sonst halt *mit dem Bus*. Das ist ja auch zwei, drei Minuten mit dem Bus oder fünf Minuten mit dem Rad, das war ganz gut. *Jetzt geht das alles nimmer*, jetzt muss ich mit dem *Tram* oder *Auto*. Also *zu Fuß geht gar nicht*. (SB/CH/05/m29, Abs. 28–30)

Die in diesen Bezügen auf verschiedene Lebensphasen und unterschiedliche Wohnorten deutlich werdende Komplexität der Alltagsmobilität müssen reflexive Wahrnehmung und Erzählungen in irgendeiner Weise bewältigen. Das kann durch Reduktion oder ein Bemühen erfolgen, möglichst alle Facetten zu erfassen und nichts auszulassen. So fließt in die obige reflektierende Zusammenschau des eigenen Mobilitätsverhaltens beispielsweise eine durchaus große Zahl von Einzelinformationen ein, deren Fülle jedoch erschwert, ein klares Bild des Wandels der eigenen Mobilität zu finden – die immer wieder durch „oder" eingeführten Ergänzungen illustrieren dies. Derartige ad-hoc-Urteile erweisen sich im Zuge ihrer erzählenden Mitteilung insofern als vorläufig, skizzenartig und lückenhaft.

6.1.2   Wandel eigener Alltagsmobilität im Verlaufe der gesamten Biografie

Wahrnehmungen von Wandel, die sich über weitere Teile der eigenen Biografie oder deren gesamten Verlauf erstrecken, bedürfen entsprechend früher und zugleich zahlreicher biografischer Referenzpunkte. Ausgehend von frühen Punkten fließen in die Thematisierung des Wandels eigener Mobilität weitere Situationen, Zustände und Einschnitte aus dem weiteren Lebensverlauf ein. In dieser Weise kommt es zu umfassenderen Wahrnehmungen, die über punktuelle, nur auf vereinzelte Situation eingehende, Vergleiche hinausgehen und in der Lage sind, Wandel prozesshaft erfassen. Das folgende Zitat gibt den Anfang einer solchen Sequenz wieder, in der die Automobilität im Verlaufe der eigenen Biografie sehr ausführlich dargestellt wird:

I: Hat sich ihr Mobilitätsverhalten in ihrem Leben verändert, *wenn sie an ihre Kindheit zurück denken?*
A: Mein Vater ist Elektriker und er hatte einem Freund geholfen, der eine Autowerkstatt hat, und dann haben sie mir völlig überraschend, ich habe mir das überhaupt

> nicht gewünscht, *zum Abi* ein Auto geschenkt, so eine alte Kiste. Das war eigentlich
> ganz geschickt, da ich da ja ins A. [Region in Deutschland] bin, dann *ab dem Moment*
> *bin ich dann Auto gefahren.* Das war aber nicht mein Wunsch. Ich war da völlig
> überrumpelt. War aber schon ganz cool, so ein Auto zu haben. In K. [Land in Afrika],
> da hatten wir im ersten Jahr kein Auto, konnten uns aber beim Direktor der Schule
> eins ausleihen. (SB/DE/06/w47, Abs. 72–73)

In diesem Interview hat die Befragte schon zuvor über die Nutzung von Autos in
ihrer Familie gesprochen. Als der Interviewer sie nun zu einer weiten biografischen
Erzählung über das Mobilitätsverhalten einlädt, die bis in die Kindheit zurückreicht, bleibt die Befragte ihrer vorhergehenden Themensetzung treu und erzählt
weiter von Autos. Dabei beginnt sie nicht wie vorgeschlagen in der Kindheit, sondern mit dem Abitur, d. h. inmitten ihrer Jugendphase, in der sie ein Automobil
geschenkt bekam. Diese Situation bildet für sie den Anfangspunkt einer sehr de-
tailreich erzählten „Auto"-Biografie, die von all jenen Fahrzeugen handelt, die die
Befragte fortan in ihrem Leben als Erwachsene genutzt und besessen hat. In dieser
Weise besitzt ihre Erzählung nicht nur einen weiten, zumindest in die Jugendphase
zurückreichenden, autobiografischen Horizont, sondern sie erfasst Wandel über
zahlreiche innerhalb dieses Horizonts liegende Zeitpunkte hinweg und somit auch
in prozesshafter Form.

In anderen Fällen reichen die biografischen Erzählungen zur Mobilität weiter und auch in die Jugend- und Kindheitsphase zurück, beispielsweise bis zur
Nutzung des Fahrrads oder der Bedeutung des späteren Wechsels aufs Mofa. Die
folgende Zusammenstellung von Auszügen aus einem der in Deutschland geführten Interviews veranschaulicht, wie zahlreiche Mobilitätserfahrungen zu einer aus
zahlreichen Etappen bestehenden Mobilitätsbiografie zusammengefügt werden, die
Veränderungen in einer umfassenden Weise und über einen langen Zeitraum
hinweg erfasst:

> (...) Danach war es dann so, dass ich in den *ersten beiden Klassen* in eine Dorfschule
> gegangen bin. Die ersten beiden Klassen konnte ich *zu Fuß* hingehen. (...) Die erste,
> zweite und später dann die dritte, vierte, und in der *dritten und vierten Klasse* musste
> ich *Bus fahren.* (...)
> Wir sind halt *Rad gefahren* und was man dann so macht. Der nächste Schritt war
> dann das *Gymnasium.* Da konnte ich dann auch *wieder zu Fuß* hingehen. (...)
> Ja, und dann kam auch irgendwann die Zeit des *Mofafahrens.* Da war ich dann froh,
> denn das ging dann einfach schneller und bequemer, wenn ich beispielsweise zum
> Training oder zum Klavierunterricht musste. Das habe ich dann alles mit dem Mofa
> machen können. So musste ich entweder nicht mehr gefahren werden oder mich
> mühsam mit dem Fahrrad abstrampeln. (...)
> Also, die meisten, mit denen ich da zu tun hatte, hatten dann eigentlich auch ein
> Mofa. (...) Aber die, die von bisschen weiter her kamen, aber eben auch in A. zur

Schule gegangen sind, die wollten dann auch nicht unbedingt gebracht werden oder mit dem Bus kommen. Die hatten dann eben auch ein Moped oder so was. (. . .)
Gut, dann *Studium*. Da war ich dann das erste Mal richtig von zu Hause weg. So ungefähr zweihundertfünfzig Kilometer, also auch nicht so völlig ab vom Schuss. Ich habe mir für die Uni *ein Auto gekauft*. Ich bin halt immer, das war in B. wo ich stationiert war, hin und her gefahren. Ich hatte dann, nachdem ich das Studium angefangen hatte, das Auto noch ein halbes Jahr angemeldet. Ich bin dann *nur ab und zu mal hin her gefahren. Also hin und her heißt von A. nach C.* (. . .)
Also es gab eine kurze Phase, und zwar die Zeit bis nach dem ersten Semester, in der ich ein Auto hatte. Und *seitdem bin ich nur mit öffentlichen Verkehrsmitteln* unterwegs und dem *Fahrrad*. Es gab natürlich auch die eine oder andere Urlaubsreise, da bin ich auch irgendwo . . . Urlaub ist die einzige Ausnahme, wo ich andere Verkehrsmittel nutze außer den Zug, den Nahverkehr und das Fahrrad. Weil ich in viele Urlaube auch mit dem Zug gefahren bin. (. . .)
Also ich glaube damals in C. war es noch nicht mal so sehr der Umweltgedanke. Also ganz am Anfang. Da habe ich einfach *gemerkt, dass ich es einfach nicht nutze*. Ich habe es dann abgemeldet und dann, glaube ich, *noch ein paar Monate so rumstehen gehabt, um zu gucken ob ich das wirklich schaffe*, so ohne Auto, und habe dann gesagt ‚Hey, ich bin hier in C., da komme ich mit Fahrrad und öffentlichen Verkehrsmitteln überall hin! Was soll ich da . . . ‘. Das war auch so ein bisschen motiviert durch diese Tugend der Sparsamkeit. (SB/DE/42/m42, Abs. 9–74)

6.1.3   Wandel eigener Reisemobilität im Verlaufe der eigenen Biografie

Während die Alltagsmobilität einerseits sehr facettenreich geschildert werden kann, aber andererseits aufgrund der Vielzahl von Einzelsituationen, Ortsveränderungen, Handlungsroutinen und möglichen schleichenden Veränderungen einem genaueren reflexiven Blick auf Veränderung doch nur schwer fassbar wird, ist das eigene Reisen demgegenüber ein Bereich, der aufgrund seiner geringeren Komplexität grundsätzlich leichter überschaubar wird.

In der Tat können die Befragten in den Interviews nicht nur recht genau benennen, wann und wie sie reisten, sondern sie stellen auch Verläufe der Veränderung ihres Reiseverhaltens dar. Dabei erwähnen sie zudem Faktoren, die zu Veränderungen des Reisens beitragen. Unter anderem sind das die Anpassung an divergierende Wünsche der Lebenspartner, die Entwicklung der Preise für Flugreisen, vielfach altersbedingte gesundheitliche Einschränkungen oder auch schlicht eine Sättigung, nämlich das Gefühl ‚genug gesehen zu haben‘:

I: Und verreisen Sie heute auch noch viel?
A: *Nicht mehr so viel*, aber *erst seit kurzem, erst seit zwei Jahren*. Und das ist eigentlich aus den Gründen eben mal das Problem der Wohnung und dann zum Teil *gesund-*

heitliche Probleme in der Familie meiner Freundin oder auch ich. Oder wir haben in der Familie seit zwei Jahren oder seit einem Jahr, seit einem Jahr . . . letztes Jahr wollten wir verreisen, *hatten wir vier Todesfälle*, all die Sachen, oder die? Aber sonst, also Ferien in der Schweiz, wir waren . . . unsere Bekannten, die nannten uns alle, *wir waren Ferienprofis*. Wir *gingen im Sommer in die Ferien, im Herbst und im Winter, drei Mal im Jahr*. Und dann haben wir vor, aber *vor nicht zu langer Zeit, vor etwa drei vier Jahren, haben wir reduziert auf zwei Mal* und *letztes Jahr haben wir keine Sommerferien gemacht und keine Herbstferien, aber Winterferien*. Und das Jahr vorher haben wir keine Herbstferien gemacht, aber wir . . . oft, und wir gingen immer in die Berge oder ins Tessin im Frühling, ja, im Frühjahr, habe ich vergessen, hier und da auch. (SB/CH/06/w78, Abs. 76–77)

Diese Ausführungen über das Reisen zweier ‚Ferienprofis‘ zeigen eine vielfach berichtete altersbedingte Einschränkung des Reiseverhaltens. Diese altersbedingt auferlegten Veränderungen der eigenen Mobilität, gehen übrigens nicht mit Klagen einher, sondern werden eher im Sinne reiner Faktizität erzählt. Eine mit der Erzählung von anderen Veränderungen häufiger verbundene bewertende Kommentierung fehlt in diesem Falle.

6.1.4   Wandel eigener Reisemobilität gegenüber anderen Generationen

I: Und Dein Leben und die Generation Deiner Großeltern?
A: Das war einfach nur Arbeit und Bescheidenheit. Also da war ein Besuch, also ich denke deshalb habe ich so meine Haltung zum Reisen und Weggehen oder Feste feiern und. Das ist *alles sehr bescheiden*. *Also das gab es kaum bei meinen Eltern, dass man da . . . in die Ferien konnten wir auch nicht, also man macht nicht Ferien*, man teilt sich so ein, dass man es gut hat, oder? Dann braucht man keine Ferien. Und *meine Großeltern schon gar nicht*. Die haben noch mit Pferd und Wagen den Hof bewirtschaftet.
I: Und siehst Du Unterschiede zu Dir und Deinen *Kindern*?
A: Ja, das ist jetzt erstaunlich eigentlich. *Die wollen nicht mal nach England, die wollen nicht mal in ein anderes Land oder eine Sprache oder irgend so etwas kennen lernen.* Die sind alle hier, W. [Ort in der Schweiz] und Umgebung zu Hause, auch mein Ältester, der wohnt jetzt auch wieder hier in M. und arbeitet in W., oder? Er hat wohl eine Freundin aus der Westschweiz und die Pendeln da Wege hin und her, oder? Also für ihn ist die Straße da, die Distanz, kein großer Unterschied mehr. Aber weg in ein anderes Land, die zeigen kein Interesse. Ich weiß noch, *ich wollte auch, wenn das mit dem England nicht geklappt hätte, habe ich mir auch gedacht nach Israel in ein Kibbuz. Das war auch so, ich weiß nicht, Tradition fast oder so. Man machte das,* gewisse Kreise wie die alternative Szene oder so, man machte, das gehörte einfach dazu, das musste man gemacht haben, oder? (SB/CH/45/w48, Abs. 187–190)

Veränderungen des Reisens werden in wenigen Fällen auch in Bezug auf andere Generationen gesehen, einerseits gegenüber der Eltern- und Großelterngeneration, andererseits gegenüber den Kindern. Die Wahrnehmung von Wandel erfolgt in diesem Beispiel – in dem die Generationenperspektive durch eine entsprechende Frage eingeführt wird – über die eigene Biografie hinweg und mit Bezug auf die eigene Reisepraxis sowie diejenige der Kinder, der Eltern und der Großeltern. Die Erfahrungswelt vorangehender Generationen, die nur zu einem Teil von der Befragten miterlebt wurde und somit teilweise über die Biografie der Befragten hinausreicht, wird erinnert und verleiht dieser Betrachtung einen weiter gespannten Zeithorizont. Es handelt sich hier also um ein Erinnern, das zwar über das autobiografische Gedächtnis hinausreicht, doch in jenem gegenwartsnahen Bereich verbleibt, der von den Assmanns (1992; 2002) als „kommunikatives Gedächtnis" bezeichnet wird.

Am Rande hingewiesen sei hier auch auf den in dieser Interviewsequenz enthaltenen Hinweis auf ein Milieu von Jugendlichen in der Schweiz, für die das Reisen – anders als für ihre Elterngeneration – nun kein wichtiges Element ihres Lebensstils mehr darstelle. Die Befragte verbindet insofern die Ausführungen zum Wandel eigener Reisemobilität mit ihrem engeren Umfeld, d. h. ihrer Familie, wie auch mit gesellschaftlichen Erwartungen und Milieus. Dieser Punkt erinnert daran, dass eine weiterführende Analyse neben den Alterskohorten unter anderem auch Milieus in ihrer Bedeutung nicht nur für Lebensstile, sondern auch für Veränderungswahrnehmungen berücksichtigen sollte.

6.1.5   Wandel gesellschaftlicher Alltagsmobilität im Verlaufe der eigenen Biografie

Während viele der Befragten in der Schweiz, Deutschland oder den USA Veränderungen schwerpunktmäßig im Bereich ihres individuellen Handelns darstellen, zeichnen sich die entsprechenden Sequenzen der chinesischen Befragten vielfach durch eine breitere Perspektive auf allgemeinere gesellschaftliche Veränderungen aus, inhaltlich besitzen sie damit eine größere Reichweite. Die folgende Äußerung einer jungen Frau in China zeigt sowohl einen entsprechend weit gespannten sachlichen Horizont als auch eine überraschende Charakterisierung der Dynamik des Wandels des öffentlichen Transportwesens:

[Die Befragte spricht über Verkehrsmittel, die in den 1990er Jahren Schulkinder zur Schule brachten:] Manchmal mussten wir absteigen und anschieben, manchmal, wenn es geschneit hat und es sehr kalt war, dann haben diese Dinger sich nicht bewegt. Wir haben sie dann angeschoben, und manchmal haben sie Feuer benutzt, und haben mit Feuer die Maschine erhitzt, so war das. Tatsächlich ist es langsam, langsam einhergehend mit . . . Jetzt denke ich, dass sich *die Lebensbedingungen von klein auf bis jetzt doch sehr verändert haben*, als Kinder *waren diese Bedingungen nicht so besonders, nicht so besonders gut, nicht so günstig wie jetzt*. Wir sind erst mit den ‚Sanka' gefahren, dann kamen immer mehr die, diese Autos, mit vier Rädern, diese kleinen, es war *wirklich ein Prozess der ganz langsamen Veränderung*. Mit diesen ‚Sanka' sind wir bis vielleicht in die dritte Klasse gefahren, in die anderen sind wir dann im vierten, fünften und sechsten Schuljahr gewechselt, jeder, das ganze Dorf, ganz D. [Ortsname], alle sind sie hier mit den Sammel-, wir sind bei dieser großen Versammlungshalle, ursprünglich war dort die Dorfvertretung, die sind dann umgezogen. Vor dieser Halle haben sich dann alle in eine Schlange gestellt, die dann alle nacheinander in die Wagen gestiegen sind. Damals war ich noch Straßenführerin, diejenige, die Menschen gezählt hat, ihnen Nummern gegeben hat. (SB/Cn/20/w23, Abs. 37)

Ein „Prozess der ganz langsamen Veränderung" der öffentlichen Transportmittel in China wird in diesem Falle also von einer noch sehr jungen, erst dreiundzwanzigjährigen Befragen geschildert, die diesen Prozess als Schülerin vor noch nicht lange zurückliegender Zeit selbst miterlebt hat. Trotz des eher geringen zeitlichen Abstands erscheinen ihr die damaligen gesellschaftlichen (Mobilitäts-)Verhältnisse bereits als gänzlich anders. Das ist zweifellos ein starker Hinweis auf die Rapidität des Wandels und die Beschleunigung der technischen Innovationen in diesem Bereich.

Ähnlich betrachtet ein älterer Mann die Automobilisierung in China als einen schrittweisen Prozess, in dem die neue Präsenz der Automobile bereits zu einer gesellschaftlichen Normalität geworden sei.

> PKWs, all diese Fahrzeuge, die das Zufußgehen ersetzen, werden jetzt Schritt für Schritt normaler, sie sind schon nicht mehr seltsam. (SB/Cn/28/m57, S. 106)

Diese Aussage zeigt eine gewisse Paradoxie, die im Berichten von nicht mehr neu erscheinenden Neuerungen liegt. Denn ihr Gegenstand liegt ja nicht in einer Neuerung, sondern im Wegfallen einer Irritation durch das nun nicht mehr ganz neue Neue, das allerdings auch noch keine bloße Normalität geworden ist. Dies weist darauf hin, wie zügig ein aus rapidem Wandel hervorgehendes Kontingenzerleben vergehen kann.

6.1.6 Wandel gesellschaftlicher Alltagsmobilität über Zeiträume jenseits der eigenen Biografie

Solch erweiterte Perspektiven auf das gesellschaftliche Geschehen verbinden sich teilweise mit noch weiter gespannten Zeithorizonten und Zeitperspektiven, die über die eigene Biografie hinausreichen. So richtet sich der Blick eines älteren Mannes in der Schweiz sowohl auf die Zeit vor dem eigenen Leben des Befragten als auch auf das, was zukünftig kommen wird.

> (...) *wenn ich zurück schaue* und mir das so überlege, so muss ich doch sehr viele Sachen heute in Frage stellen. Da kann ich wieder zurück blicken an meine Jugendzeit, da war das Leben so einfach. Und trotzdem war es möglich eine Familie, auf einem kleinen Grundstück, eine Familie von fünf Kindern zu ernähren, groß zu ziehen [unverständlich], wiederum wegen dem Wirtschaftsaufschwung, wiederum wegen der Spekulation, die Grundlage um einen Beruf zu lernen, die Grundlage um eine Familie zu gründen, die Grundlage das Leben so zu führen, so zu haben, wie ich es erlebt habe! *Jetzt kommt natürlich die Frage: Wie kann das so weitergehen?* Wir haben's jetzt erfahren, die 30er Jahre, *wenn wir uns vorstellen, wie die 30er Jahre gewesen sein sollten, da war ich ja noch gar nicht auf der Welt!* Da spricht man heute von Krise in den 30er Jahren. Wo unsere Städte, Dörfer, praktisch nur, nur zu Fuß erreicht werden konnten. Da war noch kein Überluxus da! Da konnte man leben mit dem, was um ... ein Tagesmarsch, wie man so schön sagt: *So weit wie uns die Füße trugen, wurde gelebt, wurde gearbeitet und das Leben gestaltet. Heute fahren wir nach Amerika mit dem Flugzeug.* Wenn man sich hier wiederum den Aufwand dieser Verhältnisse gegenüberstellt, glaube ich, muss man doch sehen, *jetzt sind wir zu weit gegangen!* (SB/CH/56/m75, Abs. 44)

Die Gegenwart, die vor dem eigenen Leben liegende Vergangenheit und die Zukunft werden in dieser Betrachtung zum Wandel von Mobilität und dem Leben allgemein miteinander verbunden. Dieser Typus der Veränderungswahrnehmung enthält somit einen ausgesprochen weiten Zeithorizont, der zudem sowohl die vergangenheits- als auch die zukunftsbezogene Zeitperspektive umfasst. Für unsere Fragestellung, die nicht zuletzt Möglichkeiten einer zeitlichen Erweiterung von Veränderungswahrnehmungen und ihrer Ausrichtung auf Zukünftiges erörtern möchte, besitzt dieser Typus daher einen besonderen Stellenwert. Zudem illustrieren die vom Befragten gewählten wertenden Begriffe („Überluxus" oder „zu weit gegangen") erneut, wie Veränderungen in vielen Fällen nicht einfach nur wahrgenommen und berichtet, sondern weiter ausgedeutet und mit starken Wertungen versehen werden, die ihrerseits auf die besondere Relevanz der angesprochenen Sachverhalte für die Befragten verweisen.

6.1.7   Wandel gesellschaftlicher Reisemobilität im Verlaufe der eigenen Biografie

Wie im Falle der Alltagsmobilität, so zeigen sich im Material zur Reisemobilität neben den Ausführungen mit Fokus auf die eigene Person ebenfalls einige Fokussierungen von gesellschaftlichem Wandel.

Im Zuge der Erzählung ihrer Jugend, ihrer Ausbildungsentscheidung und der damit verknüpften Mobilität stellt eine der in der Schweiz Befragten beispielsweise fest, dass sich die Normalität des Reiseverhaltens inzwischen grundlegend verändert habe:

> Ich wollte eine Ausbildung, ich hatte ja nur die Sekundarschule und … oder? Ich wollte eine Ausbildung, das ist klar. Ich wollte nicht in der … *damals reiste man nicht in der Welt herum. Das war nicht anständig. Heute macht man das, aber damals nicht.* (SB/CH/30/w76, Abs. 34)

Das einst ‚unanständige‘ In-der-Welt-Herumreisen sei demnach heute zu einer allgemein akzeptierten und auch praktizierten Handlungsform geworden. Die Befragte spricht insofern nicht nur Veränderungen der Reisemobilität an, sondern zugleich Veränderungen des normativen Rahmens und legitimer Motive des Reisens, die sich im Laufe ihres Lebens vollzogen haben.

Umbrüche der gesellschaftlichen Reisepraxis bemerken auch einige der in China Befragten. Hierbei zeigt sich eine interessante Spannung zwischen der Langsamkeit der Prozesse, von denen berichtet wird, und der enorm kurzen Zeitspanne, innerhalb derer sich diese langsamen Prozesse vollzogen haben:

> Es war vollkommen anders, ich glaube Reisen begann erst nach ’94, ’95, richtig, *erst nach ’94, ’95 konnten die Leute Geld sparen, so dass sie Reisen konnten, das kam erst ganz langsam.* Wir waren damals noch sehr wenige Leute, die herausgingen, um sich zu vergnügen, überall war es ganz leer. (SB/Cn/30/w40, Abs. 62)

Obwohl von einem langsamen Einsetzen des Reisens als eines Massenphänomens in China die Rede ist, so hat die befragte Vierzigjährige doch einen sehr klaren Kontrast zwischen einst leeren und heute keineswegs mehr einsamen Ausflugszielen vor Augen. Ungefähr in ihrer Lebensmitte stehend, kontrastieren von ihr erinnerte Zustände des Reiseverhaltens in einem so starken Maße, dass Veränderungen klar hervortreten und von ihr entsprechend deutlich veranschaulicht werden können.

6.2 Zwischenresultate: Aufschlüsse zu einigen Faktoren und Mechanismen der Wahrnehmung von Wandel

Die Analyse von Interviewsequenzen aus dem Themenbereich „Wandel von Mobilität" ließ eine Reihe typischer Muster der Thematisierung von rapidem Wandel erkennen. Diese Typen des Erzählens von Wandel, die wir hier als Ausdruck des Wahrnehmens von Wandel betrachten, haben wir oben in knapper Form skizziert und illustriert. Es ging uns dabei nicht darum, das aus den verschiedenen Länderfallstudien stammende Material umfassend in seiner gesamten Vielfalt abzubilden. Vielmehr gestatten die dargestellten Typen eine systematische Beschreibung der Varianz des untersuchten Datenmaterials, die unter anderem aufgrund ihrer Unterschiede zwischen Zeithorizonten oder sachlichen Reichweiten Ansatzpunkte für weiterführende Überlegungen bietet.

Im Zuge dieser Überlegungen fragen wir zunächst nach Aspekten und Typen, die in diesem Zusammenhang grundsätzlich denkbar sind, von denen wir im vorliegenden Datenmaterial jedoch keine Spuren entdecken konnten. Darüber hinaus eröffnet eine genauere Berücksichtigung von Ländern und Alterskohorten, denen die entsprechenden Interviewsequenzen jeweils zugeordnet werden können, eine Reihe weiterer Aufschlüsse zu Voraussetzungen, Formen und Grenzen der Wahrnehmung von Wandel.

6.2.1 Blindstellen der Wahrnehmung von Wandel im Bereich der Mobilität

Auf der Grundlage unserer zuvor erfolgten Analysen und unserer Forschungsinteressen allgemein können wir einige Aspekte der Wahrnehmung von Wandel formulieren, die zwar in diesem Zusammenhang grundsätzlich denkbar sind, die wir jedoch in unserem auf das Themenfeld Mobilität und Verkehr bezogenen Interviewmaterial nicht finden konnten und die daher auch nicht in unsere Entwicklung von Typen eingingen. Wir greifen also einige Aspekte auf, deren Fehlen im Rahmen unserer Erkenntnisinteressen aufschlussreich erscheint.

Unsere bisherigen Ergebnisse zum Themenfeld Mobilität und Verkehr entsprechen zunächst ganz dem von Pauly (1995) skizzierten SBS-Theorem. Die Wahrnehmungen von Wandel, die sich hier abzeichnen, bleiben fast sämtlich im Rahmen des biografischen Horizonts der Befragten, und in den meisten Fällen umfassen sie nicht einmal die gesamte Spanne der biografisch erlebten Zeit, sondern lediglich Teile der Biografie, die oft einen Zeitraum der ungefähr letzten 20 Jahre umfassen. Weitgehend bestätigt sich damit das Bild eines häufigen Vergessens von weiter zurückliegenden Referenzpunkten – sowohl derjenigen, die jenseits der eigenen autobiographischen Zeit liegen, als auch von solchen, die zu frühen Phasen der Autobiographie gehören.

Nur in zwei Fällen – unserer insgesamt 171 als „Wandel von Mobilität" kodierten Interviewsequenzen – wird der biografische Horizont überschritten. In einem Fall wird die Reisemobilität in einer generationalen Perspektive thematisiert, die zumindest in ihrem Bezug auf die Großelterngeneration über die eigene Biografie der Befragten hinausreicht (s. o. SB/CH/45/w48, Abs. 187–190). In diesem Falle zeigt sich allerdings ein Einfluss der Gesprächsführung im Interview auf diesen Zeithorizont der Veränderungswahrnehmung. Gleichwohl liefert diese Sequenz einen Hinweis darauf, dass weitere Zeithorizonte – was ja ohnehin kaum zu erwarten wäre – keineswegs grundsätzlich ausgeschlossen sind. Auszugehen haben wir vielmehr davon, dass sich in unserem ja auch biografisch ausgerichteten Datenmaterial vor allem eine Tendenz dokumentiert, Veränderungen innerhalb eines gegenwartsnahen Zeithorizonts wahrzunehmen. Diese engen Zeithorizonte sind allerdings nicht als absolute oder unüberschreitbare Schwellen anzusehen. Denn die Tendenz der engeren Zeithorizonte kann ja offenbar überwunden werden, sobald die Reflexionsoperation, die eine Wahrnehmung von Wandel immer darstellt, durch eine veränderte Problemstellung auf einen weiter gespannten Zeithorizont ausgerichtet wird. Hierin zeigt sich die Bedeutung des situativen Kontexts für das jeweilige Wahrnehmen von Wandel.

Den zweiten Fall einer Thematisierung von Wandel der Mobilität, die über den biografischen Rahmen hinausreicht, bilden die oben zitierten Ausführungen des älteren Mannes aus der Schweiz, der beim Reden über den Wandel der Alltagsmobilität zurückblickt auf die Zeit des ländlichen Lebens in der Schweiz vor seiner Geburt (SB/CH/56/m75, Abs. 44). Gegenüber der einstigen Begrenzung auf fußläufig erreichbare Ziele, betrachtet er die heutigen Mobilitätsformen als überzogenen ‚Überluxus‘ und blickt entsprechend kritisch auf die Zukunft.

Während insofern – wenn auch auf Grundlage einer sehr niedrigen Zahl entsprechender Interviewsequenzen – sowohl die Bildung eines Typus „Wandel eigener Reisemobilität gegenüber anderen Generationen" als auch eines Typus „Wandel gesellschaftlicher Alltagsmobilität über Zeiträume jenseits der eigenen Biografie" aus dem Interviewmaterial heraus möglich war, enthält das empirische Material keine Sequenzen, die es erlauben, auf induktivem Wege, d. h. aus dem Material heraus, andere Typen mit weiter gespannten Zeithorizonten zu generieren – etwa zu den Sachverhalten „gesellschaftliche Reisemobilität" und „eigene Alltagsmobilität". Auf der Grundlage unserer bisherigen Ergebnisse können wir jedoch auf deduktivem Wege solche ergänzenden Typen zumindest formulieren. Da wir zudem keine Gründe erkennen, die eine generelle Engführung von Zeithorizonten bei der Wahrnehmung von Wandel im Bereich von Mobilität und Verkehr erklären könnten, gehen wir davon aus, dass unsere induktiv aus dem vorhandenen Datenmaterial gebildeten Typen nicht sämtliche Formen möglicher Varianz erfassen. Vielmehr können sie als Grundgerüst für die Entwicklung einer umfassenderen Typologie von Zeithorizonten und Inhalten der Wahrnehmung von Wandel dienen.

Damit stellt sich weiterhin vor allem die eng mit dem SBS-Theorem verbundene Frage nach den Möglichkeiten und Formen eines Wahrnehmens von Wandel, das über die biografischen Horizonte der Befragten hinausreicht. Unter Einbeziehung weiteren Datenmaterials werden wir später noch einmal vertiefend hierauf zurückkommen.

6.2.2   Ausrichtung der Wahrnehmung auf kollektive oder individuelle Prozesse

Die inhaltlichen Aspekte des Wandels von Mobilität werden in den Interviews in unterschiedlicher Weise thematisiert. Es geht nicht nur um die eigene Mobilität, sondern auch um Veränderungen der Mobilität im engeren oder sogar weiteren gesellschaftlichen Umfeld.

Einige Unterschiede zwischen diesen Perspektiven sind aufschlussreich. So finden wir in den Ausführungen der älteren Schweizer Kohorte im Vergleich zur jüngeren Schweizer Kohorte oder auch der jüngeren US-amerikanischen Kohorte in wesentlich stärkerem Maße Thematisierungen eines allgemeinen und nicht nur individuellen Wandels von Mobilität und Verkehr. Sie berühren auch gesellschaftliches Geschehen, und ihre Wahrnehmungen besitzen insofern eine größere inhaltliche Reichweite.

Es liegt nahe, dieses Vermögen einer erweiterten Veränderungswahrnehmung mit dem größeren Erfahrungsreichtum der älteren Alterskohorte in Verbindung bringen. Dieser liefert Älteren – sofern entsprechende Erinnerungsprozesse gelingen – ein umfassenderes Repertoire an möglichen Referenzpunkten aus unterschiedlichsten Sachbereichen, das eine vergleichende Zusammenschau auch von kollektiven Handlungsformen und Prozessen begünstigt.

Doch auch bei der jüngeren und der mittleren Kohorte der in China Befragten zeigt sich eine ausgesprochen deutliche Ausrichtung auf kollektive Veränderungsprozesse, die sich im Rahmen der Dörfer und Städte vollziehen und die zum Teil eng mit dem Fortschrittsbegriff verbunden werden. Hier zeichnen sich zwei mögliche Erklärungen ab. Zum einen spricht unter anderem der Gebrauch der Fortschrittssemantik dafür, dass die Ausrichtung der Wahrnehmung auch jüngerer Personen auf kollektive Prozesse mit der besonderen Rapidität der Veränderung des gesamten Mobilitäts- und Verkehrswesens wie auch anderer Bereiche in China in Zusammenhang stehen könnte. Aufgrund seiner drastischen Konsequenzen (Verstopfung von Verkehrswegen, Staus, massenhaftem Aufkommen von Reisenden, Smog . . .) dürfte der Wandel der Mobilität in den urbanisierten Räumen in China schlichtweg unübersehbar sein. Zum anderen dürften im chinesischen Kontext im Vergleich zur Schweiz oder den USA weniger individualistische Konzeptionen des Selbst(-erzählens) ebenfalls eine Rolle spielen und dazu beitragen, stärker das kollektive Geschehen zu fokussieren. Dieser Punkt verweist somit erneut auf die Bedeutung unterschiedlicher diskursiver Muster des Ausdeutens von Wirklichkeit, die unseres Erachtens auch auf die inhaltliche Ausrichtung der Wahrnehmung von Wandel einwirken.

6.2.3 Zeithorizonte, punktuelle und prozessbezogene Veränderungswahrnehmungen, Zeitperspektiven

Ähnlich wie sich in inhaltlicher Hinsicht unterschiedliche Reichweiten der Thematisierung von Veränderungen zeigen, finden sich in zeitlicher Hinsicht sogar Unterschiede mehrerer Art.

Wenn wir zunächst die Zeithorizonte der jüngsten Kohorten aller vier Fälle vergleichen, so fällt auf, dass der Horizont der Wahrnehmung des Wandels von Mobilität im deutschen Falle meist nur sehr wenige Jahre zurück reicht, während in den Fällen aus China, der Schweiz und den USA in der Regel zumeist etwas weiter in die eigene Kindheit zurückgeblickt wird.

Im Vergleich der ältesten Kohorten zeigen sich im Falle der Schweiz, Chinas und der USA ebenfalls eher weit gespannte Zeithorizonte der Wahrnehmung von Wandel. Im deutschen Fall reichen die für vergleichende Betrachtungen herangezogenen Referenzpunkte demgegenüber weniger weit, meist nur in die Phase des Arbeitslebens, zurück.

Dieser stärkere Gegenwartsbezug, der sowohl bei den jüngeren als auch den älteren deutschen Befragten zu beobachten ist, findet sich allerdings nicht in den Ausführungen der mittleren Alterskohorte. Insgesamt betrachtet zeigt das Material in seinen Zeithorizonten – auch wenn diese in der Regel den Rahmen der biografischen Lebensspanne nicht überschreiten – damit eine Varianz, die zunächst einmal veranschaulicht, wie sich Wahrnehmungen von Wandel unterscheiden können.

Unterschiede zeigen sich auch hinsichtlich des Erfassens von Wandel innerhalb bestimmter Zeithorizonte, d. h. der Komplexität der Wahrnehmung von Veränderung. Wie gesehen, erscheinen Thematisierungen von Veränderungen der Mobilität in den Interviews in zwei Formen unterschiedlicher Komplexität. Manche Erzählungen thematisieren eine Differenz, die sich lediglich aus einem Vergleich eines früheren mit einem späteren Zustand ergibt, d. h. aus nur zwei Mobilitätsmustern, die zu unterschiedlichen Zeitpunkten bestanden. In anderen Fällen wird Wandel in einer detaillierteren Form erzählt, die mehrere Veränderungen über eine ganze Reihe von Situationen und Zuständen hinweg erinnert, sie vergleicht und somit Wandel prozesshaft erfasst. In dieser zweiten Form zeichnet sich allerdings auch die gerade im Bereich der Alltagsmobilität besonders hohe Komplexität der für solche Wahrnehmungen zu berücksichtigenden Einzelsituationen, Zeitpunkte und Fortbewegungsmittel ab, durch die eine konsistentes Erfassen des Wandels erheblich erschwert, wenn nicht mitunter sogar verunmöglicht wird.

Eng verbunden mit der Spannweite von Zeithorizonten ist schließlich auch die Frage der Zeitperspektiven, d. h. der Gerichtetheit von über die Gegenwart hinaus reichenden Zeitwahrnehmungen. Grundsätzlich können Zeitperspektiven in die Vergangenheit oder Zukunft gerichtet sein (und beide Perspektiven auch kombinieren). Beinahe selbstverständlich ist dabei, dass sich der größte Teil aller Thematisierungen von Wandel auf Veränderungen bezieht, die sich bereits vollzogen haben. Gleichwohl kann Wandel jedoch auch als zukünftig vorgestellt werden – und im ersten Teil dieser Arbeit haben wir gesehen, dass der gesellschaftliche Bedarf an solchen Zukunftsperspektiven mit dem Fortschreiten der Moderne und den sich erweiternden menschlichen Eingriffsmöglichkeiten in die Natur zunimmt.

In unserem Datenmaterial lassen sich solche Perspektiven auf zukünftigen Wandel ebenfalls erkennen. Der folgende Interviewauszug, auf den wir oben bereits sahen, verbindet den Wandel von Mobilität mit demjenigen der „Verhältnisse" ganz allgemein und leitet aus dem bisherigen Verlauf dieses Wandels Probleme ab, die es in den Augen des Befragten unmöglich machen, den bislang vollzogenen Wandel einfach fortzusetzen:

> Aber das zu sehen, was wir ändern könnten, das ist eben schwierig. Das muss man zuerst erleben! *Und ich hoffe, dass das nicht ... das Schlimmste nicht eintreten wird. Ich glaube schon, ich kann da schon schwarz malen. Habe doch das Gefühl, dass die Natur oder eben unsere Verhältnisse, das heißt, dass wir, wenn ich zurück schaue und mir das so überlege, so muss ich doch sehr viele Sachen heute in Frage stellen.* Da kann ich wieder zurück blicken an meine Jugendzeit, da war das Leben so einfach. Und trotzdem war es möglich eine Familie, auf einem kleinen Grundstück, eine Familie von fünf Kindern zu ernähren, groß zu ziehen, jedem ein [unverständlich], wiederum wegen dem Wirtschaftsaufschwung, wiederum wegen der Spekulation, die Grundlage um einen Beruf zu lernen, die Grundlage um eine Familie zu gründen, die Grundlage das Leben so zu führen, so zu haben, wie ich es erlebt habe! Jetzt kommt natürlich die Frage: *Wie kann das so weitergehen?* Wir haben's jetzt erfahren, die 30er Jahre, wenn wir uns vorstellen, wie die 30er Jahre gewesen sein sollten, da war ich ja noch gar nicht auf der Welt! Da spricht man heute von Krise in den 30er Jahren. Wo unsere Städte, Dörfer, praktisch nur, nur zu Fuß erreicht werden konnten. Da war noch kein Überluxus da! Da konnte man leben mit dem, was um ... ein Tagesmarsch, wie man so schön sagt: So weit wie uns die Füße trugen, wurde gelebt, wurde gearbeitet und das Leben gestaltet. Heute fahren wir nach Amerika mit dem Flugzeug. (SB/CH/56/m75, Abs. 44)

Um einiges konkreter und mit ausschließlichem Bezug auf das Mobilitätsverhalten antizipiert ein anderer Befragter eine noch offene Zukunft:

> Ich finde es gibt sehr gute Gründe kein Auto zu fahren. Aber es gibt auch, vor allen Dingen, wenn du da wohnst, wo ich hergekommen bin, in A., gibt es auch sehr gute Gründe [unverständlich]. Deswegen beziehe ich solche Sachen eigentlich immer auf mich und meine jetzige Situation. Ich möchte auch *nicht ausschließen, dass ich irgendwann nochmal Auto fahre. Ich kann es mir im Moment nicht vorstellen. Aber was weiß ich, vielleicht gibt es in zwanzig Jahren auch integrierte Mobilitätskonzepte. Also ein kleines E-Auto, das aus regenerativen Energien gespeist wird* (. . .). (SB/DE/42/m42, Abs. 78)

In diesem Falle zeigt sich eine alltagsweltliche Perspektive auf die Zukunft, die Veränderungen der Mobilität antizipiert, allerdings in einer Weise, die anerkennt, dass sie die genaueren Formen dieses Wandels und die genauen Bedingungen zukünftiger Situationen nicht kennt, sondern sie nur unter Einschluss dieser Ungewissheit in groben Konturen vergegenwärtigen kann.

6.2.4 Situative Faktoren der Veränderungswahrnehmung

Es genügt nicht, menschliche Vermögen der Wahrnehmung von Veränderung als anthropologisch gegeben, ausschließlich psychologisch bedingt bzw. historisch oder zumindest autobiografisch stets gleichbleibend zu betrachten. Ebenso kann auch nicht davon ausgegangen werden, dass Menschen einen beständig gleichbleibenden Vorrat an Referenzpunkten und Wissen um Veränderungen mit sich herumtragen, aus dem sie je nach Bedarf problemlos Inhalte abrufen können. Vielmehr verändern sich ihre Perspektiven und ihr Zugriff auf entsprechendes Wissen unter anderem durch die einzelnen Situationen, mit denen sie konfrontiert sind, und ihr praktisches Tun in diesen Situationen.[3] Einige dieser situativen Faktoren, die Veränderungswahrnehmungen konstituieren und modifizieren, können wir anhand unseres Interviewmaterials aufzeigen.

So erweisen sich beispielsweise Umzüge und Ortswechsel – insbesondere im Falle der mittleren Alterskohorte in den USA – immer wieder als Punkte, entlang derer Veränderungen der Mobilität erzählt und wahrgenommen werden. Sicherlich liegt dies nicht zuletzt daran, dass Umzüge Situationen darstellen, in denen sich den Einzelnen das Handlungsproblem stellt, neue Lösungen für neue Mobilitätserfordernisse an einem neuen Wohn- und Arbeitsort zu finden. An diesem neuen Ort sind die möglichen Mobilitätsformen den Menschen nicht als vertraute Selbstverständlichkeit verfügbar, sondern sie müssen ihnen zunächst einmal überhaupt

---

[3] Siehe zum Begriff der Situation und der Deutung von Situationen nicht zuletzt Goffman (1980, S. 17).

bekannt werden, in einer mehr oder weniger systematischen Weise vergleichend geprüft und gewählt werden.[4]

Ähnlich ist dies mit einem anderen – bereits angesprochenen – Typus von auferlegten Veränderungen des Mobilitätshandelns, nämlich den gesundheitsbedingten Veränderungen. Auch hier treten gewissermaßen Kontingenzen in die Routinen des Handelns, die eine bewusste Problembearbeitung verlangen und daher als Etappen von Wandel weit besser erinnerbar bleiben als das etwa bei schleichenden Veränderungen der Fall ist.

Weitere situative Ermöglichungen bzw. Begünstigungen von Wahrnehmungen von Veränderungen, dürften – wie oben bereits erörtert – in sporadischen Kontakten mit bestimmten Settings liegen, also in einer bestimmten Abfolge und Frequenz von Situationen. Eine der in den USA Befragten schildert diesen Zusammenhang in sehr klarer Weise:

> I: (…) Können Sie ein wenig beschreiben, wie es aussah, wo Sie aufgewachsen sind?
> A: Nun, das hat sich auf der einen Seite sehr verändert und auf der anderen überhaupt nicht. Ich denke, *ich gehe oft genug zurück, also sehe ich vermutlich nicht die dramatischen Veränderungen, die ich sehen würde, wenn ich für 20 Jahre nicht zurückgegangen wäre, oder für 10 Jahre.* Die eine Sache, die sich verändert hat, ist der Verkehr. Das wird immer schlimmer. Also da ist eine schreckliche Menge an Staus. Aber wenn du in LA aufwächst, lernst du quasi zu fahren bevor du Laufen lernst. (SB/US/18/w64, Abs. 5–6)

Ausdrücklich weist diese Befragte auf eine Relativität der Veränderungswahrnehmung hin, die sich aus der Frequenz der Beobachtungen ergibt. Je länger der Zeitabstand zwischen den Beobachtungen dauere, desto größer bzw. ‚dramatischer‘ sei die Differenz, die zwischen früherem und verändertem Zustand wahrgenommen werden könne.

Mit dieser Relativität der Veränderungswahrnehmung verbindet sich die oben bereits einmal angeschnittene Frage zum Verhältnis von Erhebungsmethode und Datenqualität. Biografische Interviews, wie sie im Projekt von den Befragten erbeten wurden, und die an sie gerichtete Aufforderung zu Anfang dieser Interviews, doch bitte den Lebenslauf im Kontext der Umgebung zu erzählen, stellen mitsamt allen in solche Interviews eingeflochtenen Rück- und Nachfragen selbst eine spezifische Situation her, in der Raum auch für solche Themen entsteht, mit denen die Befragten sich gewöhnlich nicht oder zumindest weniger beschäftigen. Daher kann nicht von einer grundsätzlich gegebenen Übereinstimmung der im Interview geäußerten

---

[4] Umzüge bieten daher wohl günstige Situationen, um – im Rahmen der jeweiligen infrastrukturellen Gegebenheiten – Veränderungen der eigenen Mobilitätspraxis umzusetzen.

Wahrnehmungen von Wandel mit solchen Wahrnehmungen von Wandel ausgegangen werden, die jenseits des Interviews in Situationen anderer Handlungsfelder entstehen.

Dieser Zusammenhang verweist nicht nur auf eine selbstverständlich erforderliche Reflexion derjenigen Wirkungen, die von der Sozialforschung auf die von ihr erhobenen Daten ausgeübt werden, sondern auch auf ein dynamisches Potential, das im Kontext unserer Fragestellung, die ja auch durch Klagen über einen Mangel an Wahrnehmungen von umwelt- und klimarelevanten Veränderungen inspiriert wurde, einige Relevanz besitzt. Denn als kommunikative Praxis können Interviews sicherlich in gewissem Maße zu Veränderungen der Sensibilität gegenüber Veränderungen bestimmter Wirklichkeitsbereiche auf beiden Seiten – sowohl der Befragten wie auch der Befragenden – beitragen. Für beide Seiten liegt in der Gesprächssituation des Interviews die Möglichkeit einer Verstärkung, Modifikation oder auch Neuausrichtung von Relevanzen. Das Interview kann die Aufmerksamkeit auf Themenbereiche verschieben, die zuvor möglicherweise ganz am Rande oder gar außerhalb des Wahrnehmungshorizonts lagen. Nicht nur die Forschenden können durch eine Befragung Neues erfahren, sondern auch die Befragten können in einer für sie ungewohnten und sich von ihren sonstigen Alltagsperspektiven unterscheidenden Weise auf die sich im Gesprächsverlauf entwickelnden Themen blicken.[5]

Hinsichtlich möglicher gesellschaftlicher Effekte von wandlungsbezogenen Befragungen und auch einer entsprechend ausgerichteten Bildungsarbeit kann in diesem Zusammenhang an Wirkungen erinnert werden, die sich aus einem in vielen Ländern inzwischen beobachtbaren Aufgreifen von Methoden der Oral History in schulische Curricula ergeben können. Wenn etwa im Rahmen des schulischen Sachkunde- oder Geschichtsunterrichts Befragungen älterer Personen aus Familie oder Nachbarschaft zur Regel werden, so wird hierdurch nicht nur die Praxis der Oral History (vgl. Niethammer 1985) veralltäglicht, sondern auch ein gewisser Einfluss auf die Entwicklung einer Sensibilität gegenüber historischen Prozessen, d. h. der Wahrnehmung von Wandel und Kontinuität bei einzelnen Personen und Gruppen ausgeübt. Dieser Punkt erinnert erneut an enge Zusammenhänge zwischen subjektiven und kollektiven Prozessen im Kontext der Wahrnehmung von Wandel, die unbedingt zu berücksichtigen bleiben.

---

[5] Vgl. hierzu als klassisches Beispiel einer Art Aktionsforschung den Fragebogen für eine Befragung von Arbeitern, der von Karl Marx (1962b, S. 230–241) entworfen wurde und dessen Fragen zum Teil darauf abzuzielen scheinen, die Ausrichtung der Aufmerksamkeit der Befragten zu modifizieren.

6.2.5   Biografische Dispositionen der Veränderungswahrnehmung bei Älteren und bei spezifischer gesellschaftlicher Generationslagerung

Wir haben bereits gesehen, dass die Ausführungen der älteren Kohorten (in der Schweiz und den USA) insbesondere in Bezug auf die inhaltliche Reichweite ausgeprägtere Thematisierungen von Veränderungen enthalten. Zunächst legt dieser Befund eine Erklärung aus dem Lebensverlauf heraus nahe, die davon ausgeht, dass mit einer längeren Lebensdauer auch der Umfang des im Gedächtnis Festgehaltenen und Erinnerbaren zunimmt, das zum Abgleich mit gegenwärtigen (oder zukünftigen) Zuständen zur Verfügung steht. Insofern steigt mit zunehmendem Alter und umfassenderen Erfahrungen auch das Vermögen, Wandel innerhalb eines umfassenderen Kontextes und nicht nur mit Bezug auf die individuelle Praxis wahrzunehmen.

Einige Ausführungen der mittleren chinesischen Kohorte weisen allerdings darauf hin, dass ein solches Vermögen nicht ausschließlich auf das chronologische Lebensalter zurückgeführt werden kann. Denn im Vergleich zu den beiden anderen chinesischen Alterskohorten thematisiert diese mittlere Kohorte in einem besonderen Maße Veränderungen der Mobilität und des Reisens. Wir vermuten, dass sich diese Sensibilität gegenüber Veränderungen aufgrund der Zeitgenossenschaft und unmittelbaren Beteiligung dieser Alterskohorte an einer rapiden und tiefgreifenden gesellschaftlichen Transformation ergibt. Die mittlere Alterskohorte, die zu einem großen Teil in den 1960er Jahren geboren wurde, nimmt mit ihrem eigenen Lebensverlauf unmittelbar Anteil an der großen Transformation der chinesischen Gesellschaft insgesamt, nicht nur an derjenigen des Verkehrs und Mobilitätswesens. Die Erfahrungen ihrer Kindheit sind zum Teil noch durch die Verhältnisse zu Zeiten der Kulturrevolution und eines insgesamt sehr niedrigen Wohlstandsniveaus geprägt, demgegenüber sie dann – in vielen Fällen – eine sehr rapide Entwicklung von Ökonomie, Urbanisierung und Wohlstand erfahren konnten. Insofern vermuten wir, dass ihre intensiven und beinahe fortlaufenden Erfahrungen nicht zu einer Hinnahme des Wandels als Normalität führen – wie das eventuell bei den Jüngeren der Fall sein könnte – und der rapide Wandel auch nicht als eine gegenüber den autobiografischen Selbstvorstellungen fremd bleibende äußere Transformation ausgeblendet wird – wie das eventuell bei der älteren Alterskohorte der Fall sein könnte –, sondern diese Erfahrungen der mittleren Alterskohorte vielmehr eine Kontinuität von Kontingenzerfahrungen bedeuten, die zu einer in dieser Alterskohorte besonders ausgeprägten Sensibilität gegenüber Veränderungen führen. Wir vermuten also, dass sich die besondere Intensität, in der diese mittlere Alterskohorte unmittelbar selbst in rapiden Wandel innvolviert ist, in einer spezifischen Disposition niederschlägt, Wandel wahrzunehmen.

Ein weiterer Interviewauszug, der nun allerdings nicht mehr aus dem Kontext des Wandels von Mobilität entstammt, veranschaulicht diese spezifische biografische Disposition zur Wahrnehmung von Veränderungen, die wir anhand der mittleren chinesischen Kohorte in Grundzügen erkennen können. Er zeigt, dass der hier angesprochene Wandel eine unmittelbare Veränderung der Optionen des eigenen Lebens bedeutet und dieses also in einer ganz direkten Weise berührt:

> Das gab es in meiner Kindheit nicht, dieses Phänomen existierte damals nicht, die *Wirtschaft war damals nicht so aufgeblüht wie heute. Zu sagen, dass man außerhalb jobben geht, diese Redensart gab es früher absolut nicht.* Das heißt, wenn man die *Oberschule abgeschlossen hatte, aber die Prüfung zur Universität nicht bestanden hatte, dann blieb man zu Hause und bestellte das Feld.* (SB/Cn/22/m41, Abs. 78)

Der Befragte, ein Bildungsaufsteiger aus dem ländlichen Raum, thematisiert hier also einen umfassenden Wandel, der zugleich Teil seiner eigenen Lebenspraxis ist und der die Optionen seines eigenen Lebens stark erweitert hat.

In ähnlicher Weise treten die erweiterten Optionen des eigenen Lebens aus einem Vergleich zwischen der früheren Statik der gesellschaftlichen Verhältnisse und den neuen Möglichkeiten des gegenwärtigen Lebens hervor, den ein jüngerer Akademiker im Zuge seiner Ausführungen über die Erfahrung des allgemeinen Wandels in China anstellt:

> A: Genau. Mein Vater konnte sich nicht satt essen. Er hätte gerne Fleisch gegessen, aber das gab es nicht, er hatte auch nicht genug Reis zu essen. Das war schlecht. Damals war es auch kein bisschen demokratisch, jetzt können wir Kritik an der Gesellschaft üben, damals aber war alles verboten. *Mein Vater wurde in einer sehr schwierigen Zeit geboren, er ist in einer chaotischen Zeit aufgewachsen.* Ich weiß nicht, ob du das verstehst?
> I: Ich kann es verstehen.
> A: Er ist in einer sehr unstabilen Gesellschaft groß geworden. In seiner Kindheit gab es nicht genug Nahrungsmittel, als er größer war, hat er keine gute Ausbildung bekommen, diese Generation, sie waren nicht sehr glücklich. *Wenn ich mich mit meinem Vater vergleiche* – ich konnte mich in meiner Kindheit satt essen, als ich aufgewachsen bin, habe ich eine gute Ausbildung genossen, ich bin beispielsweise nach Deutschland zum Studium gegangen, habe dort promoviert, die Generation meines Vaters dagegen hatte all das nicht.
> I: Sehr unglücklich.
> A: Weil es für ihre Generation nur ganz wenige Chancen gab zu studieren, deswegen gibt es in ihrer Generation nur sehr wenige Menschen, die Fremdsprachen beherrschen. Daher können meine Eltern auch keine Fremdsprachen, kein Deutsch und kein Englisch. Die Möglichkeiten, die heutige junge Menschen in der Ausbildung bekommen, sind viel mehr als früher, ich denke, das ist auch ein Nachweis von Chinas Entwicklung. *Deswegen ist die Generation meiner Eltern auch sehr zufrieden mit ihrem Leben.*

I: Warum sind sie zufrieden?
A: Sehr zufrieden. *Weil sie, wenn sie es mit ihrem eigenen [Leben von früher] verglei-*
chen, schon viel besser haben. Mein Vater sagt häufig: 'Mein Leben wird immer besser.'
(SB/Cn/43/m33, Abs. 173–179)

In dieser Sequenz verschlingen sich Erfahrungen des Wandels zweier Generationen. Im Vordergrund stehen diejenigen des erzählenden Sohnes, der sein eigenes Leben im Vergleich zu demjenigen seines Vaters als wesentlich optionsreicher betrachtet. Aufschlussreich hinsichtlich einer bei der mittleren Alterskohorte besonders ausgeprägten Sensibilität gegenüber Veränderungen ist jedoch vor allem die Erzählung über die Erfahrung des Vaters, der ja dieser mittleren Alterskohorte zugehört. Dieser habe nicht nur in seiner Kindheit selbst noch sehr schwierige Zeiten der Instabilität und Armut erlebt, sondern in seinem weiteren Leben die Erfahrung gemacht, dass sein Leben immer besser werde. Gerade die Erfahrung dieser Differenz zwischen aktuellem und ehemaligem Dasein stimme seinen Vater und dessen Generation zufrieden, und das bringe er auch häufig zum Ausdruck.

Da wir hiermit zu vergleichenden Blicken auf Alterskohorten und mit dem letzten Interviewauszug auch auf generative Generationen gelangt sind, liegt es nahe, unsere Überlegungen in diese Richtung weiter fortzusetzen.

6.2.6   Alterskohorten, gesellschaftliche Beschleunigung und die Erfahrung von Wandel

Unsere bisherigen Ausführungen zu Zusammenhängen des Vermögens, Wandel wahrzunehmen, mit biografischem Erleben und generations- bzw. alterskohorten- spezifischen Erfahrungen führen zum einen zurück zu der generationensoziologi- schen Perspektive, die von Karl Mannheim begründet wurde. Im ersten Teil dieses Buches haben wir dargestellt, dass ein wesentliches Element des Mannheimschen Begriffes der gesellschaftlichen Generationen in der spezifischen historischen La- gerung einzelner Alterskohorten besteht, die zur Ausprägung von einigen jeweils spezifischen Typen des Handelns, Fühlens und Denkens führen kann.[6] Insofern passt das alterskohortenspezifische Vermögen der Wahrnehmung von Wandel,

---

[6] Den von Mannheim (1928) weiter genannten Aspekt der Selbstwahrnehmung einer spezifisch gelagerten Alterskohorte als eine Generation, durch die ein Generationenzu- sammenhang zu einer Generationeneinheit für sich selbst werden kann, blenden wir hier einmal aus. – In einer erweiterten komparativen Perspektive wäre sicherlich auch ein Vergleich der von uns herangezogenen Äußerungen zu Wandel seitens dieser mitt- leren chinesischen Kohorte mit entsprechenden Äußerungen seitens der westdeutschen Wirtschaftswunder-Kohorte der 1950/1960er Jahre interessant.

das sich in unserem Interviewmaterial abzeichnet, durchaus zu diesem Aspekt des Generationsbegriffes.

Zum anderen ermöglichen die angesprochenen Zusammenhänge die Diskussion einer Überlegung von Hartmut Rosa. In seiner Arbeit über Beschleunigung und die Veränderung der Zeitstrukturen in der Moderne spricht Rosa (2005, S. 178, 445) – wenn auch auf einer Ebene, die von konkreteren gesellschaftlichen und historischen Bedingungen abstrahiert – von einer sich im Verlaufe des Modernisierungsprozesses verändernden Wahrnehmbarkeit sozialen Wandels. Gegenüber der vormodern dominierenden Statik beschleunige sich der soziale Wandel im Laufe der frühen Modernisierung zunächst in einer Weise, die sozialen Wandel an Unterschieden zwischen den Generationen und generationsspezifischen Erfahrungen ablesbar mache. Zunächst komme es also zu einer intergenerationalen Veränderungsgeschwindigkeit, die sozialen Wandel an bestimmten Veränderungen der für einzelne Personen jeweils überschaubaren drei bis vier gleichzeitig zusammenlebenden Generationen[7] erfahrbar werden lasse.

Vor dem Beginn dieser frühen Modernisierung, habe sich Wandel noch so langsam vollzogen, dass er nicht – oder nur in Ausnahmen – aus solchen Generationendifferenzen heraus erkannt werden konnte.

Im Fortgang der Modernisierung komme es dann – so Rosa weiter – vorübergehend zu einer annähernden Synchronisation des gesellschaftlichen Wandels mit der Generationenfolge, so dass dieser Wandel aufgrund der stark ausgeprägten Differenz aller Generationen in besonderer Weise erfahrbar werde. Diese tiefgreifende Erfahrung habe sich gesellschaftlich in der von Reinhart Koselleck so bezeichneten „Sattelzeit" der Jahrzehnte um die Wende zum 19. Jahrhundert dann auch in einem neuartigen Verständnis von Geschichte als einem zielgerichteten Prozess niedergeschlagen (ebd., S. 397).

Demgegenüber vollziehe sich mit der weiteren Beschleunigung des sozialen Wandels in der fortgesetzten (späten, zweiten, postmodernen …) Moderne eine weitere grundlegende Veränderung der Wahrnehmbarkeit von Wandel, die den eigentlichen „Clou" dieses Entwurfes zur Erfahrbarkeit von Wandel in der Moderne ausmacht: Indem sich Wandel aufgrund einer weiter erhöhten Rapidität nun auch intragenerational fortlaufend vollziehe und nicht nur viele Unterschiede zwischen Generationen, sondern bereits im biografischen Verlauf hervortreten lasse, werde Wandel nicht mehr als Veränderung fester Strukturen, wie sie zuvor in der

---

[7] Rosa knüpft mit diesem generationalen Horizont von drei bis vier Generationen, die ca. 80 Jahre umfassen, an die entsprechenden Überlegungen von Reinhart Koselleck (z. B. 2000, S. 165, 227 ff.) zu Vergleichen zwischen zusammenlebender Generationen und deren Erfahrungsraum sowie von Jan Assmann (1992) zum kommunikativen Gedächtnis an.

frühen und klassischen Moderne anhand kontrastierender anderer Generationen-
erfahrungen vorstellbar wurden, wahrnehmbar, sondern er erscheine nur noch
als chaotischer, unbestimmter und zielloser permanenter Wandel. Damit habe das
Tempo des sozialen Wandels einen ‚kritischen Punkt' überschritten, der individuell
wie auch gesellschaftlich kein lineares und sequenzielles Wahrnehmen und Bearbeiten von Veränderungen und entsprechenden Problemen mehr erlaube (ebd.,
S. 349). Wahrgenommen werde damit eher eine merkwürdige Form von Statik,
nämlich dass alles so bleibe, wie es ist, weil es sich wie zuvor beständig verändere –
das Leben bewege sich nun nicht mehr irgendwo hin, sondern trete entsprechend
der Metapher des rasenden Stillstands mit hohem Veränderungstempo scheinbar
richtungslos auf der Stelle (ebd., S. 384 f.). Diese neue Erfahrungsweise der erhöhten
Dynamik des Wandels schlage sich zudem im Verlust der Erwartung einer Zukunft
nieder, die sich von der Vergangenheit klar unterscheide und als gestaltbar gelte
(ebd., S. 392).

Wie Rosa (ebd., S. 178) selbst feststellt, ist diese makrosoziologische Skizze
eines abstrakten historischen Wandels der Wahrnehmbarkeit von gesellschaftlichem Wandel nur schwer mit empirischen Einzelbeobachtungen in Verbindung zu
bringen.[8] Dennoch können wir für unsere Überlegungen zu Formen, Grenzen und
Konsequenzen der Wahrnehmung von Wandel, die von unserem empirischem Material ausgehen, einige Punkte aus Rosas Makroperspektive aufgreifen, um unsere
Überlegungen weiterzuführen und in einen weiteren Rahmen zu stellen.

Rosas Skizze betont Zusammenhänge zwischen Dynamiken des Wandels und
dessen Wahrnehmbarkeit. Den jeweils noch überschaubaren Generationszusam-
menhang von drei bis vier Generationen – dessen historischer Wandel allein schon
in seiner zeitlichen Ausdehnung ebenfalls zu berücksichtigen wäre – betrachtet er gewissermaßen als den Rahmen, aus dem die Referenzpunkte stammen,
die der Wahrnehmung von Wandel dienen können. Von der Frequenz von
Referenzpunkten, die innerhalb dieses subjektiv überschaubaren Zeitraumes erinnerbar bleiben und zudem in hinreichendem Maße kontrastieren, hängt das
Vermögen ab, Wandel wahrzunehmen. Zugleich schließt Rosas Modell eine mög-

---

[8] Als einen Grund dieses Problems nennt Rosa (2005, S. 178) das fehlende Einverständnis
über Indikatoren sozialen Wandels, wobei er selbst hier vor allem die Familie und das Be-
schäftigungssystem nennt. Auf diese Punkte können wir hier nicht genauer eingehen. Dies
gilt auch für eine kritische Diskussion der Argumentation von Rosa insgesamt, die einerseits
einen äußerst facettenreichen Zugang zu unterschiedlichsten Phänomenen der Veränderung
der Zeitstrukturen sowie der Tempi der Moderne liefert und hierzu eine sehr große Zahl ein-
schlägiger Ansätze aufgreift, die andererseits jedoch in ihrer Betonung einer fundamentalen
Bedeutung allerorten festgestellter Beschleunigungsphänome gesellschaftsanalytisch etwas
enggeführt erscheint.

liche Überforderung des individuellen wie auch gesellschaftlichen Vermögens der Veränderungswahrnehmung ein, die mit einer zu großen Zahl von verfügbaren Referenzpunkten zusammenhängt, die nun nicht mehr im Zuge der Reflexion in sinnhafte Zusammenhänge und Narrative des Wandels gebracht werden können.

Einerseits lassen sich diese Überlegungen von Rosa gut in der Begrifflichkeit reformulieren, die wir ausgehend vom SBS entwickelt haben. Seine weite historische Perspektive kann in diesem Kontext auch einen wichtigen Impuls geben und dazu anregen, die aus unserem zeitlich engeren Vergleich von Alterskohorten hervorgehenden Befunde und Überlegungen in einer umfassenderen historischen Perspektive weiter zu denken. Sinnvoll wäre dies nicht zuletzt, da sich eines unserer grundlegenden Forschungsinteressen auf die Möglichkeiten des Wahrnehmens von langfristigem und auch zukünftigem Wandel richtet.

Andererseits eröffnen unsere empirisch begründeten Überlegungen eine kritische Sicht auf die aufgegriffenen Ausführungen von Rosa. Vor dem Hintergrund unserer bisherigen Überlegungen erscheinen die von ihm betonten Grenzen der Wahrnehmung, die sich aus einer zu hohen Komplexität fortlaufender Veränderungen in vielen Bereichen der individuellen und kollektiven Erfahrungen ergeben, zunächst plausibel. Doch die sich in unserem Material abzeichnende erhöhte Sensibilität gegenüber Wandel, die aus besonders intensiver und unmittelbarer Verwicklung in Veränderungsprozesse hervorgeht, eröffnet eine ergänzende und weiter gefasste Perspektive. Denn in einer solchen Situation, in der sich Wandel fortlaufend und rapide vollzieht, können wir nicht nur Grenzen der Wahrnehmung von Wandel erkennen, sondern zugleich spezifische Vermögen der Wahrnehmung von Wandel, die gerade aus dieser Erfahrung von Wandel hervorgehen. Ein Rückgriff auf den Begriff der Relevanz von Alfred Schütz, den wir im ersten Teil bereits ausführlicher referiert haben, hilft, die so begründete Wahrnehmung beschleunigten Wandels besser zu begreifen. Gerade die besondere Intensität des Erlebens von rapidem Wandel, die sich in den Erfahrungen der mittleren chinesischen Kohorte abzeichnet, kann demnach zu einer besonderen Relevanz derjenigen Veränderungen beitragen, die sich im eigenen Lebensumfeld und den eigenen Lebensbedingungen vollzogen haben.

Während aus Rosas Makroperspektive offenbar eher die Fragen der Nicht-Wahrnehmung des komplexen Wandels in den Vordergrund rücken, lässt unsere empirisch-explorative Perspektive hier zugleich erkennen, welche Ausschnitte aus solchem komplexen Wandel eine subjektive bzw. kollektive Relevanz erhalten und daher nicht nur trotz, sondern sogar aufgrund der fortschreitenden Beschleunigung und Komplexität wahrgenommen werden können. Wir gelangen so zu einem Verständnis, das das Wahrnehmungsvermögen weniger statisch fasst und dessen soziale wie auch historische Formung begreifen kann.

Krasser Wandel – Wahrnehmung von Katastrophen und Katastrophenerinnerung

Nach unseren Erörterungen der Wahrnehmung von langsam und rapide verlaufendem Wandel kommen wir nun zu Wandel, der sich mit hoher Dynamik vollzieht. Es geht damit um krassen Wandel (Clausen 1994) – um Veränderungen, die für Menschen beinahe unausweichlich und unmittelbar die Form eines katastrophischen Ereignisses erhalten. Krasser Wandel manifestiert sich – z. B. im Falle von Überschwemmungen – in einer solchen Weise innerhalb eines lokalen oder regionalen Rahmens, dass die Aufmerksamkeit der Betroffenen beinahe zwangsläufig auf das sie umgebende und sie bedrohende Katastrophengeschehen ausgerichtet wird. Insofern stellt Katastrophengeschehen ein Erleben von Kontingenz dar, das in starkem Maße aus der aktuellen Situation heraus auferlegt wird. Zudem handelt es sich hierbei um Wandel, der nicht nur einzelne betrifft oder von wenigen erlebt wird, sondern eine kollektive Bedrohung und ein kollektives Erleben vieler Menschen in den betroffenen Räumen bedeutet. Im Folgenden werden wir unter anderem sehen, dass diese Kollektivität für die genaueren Formen der Wahrnehmung von krassem Wandel eine erhebliche Rolle spielt.

7.1 „Natur"-Katastrophen als komplexe soziale Prozesse

Da unser übergreifendes Forschungsinteresse eng mit der Klimaproblematik und den gesellschaftlichen Bedeutungen einiger Folgen des menschlichen Einwirkens auf Natur zusammenhängt, blicken wir in diesem Kapitel nur auf einen spezifischen Typ von krassem Wandel – auf sogenannte „Natur"-Katastrophen.

Grundsätzlich kann davon ausgegangen werden, dass aufgrund der anthropogenen Erhöhung des Anteils von Treibhausgasen in der Erdatmosphäre die Gefahr extremer Wetterereignisse, die von Menschen als Naturkatastrophen erlebt werden,

D. Rost, *Wandel (v)erkennen*, DOI 10.1007/978-3-658-03247-0_7,
© Springer Fachmedien Wiesbaden 2014

steigt (IPCC 2012[1]; Rahmstorf und Schellnhuber 2007). In diesem Zusammenhang zeigt sich sogleich, dass Naturkatastrophen keineswegs als reine Naturphänomene begriffen werden dürfen. Zum einen werden sie gerade aufgrund ihrer Konsequenzen für Menschen – und das heißt stets für Soziales und Kulturelles – überhaupt als Katastrophen bezeichnet.[2] Zum anderen zeigen sich im Kontext des anthropogenen Klimawandels die menschlichen Einflüsse auf die Genese und Ausprägung von Naturkatastrophen in besonders deutlicher Weise. Doch auch jenseits der Klimaproblematik erfasst der Begriff der Naturkatastrophe immer auch Bedrohungen und Schädigungen der von Menschen geschaffenen oder von diesen genutzten physikalischen Welt, der Physis der Menschen und zugleich auch der sozialen und kulturellen Muster der gesellschaftlichen Wirklichkeit (vgl. Felgentreff und Glade 2008; Tierney et al. 2001, S. 15).

Diese sozialen und kulturellen Aspekte von Naturkatastrophen werden in weiten Teilen der Katastrophen- wie auch der Klimaforschung inzwischen stärker berücksichtigt. Nicht zuletzt zeigt sich das in einer Erweiterung der Perspektiven auf Katastrophengeschehen, die nun Fragen der gesellschaftlichen Verwundbarkeit (Vulnerabilität) systematisch berücksichtigen. Faktoren, die unter anderem dazu beitragen, dass sehr ähnlich geartete natürliche Extremereignisse sich in unterschiedlichen Kontexten äußerst verschieden auswirken können, erhalten insofern in der Forschung eine zunehmende Aufmerksamkeit (vgl. Nigg und Mileti 2002, S. 272 f.; Geenen 2010; Gerstengarbe und Welzer 2013).

Eine andere Linie von Kritik innerhalb der Katastrophenforschung wendet sich gegen zumindest früher dominierende Fassungen des Begriffs, die Naturkatastrophen als eine Form von Wandel verstehen, der ein räumlich und zeitlich klar abgrenzbares Ereignis darstellt. Dies verstelle den Blick auf längerfristige Prozesse mit verheerenden Folgen, wie etwa Dürren oder Desertifikation, und auf länger-

---

[1] Siehe dort (IPCC 2012, S. 8–16) insbesondere die sehr differenzierten Aussagen zu Erkenntnissen über (potentielle) Veränderungen von Wetterextremen und deren Zusammenhang mit anthropogenem Klimawandel.

[2] Für ein genaueres Verständnis ist es in diesem Zusammenhang erforderlich, über eine einfache Dichotomie von Mensch und Natur hinauszugehen und den Begriff von Natur wie auch das Verhältnis Mensch-Natur genauer zu erörtern. Dabei müssen insbesondere die Naturaspekte des menschlichen Lebens wie auch die Naturseite der von Menschen geformten Welt sorgfältig erfasst werden. Nur auf diesem Wege wird es möglich „Natur"-Katastrophen etwa im Sinne der von Elias angesprochenen Vorstellung zu begreifen, die von ‚Menschen in der Natur' ausgeht und die Menschen also „nicht abgesondert für sich, sondern eingebettet in das Naturgeschehen" (Elias 1988, S. XV) betrachtet. Vgl. hierzu auch das Konzept der gesellschaftlichen Naturverhältnisse, das allgemeine Grundmuster der Beziehung zwischen Mensch, Gesellschaft und Natur zu erfassen sucht (Becker et al. 2011) bzw. die ohnehin viel weiter zurückreichende Tradition, die Schmidt (1971) sorgfältig referiert.

fristige soziale Konsequenzen von Naturkatastrophen. Zudem blende ein streng ereignisbezogener Katastrophenbegriff die Bedeutung des Vorbereitseins auf solche Gefährdungen sowie eventueller Bemühungen um eine Minderung solcher Gefährdungen aus. Daher seien Naturkatastrophen nicht als ein Typus feststehender Ereignisse und Geschehnisse zu begreifen, sondern eher als ein in hohem Maße offenes Krisenphänomen, dessen genauere Gestalt von mehreren sozialen Faktoren abhänge (Nigg und Mileti 2002, S. 275 ff.). In dieser Perspektive verschiebt sich der Fokus stärker auf Gefährdungen sowie auf deren Wahrnehmung und den Umgang mit ihnen. Es geht dann stärker um das Vorbereitetsein, die Vermeidung und Anpassung im Kontext solcher Gefährdungen und nicht mehr nur um den Eintritt von weitgehend als fixe Größe verstandenen Schadensereignissen, zu denen sich einzig die Frage einer effektiven Reaktion stellt.[3]

Solcherart erweiterte Perspektiven legen auch nahe, Katastrophen anhand von Katastrophenzyklen oder zumindest von weit über das unmittelbare Schadensgeschehen hinausreichenden Phasenmodellen zu begreifen. So schlägt Hewitt (1997, S. 37) eine Unterscheidung von drei Phasen des Katastrophengeschehens vor, denen er insgesamt 8 Subphasen zuordnet: A) *Voraussetzungen*: 1) Alltagsleben, 2) erste Vorzeichen; B) *Katastrophe*: 3) Auslösendes Ereignis, Schwelle; 4) Auswirkung und Zusammenbruch; 5) sekundäre und tertiäre Schäden, 6) Hilfe von außen; C) *Erholung und Rekonstruktion*: 7) Aufräumen und Notgemeinschaften, 8) Wiederaufbau.

Demgegenüber betonen die ebenfalls idealtypisch formulierten sechs Katastrophenphasen in Lars Clausens (2003, S. 62–76) FAKKEL-Modell (Friedensstiftung, Alltagsbildung, Klassenformation, Katastropheneintritt, Ende aller Sicherheit, Liquidation der Werte) eine zyklische Gestalt. Sie sehen die Resultate abgelaufener Katastrophen zugleich als Voraussetzungen späterer Katastrophengeschehens und folgen gewissermaßen dem Motto ‚nach der Katastrophe ist vor der Katastrophe'. Eine Stärke solcher eher zyklisch ausgerichteten Modelle liegt sicherlich darin, dass sie nicht zuletzt die Konsequenzen sowie ein eventuelles Lernen aus Katastrophenerfahrungen erfassen können. Diese Perspektive führt zwangsläufig zu Fragen nach Katastrophenerinnerung sowie nach deren Stellenwert für den Umgang mit folgendem bzw. potentiell möglichem krassen Wandel.

---

[3] Leicht zu erkennen sind hierbei die spezifischen gesellschaftstheoretischen Vorstellungen, die dem ereignisbezogenen und zeitlich eng gefassten Katastrophenbegriff zugrunde liegen. In ihm spiegelt sich die in den 1950er bestehende und bis in die 1960er Jahre reichende Dominanz der gesellschaftstheoretischen Strömung des Strukturfunktionalismus, die nahelegt, Katastrophen als außerordentliche Störungen normaler gesellschaftlichen Stabilität zu begreifen, zu deren Wiederherstellung es entsprechend außerordentlicher – und einem Paradigma militärischer Intervention folgender – reaktiver Maßnahmen der Katastrophenhilfe bedarf (Nigg und Mileti 2002, S. 275).

Im Zuge der induktiven Auswertung des in unserem Teilprojekt „Katastrophenerinnerung" erhobenen Interviewmaterials entwickelten wir eine eigene Phasierung von Katastrophen. Sie umfasst im Einzelnen eine Phase noch vor Eintritt des Katastrophengeschehens; erste Vorzeichen; das Eintreten des Katastrophengeschehens; die unmittelbare Folge; Alltagsbildung/Normalisierung und schließlich die Zukunft. Sie ähnelt somit den beiden vorgenannten Phasenmodellen, betont allerdings mit den Zukunftsperspektiven und -erwartungen der Betroffenen einen weiteren Aspekt, der in den beiden anderen Modellen zumindest nicht explizit enthalten ist.

Gegenüber den auch mit solchen Phasenmodellen verbundenen Erweiterungen der Forschungsperspektive, die in hohem Maße an den Potentialen der Bewältigung bzw. Vermeidung von Katastrophensituationen interessiert sind, halten wir hier im Rahmen unserer Fragestellung allerdings dennoch an einem Katastrophenbegriff fest, der räumlich und zeitlich enger begrenzte Ereignisse umfasst. Es geht uns in der vorliegenden Arbeit ja nicht um die Bildung eines wissenschaftlichen Begriffs, der möglichst alle katastrophenrelevanten Aspekte umfasst, sondern wir fragen in wesentlich spezifischerer Weise nach den Formen, in denen Betroffene krasse Veränderungen ihrer natürlichen und sozialen Umwelt wahrnehmen. Damit interessiert uns vor allem die Binnenperspektive der unmittelbar von Katastrophengeschehen Betroffenen, d. h. ihre Wahrnehmung der sie bedrohenden krassen Veränderungen. Auch innerhalb dieser enger gefassten Forschungsperspektive sind grundsätzlich sehr unterschiedliche Formen der Katastrophenwahrnehmung zu erwarten, die sowohl den krassen Wandel durch das unmittelbare Wirken von Naturkräften betreffen können als auch Auswirkungen solchen krassen Wandels auf die soziale oder kulturelle Welt der Betroffenen wie z. B. auf Biografien, Familien, Arbeit und Gemeinschaften oder auf Ortsbilder, Behausungen und Erinnerungsgegenstände, die für die Betroffenen bestimmte Bedeutungen tragen und insofern Stützen ihrer individuellen und kollektiven Sinnwelt darstellen.

Mit der zuletzt angesprochenen kulturellen Dimension[4] hängt auch die Frage zusammen, ab wann überhaupt von einer Katastrophe gesprochen werden sollte. Die Tradition der Kieler Katastrophenforschung, auf die wir uns mit dem Begriff des krassen Wandels (Clausen 1994) beziehen, betont hier neben Komplexität und Dynamik – Katastrophen gelten ihr als extrem vernetzter und beschleunigter Wandel – auch die Auswirkungen auf die Sinnwelt. In Katastrophen vollziehe sich ein tiefgreifender Wandel der Sinnwelten, der unter anderem zu einer Liquidation bestehender Wertorientierungen führe. Dadurch seien Katastrophen in

---

[4] Besonders Douglas (1992, S. 51) hebt die kulturelle Dimension der Wahrnehmung von Gefahren und Risiken hervor.

besonderer Weise offen für verschiedenste Versuche der Ausdeutung und Erklärung eines zunächst unfassbaren Geschehens. Spontan sich aus der Situation heraus entwickelnde Deutungen von Katastrophen können sich sehr weit von rationalen oder wissenschaftlichen Deutungen entfernen. In diesem Sinne ist Katastrophengeschehen als extrem magisierbar zu verstehen (Clausen 2003, S. 59). Eine besondere Betonung erhält die Sinndimension auch in Martin Voss' (2006) Verständnis von Katastrophen als Zusammenbruch von bestehenden Erwartungsmustern und symbolischen Ordnungen.

Dieser Zuspitzung des Katastrophenbegriffs auf umfassende Zusammenbrüche kultureller Muster und Ordnungen folgen wir hier allerdings nicht. Vielmehr nutzen wir ein weiter gefasstes Begriffsverständnis, das uns erlaubt, in einer vergleichenden Perspektive auf größere und kleinere Katastrophen zu blicken, die zudem in unterschiedlicher Weise natürliche, soziale und kulturelle Aspekte krassen Wandels enthalten können.[5]

7.2 Wahrnehmungen von aktuell erlebtem krassen Wandel

In den von uns untersuchten Fällen in Deutschland, Chile, Ghana und den USA[6] kam es innerhalb unterschiedlicher Kontexte – einem Flusshochwasser, einem Vulkanausbruch, saisonalen Niederschlägen und einem Hurrikan – zu katastrophischen Gefährdungen und Schäden, die jeweils auch Überschwemmungen einschließen und insofern trotz aller Unterschiede ein wesentliches Charakteristikum teilen. Daher konnten wir das entsprechende Interviewmaterial, das aus mit Betroffenen geführten qualitativen Interviews hervorging, fallübergreifend und vergleichend analysieren, um einige allgemeine Erkenntnisse zur Wahrnehmung von krassem Wandel zu gewinnen.

Obwohl es nun um krassen Wandel geht, dessen Wahrnehmbarkeit wir im Vergleich zu weniger dynamischen Formen des Wandels grundsätzlich als leichter

---

[5] Um unterschiedliche Ausmaße von Katastrophen zu unterscheiden, ist die ergänzende Nutzung des englischsprachigen Begriffes „disaster" erwägenswert. Lars Clausens Übersetzung eines Textes von Enrico L. Quarantelli (2003) zur Unterscheidung von „kleineren" Desastern und „größeren" Katastrophen behält z. B. auch im Deutschen diese Begriffsunterscheidung bei. Dennoch benutzen wir hier durchgängig den im Deutschen ohnehin gängigeren Katastrophenbegriff in seinem oben dargelegten weiten Sinne, da sich dieser gerade für eine vergleichende Perspektive auf Katastrophengeschehnisse unterschiedlicher Art und Ausmaße eignet.

[6] Siehe zu diesen einzelnen Fallstudien unsere eingangs von Teil II gegebenen Erläuterungen.

und wahrscheinlicher einschätzen, bleibt bei näherer Betrachtung auch hier zu klären, wann genau und wie dieser Wandel wahrgenommen wird. Wie also vollzieht sich die Wahrnehmung einer aktuellen Ausnahmesituation und der Aufhebung alltäglicher Abläufe und Probleme?

7.2.1 Schwierigkeiten und Schritte der Wahrnehmung von Katastrophengeschehen

Die Schilderungen in den Interviews liefern zahlreiche Hinweise auf Schwierigkeiten und Verzögerungen der Wahrnehmung einer Katastrophensituation, d. h. der Feststellung, dass überhaupt eine außergewöhnliche Gefährdungssituation vorliegt. Beginnen wir mit einem Blick auf das Geschehen im chilenischen Chaitén:

> I: Und wie war der Ablauf? Weil ich gehört habe, dass es schon zwei Tage vorher losging.
> A: Ja, mit Beben. Und mit einer *großen Unsicherheit für uns, weil wir ja nicht wussten, um was es da geht.* Es hätte ja auch *sein können, dass es ein großes Erdbeben war oder ein großes Seebeben. Es hätte ja auch der Vulkan Michinmahuida* sein können. Aber *niemals hätten wir gedacht, dass es dieser hier sein könnte, der so nah an uns dran ist. Dass es der Chaitén sein könnte.* Wir erlebten also zwei Tage mit super vielen Beben, mit viel Panik, Erschrockenheit. Weil die Beben kamen ja zum Teil sehr langsam und dann wieder super stark. Und da wir ja hier durch das Meer sehr tief liegen, hatte man große Angst davor, dass ein große Welle, ein Meerbeben kommen könnte. Man musste also *die ganze Zeit sehr wach sein, um zu sehen, ob in einem bestimmten Moment etwas sehr Großes kommt und man sich schnell retten muss.* (KE/CL/31/w51, Abs. 14/15)

Die Befragte berichtet von den überraschenden Anfängen des Katastrophengeschehens. Zwei Tage lang bebte der Boden im Ort immer wieder, ohne dass die Betroffenen dies hinreichend deuten konnten. Die anhaltende Unsicherheit über das Ausmaß der Beben und die Art der mit ihnen verbundenen Gefährdungen ließ die Bevölkerung in ihrem Alltag innehalten und nicht mehr zur Ruhe kommen. Außergewöhnliche Vorgänge verlangten ihre Aufmerksamkeit und lenkten sie auf das Problem, was in dieser veränderten Situation geschah und nun zu tun war. Hierbei wurden verschiedene Ursachen und Folgen in Betracht gezogen. Vorstellbar waren z. B. Seebeben oder eine Eruption des etwas weiter entfernt liegenden Vulkans Minchinmahuida, dessen Aktivität aus historischer Zeit bekannt war – nicht jedoch eine Eruption des in dichter Nachbarschaft gelegenen Vulkans Chaitén, der nun nach 9.000 Jahren Ruhepause[7] plötzlich aktiv geworden war, und die damit verbundene Überflutung des Ortes.

---

[7] Deutsches Geoforschungszentrum (GFZ) (2012, S. 3).

Eine ähnliche Phase der Ungewissheit zwischen der Aufhebung von Normalität und einer Bedrohung durch mehr oder weniger natürliche Phänomene zeigt sich in Erzählungen über die Situation 1997 an der Oder. Damals bedrohte das Ansteigen dieses Flusses die Deiche, die schließlich auf der deutschen Seite an zwei Stellen brachen:

> Und Wasser ist eigentlich jedes Jahr, die *Oder steigt jedes Jahr und fällt jedes Jahr und bei uns wird auch die Wiese und alles nass.* Also da merkt man, dass die Oder steigt. Aber das ist eigentlich nicht … Also die Leute. Also das *kam schon in den Nachrichten, da war das für uns eigentlich noch nicht aktuell.* Also für uns war das am Anfang noch nicht so aktuell. Erst wo dann die *Oder weiter gestiegen ist, dann sind wir auch jeden Tag an die Oder gegangen und haben uns Steine gelegt am Damm,* also mein Mann hat dann immer einen Stein hingelegt. Und immer wenn er am nächsten Tag gekommen ist, war der Stein wieder weg, haben wir gesehen, das ist wieder … Und dann haben wir doch ein bisschen, naja dann ist ja auch … *Angst haben wir eigentlich erst richtig bekommen … also die Feuerwehr, das THW und als die eingereist sind.* Das ist denn eigentlich erst so der Angstzustand, also wo dann der Angstzustand ausgelöst wurde. So lange hatten wir eigentlich nicht … So lange haben wir eigentlich gedacht: ‚Naja, das ist jedes Jahr und das ist Panik und Presse und hm'. (KE/D/30/w46, Abs. 13)

Gegenüber dem Geschehen in Chaitén setzt der Bruch mit dem Alltäglichen hier noch langsamer und mit größerer Verzögerung ein. Hochwasser des Flusses, mit dem auch ein Anstieg des Grundwassers und entsprechend feuchte Wiesen in den Niederungen verbunden sind, treten hier regelmäßig auf und sind daher vertraute Phänomene. Erste Hinweise zu einer außergewöhnlichen Gefahrenlage werden in diesem Fall von außen über Nachrichtenmedien in die lokale Situation vermittelt. Anfangs stehen ihnen noch lokal begründete Erfahrungsbestände entgegen, die gerade die Kontinuität des aktuellen Geschehens mit früheren Referenzperioden nahelegen, in denen nichts Bedrohliches geschehen ist. Erst als der Fluss über vertraute Werte steigt, setzt eine Beunruhigung ein, die nun genaueres Wissen über die aktuelle Situation verlangt. Ein Weg zu solchem Wissen sind eigene Beobachtungen des Flusses. Der Flussstand wird nun täglich kontrolliert und anhand eigener Hilfsmittel – der Markierung des Wasserstands mit Steinen – systematisch beobachtet. Dennoch führt erst eine Veränderung der sozialen Situation, das Eintreffen von Katastrophenschutzkräften vor Ort, zur Anerkennung einer krass veränderten Situation, die aufgrund einer massiven Bedrohung durch Naturkräfte außeralltägliche Maßnahmen erfordert. In diesem verzögerten Verlauf der Katastrophenwahrnehmung deutet sich zudem eine gewisse Spannung zwischen örtlichem Alltags- bzw. Laienwissen und dem externen Expertenwissen an.

7.2.2　Reflexive Wahrnehmung krassen Wandels nach der Phase der Zuspitzung

Viele Erzählungen des erlebten Katastrophengeschehens weisen auf ein verzögertes und schrittweise erfolgendes Wahrnehmen von krassem Wandel hin. Neben den ersten Erlebnissen setzen sich Erfahrungen tiefgreifender Veränderungen zum Teil in rascher Folge fort, etwa wenn es in Folge des Vulkanausbruchs neben Ascheregen schließlich zu Überschwemmungen durch den in seinem Lauf veränderten Fluss kommt oder an der Oder der Deich bricht bzw. später nach Abfluss des Hochwassers eine entstellte Umgebung und zerstörter Hausrat vorgefunden werden. Katastrophenwahrnehmung besitzt insofern die Form einer sukzessiven Wahrnehmung. Sie ergibt sich prozesshaft aus einer Reihe von Veränderungswahrnehmungen, die sich schließlich zu einem Gesamtbild fügen.

In diesem Zusammenhang legt unser Datenmaterial nahe, dass Betroffene in vielen Fällen erst nach Abschluss der unmittelbaren Bedrohungen, die sich aus den Naturdynamiken des komplexen Geschehens ergeben, in der Lage sind, ein solches Gesamtbild des Geschehens zusammenzusetzen. Abgesehen von den Fällen, in denen diese Verzögerung maßgeblich mit der Evakuierung aus besonders gefährdeten Zonen und also einer räumlichen Distanz zusammenhängt, liegt dies sicherlich auch daran, dass erst nach Abschluss der unmittelbaren Gefährdungen und des damit verbundenen Handlungsdrucks hinreichend Zeit zur Verfügung steht, durch eigene Anschauung von Folgen sowie durch unterschiedliche Wege der Kommunikation zu einem umfassenderen Bild des Katastrophengeschehens zu gelangen. Dieses Gesamtbild kann im Sinne einer ersten bilanzierenden Reflexion verstanden werden, in der aus dem Erlebten und dem darüber hinaus Geschehenen, das nun erkannt werden kann, Erfahrung konstituiert wird. Durch diese erste bilanzierende Reflexion entsteht gewissermaßen eine erste Fassung dessen, was dann beispielsweise als Erfahrung „Oderflut 1997" festgehalten und in weiteren Gedächtnis- und Erinnerungsschritten eventuell weiter modifiziert werden kann.

Eine Erzählung über mehrere Besichtigungen eines überfluteten Hauses an der Oder illustriert diesen schrittweisen Prozess der Wahrnehmung und Erfahrungsbildung ebenso wie die Schwierigkeit, ganz unterschiedliche Erlebnisse in einen Zusammenhang zu bringen:

> Und dann, *Tage später bin ich aber mit dem Boot raus gefahren, und das war so mein Eindruck.* Dass ich eben an der B 212 einstieg und irgendwann ab X-Siedlung *dann das rote Dach sah und mir immer wieder sagte: ‚Mein Haus steht nicht unter Wasser. Das kann gar nicht sein! Das Dach leuchtet so schön, das kann …' Ja, so völlig irrsinnig.* Es stand natürlich unter Wasser, das ist klar. Und es war ja nach der Katastrophe nur schönes Wetter, also das war der absolute Gegensatz, *das Haus steht unter Wasser,*

also das war dieser Tag, und das Wetter ist so schön. Das kann doch gar nicht passen! Wie passt denn so was? Wie kann denn so was schön sein? Das war so noch mal mein innerer Zwiespalt, wie gesagt. Das gibt es nicht! Aber eben so ist das Leben, ist ja alles Lebensschule, ja. (...)
Und die andere Sache ist die, als wir dann noch ein paar Tage später, als wir mit dem Boot dann nicht mehr von dieser Seite aus rankamen, über die Oder fuhren, ab Y., ab Fischer Z., mit dem Boot die Oder lang, dann hier, U.-Haltepunkt hielten und über den Deich liefen, mit solchen Wathosen, und dann die ganze Strecke hier runter liefen. So, und das war auch noch mal richtig schlimm, *dann war das Wasser ja dann noch tiefer, ja, man hat das Ausmaß gesehen.* Das war eben wirklich eine brütende Hitze, *alles blühte, alles schimmelte, Schimmel, ich habe noch nie so bunten Schimmel gesehen* am Gipskarton oben, so zack zack. (...)
Und ja, *da wurde mir das Ausmaß auch noch mal richtig bewusst, alles so, es ist so mit Dreck, dreckig gesehen, alles verschlammt.* Die Küche, die eingebaut war, war ja, ich habe die Tür aufgemacht, hatte ich alles in der Hand, das war ja alles aufgeweicht und war ja nicht mehr zu gebrauchen, gar nichts, und aber alles ursprünglich neu. (KE/D/37/w45, Abs. 52–54)

Diese Sequenz zu Schritten der Katastrophenwahrnehmung veranschaulicht, wie aus manchen der Beobachtungen und Erzählungen von Betroffenen beinahe unmittelbar Hinweise für analytische Perspektiven herausgelesen werden können. Nicht vergessen werden dürfen hierbei freilich die Unterschiede, die zwischen dem Erleben, der Erfahrungsbildung und dem späteren Erzählen von Erfahrungen bestehen. In einer eingehenderen Untersuchung könnte dies genauer rekonstruiert werden.

7.3   Die soziale Deutung der Katastrophensituation

7.3.1   Personale Kommunikation

Unübersichtlichkeit ist ein wesentliches Merkmal vieler Katastrophensituationen. Die Gefährdung von Leben und Gesundheit sowie von Hab und Gut bindet Betroffene räumlich, und sie richtet deren Aufmerksamkeit auf einzelne Ausschnitte eines Katastrophengeschehens, das meist wesentlich komplexer ist als es der individuellen Anschauung zunächst erscheint. Zudem sind gewohnte Wege der Kommunikation beeinträchtigt oder unterbrochen. Zugleich drängen sich – wie bereits gesehen – in einer von Kontingenz geprägten Situation den Betroffenen Fragen auf, was denn genau geschehen ist und weiter geschieht, innerhalb welchen Rahmens und in welchem Ausmaße. Für die weitere subjektive Bewältigung der Situation ist der Erwerb entsprechender Informationen und Wissenssplitter von erheblicher Bedeutung. Insofern erweist sich neben den Formen gegenseitiger praktischer Unterstützung auch der gegenseitige Austausch von Informationen als typische Form sozialer Beziehung, die in Katastrophensituationen neu oder in veränderter Weise entsteht, d. h. emergiert.

Eine Schilderung der Situation nach dem Durchzug von Hurrikan Katrina in New Orleans geht ausführlich auf solche neuartigen Kommunikationsmuster zwischen Betroffenen ein:

> Wir haben aber alle Informationen ausgetauscht. Da war diese kleine ... Beim Herumradeln, das hätte ich vielleicht vorher sagen sollen, riefen alte Damen in Uptown, reiche Damen in Uptown [reiches Stadtviertel von New Orleans], ‚He, junger Mann, hierher!‘, nachdem sie gesehen hatten, dass ich nicht von der gefährlichen Sorte war, was eine interessante Dynamik war. Und *die fragten mich, ‚Was haben sie gehört?‘* Und so tauschten wir Informationen aus, *das waren also diese kleinen, spontanen sozialen Netzwerke, die sich da formierten.* Und man tauscht das aus, was man weiß. Und was teilt man mit? ‚Ich habe gehört, dass ...‘ und man gibt diese Information weiter. Und sie handeln dann aufgrund der schlimmsten Information, die man ihnen gibt. Und ich denke, im Rückblick muss man ein bisschen verständig sein, darüber, was man herausfiltert, ‚Glaube ich das wirklich, sollte ich das wirklich weitergeben?‘ Aber *die Stimmung des Moments ist, man trifft jemanden, die wollen reden, und du willst reden, und so teilt man sich alles mit. Und man will alles wissen.* ‚Sag mir alles! Ich will auch das Schlimmste wissen, was du gehört hast. Lass nichts aus!‘, und so baut man eine Beziehung zu komplett Unbekannten auf, aber man hat diese Verbindung und diese Empathie, die man während Friedenszeiten nicht hat, und das ist erstaunlich. (KE/USA/05/m40, Abs. 64)

Dies ist der Bericht eines Intellektuellen über die Situation im teilweise überschwemmten New Orleans. Er verdeutlicht sowohl die Bedeutung von persönlich übermittelten Informationen für die Bewältigung der Unsicherheit und Ungewissheit als auch die Unsicherheit der so gesammelten Informationen. Neben den möglichen Leistungen dieser face-to-face-Kommunikation in der Katastrophensituation zeichnen sich damit auch deren Probleme ab. Sie ist anfällig für Überzeichnungen, und es fehlt ihr eine Filterung von glaubwürdigen bzw. sachgerechten Informationen. Im Hinweis auf das starke Bedürfnis, ‚alles wissen zu wollen‘ wie auch ‚reden zu wollen‘ und ‚alles mitteilen zu wollen‘, lässt sich zudem erkennen, in welch hohem Maße die Deutung der Situation Kommunikation erfordert. Das individuelle Erleben reicht nicht aus, sondern es bedarf einer Zusammenführung mit unterschiedlichen Erfahrungen anderer Betroffener sowie umfassenderer Informationen. Die Rede von einer außergewöhnlichen empathischen Verbindung zu Menschen, die im Alltag Fremde bleiben, zeigt darüber hinaus, wie die Katastrophensituation durch die Ausrichtung aller Betroffenen auf eine geteilte Problematik, auf ein Thema, das ihnen allen situativ auferlegt wurde, bestimmt ist.

Die Interviews veranschaulichen des Weiteren, dass die Intensivierung von Kommunikation und Kooperation eine Erfahrung ist, die in kollektive Wissensbestände und Erwartungen Eingang finden kann. Eine Befragte aus Deutschland erzählt dementsprechend:

> Ich finde so gerade als die Zeit des Hochwassers war, dass alle irgendwo … das ist aber immer so in der Not, die Not schmiedet eben die Menschen zusammen. Dass das *damals ein ganz enges Verhältnis war eigentlich so zu den Leuten. Man hat auch viel mehr im Dorf miteinander geredet.* Das ist schon so. (KE/D/02/w47, Abs. 32)

Im weiteren Verlauf und mit größerem Abstand zum Katastrophengeschehen, d. h. im Zuge einer erneuten Alltagsbildung, zeigt sich dann allerdings auch wieder ein Zerfall der Beziehungs- und Kommunikationsmuster, die in der Katastrophensituation emergierten.

7.3.2 Stellenwert von Kommunikationsmedien

Das hohe Kommunikations- und Informationsbedürfnis der von Katastrophengeschehen unmittelbar Betroffenen spiegelt sich nicht nur in der situativ bedingten starken Motivation zu persönlicher Kommunikation, sondern auch in der Nutzung von Medien. Medial vermittelte Sachverhalte stellen damit einen weiteren wichtigen Faktor der Wahrnehmung von krassem Wandel dar.

Nicht nur, aber doch in besonderer Weise gilt das für Personen, die evakuiert sind. Einerseits befinden sie sich in Sicherheit und sind dadurch entlastet, andererseits lastet auf ihnen die Sorge um andere Personen sowie um all das, was sie zurücklassen mussten und weiterhin gefährdet ist. Eine Bewohnerin von Chaitén schildert eine solche Situation nach der Evakuierung so:

> Während der ganzen Zeit, (…) da *haben wir das ja alles im Fernsehen gesehen.* Da haben sie ja auch gezeigt, wie der Fluss auf einmal mitten durchs Dorf ging. Und da haben wir ein bisschen die Hoffnung verloren, dass wir zurückgehen können. Also, als wir gesehen haben, dass der Fluss direkt das Dorf durchteilt. Und so, wie die ganze Situation da war. Und dann *wussten wir ja alle Neuigkeiten.* Dass da *das Haus von dem und dem war, das der Fluss das Haus von dem und dem mitgerissen hatte. Und das im Fernsehen zu sehen, da weiß man natürlich nicht, was das bedeutet. Aber wenn man dann direkt vor Ort ist und alles sieht. Das ist das schlimmste.* (KE/CL/22/w45, Abs. 62)

Fernsehen und Radio dienen in dieser Situation als Quellen von Information aus Bereichen, die aktuell nicht selbst erfahren werden können. Wie in diesem Beispiel aus Chile finden sich auch zur Situation nach dem Hurrikan Katrina zahlreiche Hinweise auf die Bedeutung der Medien, insbesondere auch der Bildmedien, die –

wenn auch in vielen Fällen eher zufällig – Informationen über den Zustand des eigenen Wohnviertels und mitunter sogar des eigenen Hauses liefern.

Aufschlussreich in der zitierten Aussage zu Chaitén ist auch der Hinweis auf die sinnliche Differenz der mittelbaren Wahrnehmung von Medieninformation und der unmittelbaren Wahrnehmung bei persönlicher Präsenz vor Ort. Gegenüber dem nur medial vermittelten Erleben gilt das direkte persönliche Erleben als bedeutungsreicher und entsprechend schlimmer. Aus der Gedächtnis- und Erinnerungsforschung wissen wir, dass solche Intensitäten des Erlebens wiederum in erheblichem Maße das Vermögen unterstützen, Sachverhalte in Gedächtnissen festzuhalten.[8] Andererseits bieten die medialen Informationen, wenn sie in Form von Fotos, Artikeln oder Dateien aufbewahrt werden, die Chance, das Festhalten und Erinnern durch die wiederholte Vergegenwärtigung von Sachverhalten zu unterstützen.[9] Für den Umgang mit zukünftig eventuell eintretenden Katastrophen kann das von erheblicher Bedeutung sein.

Insgesamt können wir somit festhalten, dass die mediale Vermittlung des Geschehens sowohl für das Wahrnehmen von krassem Wandel wie auch für dessen Gedächtnis und Erinnern eine wichtige Rolle spielt.

7.3.3　Laien und Experten

In die verschiedenen Bemühungen um Deutung von Situationen krassen Wandels können unterschiedliche Wissensformen eingehen. Das deutete sich in den vorhergehenden Überlegungen bereits an. Wir sahen das Beispiel von der Oder, in der Ortsansässige sich offenbar gerade aufgrund ihrer Vertrautheit mit regelmäßig auftretenden Hochwassersituationen zu lange Zeit in der Gewissheit wähnten, es könne nichts Bedrohliches geschehen.

Ihre Wahrnehmung erinnert an einen Befund aus einer klassischen geographischen Studie zu Überschwemmungen in Tennessee (USA). Ihr Autor, Robert W. Kates (1962, S. 88, 92), spricht davon, dass die Laienperspektive auf Hochwasser dort durch einen nicht weit in die Vergangenheit reichenden Zeithorizont und eine einfache Spiegelung der Vergangenheit in die Zukunft geprägt sei. Zudem erkennt Kates eine Unfähigkeit, solche Dinge bzw. Überschwemmungen vorzustellen, die zuvor noch nie auftraten. Dieser Befund verweist auf Grenzen der lokal begründeten

---

[8] Vgl. zum unterschiedlichen Einfluss direkter und indirekter Erfahrungen auf subjektive Entscheidungen bereits Whyte (1985, S. 420).

[9] Zu Rolle der Medien in der Darstellung und Wahrnehmung von Naturkatastrophen vgl. auch Beiträge in Groh et al. (2003).

und gegenwartsbezogenen Laienperspektiven und auf das Potential von Expertenwissen, aufgrund von systematischer Informationssammlung, wissenschaftlicher Reflexion und weiter gespannter Zeithorizonte die Grenzen des Laienwissens zu überschreiten.

Seitens der betroffenen Laien bestanden im Falle der zunächst unerklärlichen Erdbeben in Chaitén so auch entsprechende Erwartungen an Expertenwissen. Allerdings zeigt dieser Fall zugleich, dass Einschätzungen von Experten selbstverständlich nicht unbedingt zutreffen müssen.[10] Ein Befragter schildert das Verhältnis von Experten- und Laienmeinung in dieser Situation wie folgt:

> Immer wieder Beben, jedes Mal stärker, sehr kurze Beben, aber mit ziemlich viel Kraft. Am 1. Mai da hat man *die kompetenten Autoritäten gebeten, sich zu informieren. Man hat darum gebeten, auch außerhalb von Chaitén. Dann kamen Menschen, also Experten in diesem Thema, und die haben uns erklärt, dass es tektonische Bewegung sei.* Dass man sich keine Sorgen machen müsse, dass es nichts Vulkanisches sei. Die *Menschen haben zu diesem Zeitpunkt alle gesagt, dass es vulkanisch sei. Die Menschen kennen ja auch die Region viel besser.* Aber *wir haben das dann angenommen, dass es etwas Tektonisches sei, dass es einfach die Bewegungen der Platten seien und dass da schon nichts passieren würde.* Aber die Beben kamen immer wieder. Jedes Mal stärker. (KE/CL/45/m52, Abs. 13)

Die Einschätzung der Lage durch die herbeigerufenen Experten erwies sich in Chaitén also als unzutreffend. Trotz der Hervorhebung von regionalen Kenntnissen der Bewohner, d. h. ihres ‚lokalen Wissens‘, das in dieser Erzählung eventuell retrospektiv aufgewertet wird,[11] zeigt sich hierin das besondere Gewicht, das Expertenwissen in vielen Fällen erhält. Unabhängig davon, in welchem Maße Expertenwissen und ‚lokales Wissen‘ tatsächlich zutreffen, besitzt ersteres dann eine höhere Orientierungskraft und Autorität.

Grenzen des lokalen wie auch des wissenschaftlichen Wissens werden im Kontext dieses chilenischen Katastrophengeschehens ebenfalls unter Hinweis auf eine Selektivität der Umweltwahrnehmung angesprochen:

---

[10] In drastischer und tragischer Weise zeigt sich diese Fehlbarkeit wissenschaftlicher Prognosen im Falle des starken Erdbebens im italienischen Aquila im Jahre 2009, vor dem die zuständigen Seismologen trotz einer Welle vorangegangener Erdstöße nicht warnten. Vor Gericht wurden Wissenschaftler und Katastrophenschützer hierfür 2012 in einem internationales Aufsehen erregenden und stark kritisierten Urteil schuldig gesprochen (Frankfurter Allgemeine Zeitung, 24.10.2012, S. 9).

[11] Bei der Interpretation solcher Sequenzen gilt es, zumindest zwei Ebenen zu berücksichtigen: Zum einen interessieren uns hier die darin dokumentierten Spuren von Katastrophengeschehen. Zum anderen sind diese Erzählungen selbstverständlich bereits Rekonstruktionen der Befragten, die deren Katastrophenerfahrungen retrospektiv schildern. Der Blick z. B. auf das in den Interviews dokumentierte Verhältnis von Laien- und Expertenwissen muss daher stets auch die retrospektive Deutung dieser problematischen Beziehung berücksichtigen.

> Die Katastrophe von Chaitén ist so seltsam. Ich glaube, dass es keinen Schuldigen gibt, weil [*der Vulkan*] *Chaitén ist ja da seit vielen Jahren.* Und ich habe mich ja schon immer gefragt, woher dieses lauwarme Wasser kommt. *Woher dieses heiße Wasser kommt, das in den Thermen war. Das muss aus einem Vulkan kommen. Aber keiner, nicht eine einzige Person, hat eine genaue Untersuchung darüber gemacht, woher dieses Wasser kommt. Ob es vielleicht ein Vulkan sei. Weil man hätte doch bestimmt Personen, also Wissenschaftler, gefunden, die hätten sagen können, ,Weißt du, da gibt es etwas, was genau an diesem Tag ausbrechen kann. Es ist besser, wenn wir uns darauf vorbereiten'.* Aber keiner hat etwas gemacht. Was sie gemacht haben, ja, sie kamen nach Chaitén und haben sich das Dorf angeschaut, das wunderschön war. Aber niemand hat untersucht, woher dieses Wasser kam. *Wenn man aber gewusst hätte, dass es dort einen aktiven Vulkan gibt, hätte es vielleicht an seiner Schönheit für die Menschen verloren.* Und es war so schön, dass das Kennenlernen und Anschauen das Einzige war, was die Menschen gemacht haben als sie dorthin kamen. (KE/CL/23/w35, Abs. 59)

Dieser Betrachtung geht es um eine übergreifende Fehleinschätzung, die laut der Befragten auf die idyllische Lage Chaiténs zurückzuführen sei und alle Menschen, die auf die Situation in diesem Ort blickten, in ihren Urteilen beeinflusst habe. Weder die Ortsbewohner noch die Experten und Wissenschaftler hätten die Zeichen, die schon immer auf die Aktivität des kleinen und verborgen hinter den nächsten Bergen liegenden Vulkans Chaitén hingewiesen hatten, erkannt und ihnen eine angemessene Aufmerksamkeit geschenkt. Die Reize und die Idylle des Dorfers hätten alle geblendet. So blieb es bei einem allgemeinen, doch keinesfalls unvermeidlichen Nichtwissen über den Vulkan Chaitén.

Ergänzend bleibt hier anzuführen, dass wohl auch die Präsenz des bekannten, größeren und etwas weiter entfernt liegenden Vulkans Minchinmahuida mit dazu beigetragen haben dürfte, den „kleinen", direkt neben dem Ort gelegenen Vulkan Chaitén und die geologischen Hinweise auf dessen Existenz nicht wahrzunehmen. Neben diesem Aspekt wäre es sicherlich interessant, in einer anderen Studie noch genauer herauszuarbeiten, welche spezifischen Situationsdeutungen hier dazu beigetragen haben, dass andere, angemessenere Situationsdeutungen ausgeschlossen bzw. behindert wurden.

Im weiteren Verlauf des Katastrophengeschehens in Chaitén spitzte sich der Gegensatz von Experten- und Laienwissen übrigens noch in einer anderen bemerkenswerten Weise zu. Nachdem die Aktivitäten des Vulkans wieder abklangen, wünschen viele ehemalige Ortsbewohner, die weiterhin andernorts in der Evakuierung leben, unbedingt eine Rückkehr in ihren Ort. Dem stehen nun allerdings Expertenurteile gegenüber, die Gefahrenpotentiale sehen und von einem Wiederaufbau des Ortes an alter Stelle abraten. Daher werden Expertenmeinungen – die sich einst in der akuten Katastrophensituation irrten und für unterbliebene Warnungen kritisiert werden – in der neuen Situation nach dem Abklingen der

Vulkanaktivität dafür kritisiert, dass sie mit ihren aktuellen Warnungen eine Rückkehr in den Ort und dessen Wiederaufbau sowie die Wiederkehr des gewohnten Lebens behindern. Zugleich wird vermutet, dass sie in ihrem aktuellen Urteil den Wünschen der Behörden folgen:[12]

> Also sie sollten andere Personen aus anderen Ländern holen, die solche Situationen kennen, denen sollten sie die Möglichkeit geben, das zu machen. *Wir haben ja hier die Geologen und die Vulkanologen, aber die müssen ja die gleiche Meinung vertreten. Weil, na ja, also warum sollten wir denn die Augen verschließen, wenn wir wissen, dass diese Vulkanologen vom Staat kommen. Sie werden bezahlt vom Staat. Also werden sie die Meinung haben, die zu der Regierung passt, die die Regierung hören will. Sie können das Gegenteil nicht gebrauchen.* Warum lassen sie nicht andere Personen, die von außerhalb, aus dem Ausland kommen, da rein, um zu sagen, was da los ist. *Das, was passiert ist, ist passiert. Das waren die beiden Explosionen und das musste passieren. Und sie sind im Norden von Chaitén explodiert. Und deswegen wird das dort nicht noch mal passieren. Wenn so etwas noch einmal passiert, dann doch nicht in Chaitén.* Dann wird es wieder im Norden passieren, aber doch nicht in Chaitén. Das, was in Chaitén so schlimm war, war ja die Überschwemmung, die die ganze Asche verursacht hat, die von den Bergen kam. Der Río Blanco, der komplett bedeckt wurde. Das ist das, was in Chaitén passiert ist. Sonst wäre dort ja gar nichts passiert. Dann wäre es noch genau so, wie an dem Tag, als wir gegangen sind. Dann hätte der Fluss seinen gleichen Lauf weiter genommen, dann wäre gar nichts passiert. Dann wären die Menschen schon zurück. Bestenfalls würden alle schon wieder dort leben. Weil, wir sind ja ohne Kleidung weggegangen. Wir sind ohne alles gegangen. Wir sind ja nur für zwei oder drei Tage weggegangen. Und jetzt sind wir schon fast zwei Jahr hier.
>
> (...) also, wenn ich nach Chaitén fahre und ich war schon einige Male dort, *dann bin ich mitten im Dorf und weißt Du, dann habe keine Angst.* Das erste Mal, dass ich solch eine enorme Angst gespürt habe, das war da, als der Vulkan in der Nacht nicht aufgehört hatte, das werde ich nicht noch einmal spüren. Ich weiß nicht, ob es daran liegt, dass es mir so viel Sicherheit gibt. Mehr als die Sicherheit ist eigentlich das Dorf, das mir Sicherheit gibt. Ich fahre dort hin, schlafe in meinem Haus, auf einer Luftmatratze. Aber weißt Du, ich schlafe da so, wie ich hier nie schlafen könnte. Obwohl ich hier [dem Evakuierungsort] vielleicht sicherer bin, als da. Aber nein, ich glaube nicht. *Ich bin nicht davon überzeugt von diesen Studien (...). Sie sagen, er wird wieder explodieren. Aber ich sage nein, etwas sagt mir, dass nein. Dass dort nichts mehr passieren wird. Nicht so was, was da passiert ist.* (KE/CL/18/m41, Abs. 63)

Insgesamt betrachtet ist die Problematik des Verhältnisses von Laien- und Expertenwissen noch wesentlich komplizierter, als es diese sehr eindringlichen Schlaglichter aus Chile andeuten können. So kann es z. B. durchaus auch unterschiedliches Laienwissen und ebenso kontrastierende Expertenmeinungen geben.

---

[12] Auch auf diese Frage der Rückkehr und Ortsbindung geht die Dissertation von Gitte Cullmann ausführlich ein.

Für unsere Zwecke sollte hier allerdings hinreichend erkennbar geworden sein, dass das Verhältnis unterschiedlicher Wissensbestände ein wichtiges Element jener kommunikativen und sozialen Prozesse darstellt, die vielfach überhaupt erst eine Deutung von Katastrophengeschehen ermöglichen.

Wie unterschiedliche Erfahrungs- und Wissensbestände in einen kollektiven Prozess des Aushandelns der Situationsdeutung eingehen, illustriert eine Erzählung von der Oder:

> Und dann kamen die Regenfälle. Mitte Juni kamen dann die Regenfälle. Und dann stieg das Wasser immer so schön, so schön langsam. Und ja, und *die alten Bauern sagten dann eben, das wird wohl wie 1947, dass das Hochwasser kommt.* Die hatten das irgendwie im Gefühl. Und *dann haben wir gesagt: ‚Ach nee, das kann doch nicht sein, das bisschen Wasser, das wird nichts. Das steigt zwar an und die Oderwiesen, die werden volllaufen, so wie fast in jedem Jahr.'* Ja und dann stieg es. (KE/D/11/m50, Abs. 6)

In der Situation noch bestehender Ungewissheit über das aktuelle Geschehen werden in der Kommunikation unterschiedliche Deutungen ausgetauscht und verglichen. Dass die „alten Bauern" es schließlich richtig wussten, führt der hier erzählende Handwerker auf deren Intuition zurück. Von außen betrachtet könnte das Zutreffen des Wissens der alten Bauern freilich auch mit deren umfangreicherem Sachwissen und dem weiteren Zeithorizont zu tun haben, innerhalb dessen diese älteren Personen entsprechende Geschehnisse erinnern. Berührt werden hier also auch wieder Unterschiede des Erinnerns zwischen verschiedenen Altersgruppen und Generationen bzw. Alterskohorten. Diesem Aspekt der Katastrophenerinnerung wenden wir uns nun ausführlicher zu.

7.4 Katastrophenerinnerung – Formen und Funktionen

Ein weiteres Element, das auf Wahrnehmungen krasser Veränderungen Einfluss nimmt und das wir im Folgenden ausführlicher betrachten, sind Erinnerungen an frühere Katastrophen. Aufgrund des Ereignischarakters von krassem Wandel wie auch der oft dramatischen Folgen für Einzelne und Gruppen, können wir zunächst davon ausgehen, dass Katastrophengeschehen grundsätzlich tiefe und emotionsreiche Spuren im Gedächtnis hinterlassen kann. Formen des Verzerrens und Vergessens schließt das allerdings keineswegs aus.

Besonders interessant ist in diesem Zusammenhang auch die Frage, welchen Einfluss erinnerte Katastrophen auf die Antizipation künftiger Ereignisse haben. Katastrophenerinnerung kann insofern nicht nur in ihren retrospektiven, sondern auch in ihren prospektiven Funktionen betrachtet werden – gewissermaßen als Erinnerung von Zukünftigem.

7.4.1 Katastrophenerinnerung als Ermöglichung angemessener Deutungen und Handlungsorientierungen

Früheres Katastrophengeschehen, das als Erfahrung im Gedächtnis festgehalten und erinnert werden kann, erweitert die Möglichkeiten des Deutens aktueller Kontingenz, d. h. des schockartigen Erlebens einer veränderten Gegenwart, in der beispielsweise das Wirken extremer Naturkräfte Alltagserwartungen durchbricht. Katastrophenerinnerungen, die aus dem direkten Erleben solcher Situationen oder aus den vermittelten Erfahrungen anderer Menschen stammen, die höheren Alters sind oder früher gelebt haben, können nicht nur helfen, Situationen krassen Wandels zu deuten, sondern in solchen Situationen auch in einer spezifischen und adäquaten Weise zu handeln. Katastrophenerinnerungen tragen insofern zu Sedimentationen von Erfahrungen bei, die als „cultures of disaster" (Bankoff 2003) bezeichnet werden können und die das gesellschaftliche Vermögen erhöhen, neuerliche Katastrophensituationen zu bewältigen. Sie stärken also die entsprechende Resilienz.

Blicken wir auf einige Beispiele solchen Erinnerns und daran anschließende Fragen. Zurückgreifend auf Erfahrungen, die sowohl seinem eigenen biografischen Rahmen entstammen als auch etwas darüber hinausreichen, erzählt ein älterer Mann, der seit langem an der Oder wohnt, von früheren Hochwassern:

Ich bin 1962 hierher gezogen. Na ja, *bis 1970, muss ich sagen, haben wir jedes Jahr im Frühjahr und im Herbst oder sagen wir mal im Sommer ... und das sogenannte Johanniwasser gehabt.* Ja, das Johanniwasser ist das Wasser oder sagen wir mal, das sind die Schmelzwasser der Quellflüsse von hauptsächlich der Oder aus der Tatra, aus dem Riesengebirge und von dort her. Und das war für uns als Bewohner der Ziltendorfer Niederung eigentlich immer wichtig zu wissen: Wie hoch liegt der Schnee im Riesengebirge? Danach richtete sich das Johanniwasser. Hat viel Schnee gelegen, gab es auch viel Johanniwasser. Ja? Dass, naja, *dass es so ernst werden konnte, dass eben die Deichkrone erreicht wurde, ja, das war 1956,* war das so. Ich habe zu der Zeit ja noch nicht hier gewohnt, ich sagte ja, '62 erst. (...)
So, das war '56, war so ein großes Hochwasser. '58 *war ein sehr kritisches Hochwasser.* Also wir hatten eigentlich, na *bis zu dem Hochwasser '97, fast alle acht bis zehn Jahre ein kritisches Hochwasser.* Ja? Und für uns war das eigentlich so, *na ja, wir haben damit gelebt.* Ja? Und das war so, im Sommer, es gibt ja die Deichvorwiesen, also die sogenannten Oderwiesen, und da haben die Bauern Heu gemacht. Und sie hatten sehr oft und sehr viel. Wenn Sie hier die alten Bauern fragen, können die Storys erzählen, die sie erlebt haben, bei der Bergung des Heus während des Johanniwassers.

> Ja? Weil *das Johanniwasser kam überraschend schnell*. Ja? Es kam vor, dass die Bauern noch früh rein gefahren sind, weil sie wussten, eine Welle kommt. Ja? Und mittags, als sie raus fahren wollten, da war der Wagen schon bis an die Achsen im Wasser verschwunden. (KE/D/28/m76, Abs. 5–7)

Begründet sowohl auf der eigenen Anschauung als auch auf Berichten über Hochwasser aus der Zeit, als der Befragte noch nicht vor Ort in Flussnähe wohnte, zeugt diese Erzählung von einem detaillierten Erinnern von Hochwasserereignissen, die zudem in ein recht umfassendes Wissen um Eigenschaften der Oder eingebunden sind. Nicht nur ehemalige Wasserstände, bei denen der Fluss z. B. die Deichkrone erreichte, zählen zu diesem Wissen, sondern auch Erinnerungen, wie schnell sich Wasserstände verändern können.

Wenn wir das Interviewmaterial zu Katastrophen mit demjenigen zu den in den vorhergehenden Kapiteln betrachteten Veränderungen einer geringeren Dynamik vergleichen, so zeigt sich nun eine ganze Reihe von Beispielen für ein Erinnern, das über den biografischen Rahmen hinausreicht. Das dürfte auch daran liegen, dass es sich bei Katastrophengeschehen um gravierende Probleme und Bedrohungen handelt, die für Betroffene eine entsprechende Relevanz besitzen und in stärkerem Maße Gegenstand fortgesetzter Kommunikation bleiben. Besonders deutlich veranschaulicht dies eine Erzählung aus New Orleans:

> Ich erinnere mich daran, dass *mein Vater ein Kanu hatte*. Ich erinnere mich, wir hatten einen großen Feigenbaum hinten im Hinterhof. Und er hatte ein Kanu, das lag da umgedreht. Ich fragte: ‚Papa, was machst du mit dem Kanu? Brauchst du das zum Fischen?‘ Er sagte: ‚Ich sag‘s dir: Ich werde dieses Kanu so lange behalten, wie ich kann!‘ Wir stellten uns auf das Kanu, um in den Feigenbaum zu klettern und die Feigen runter zu holen. Ich sagte: ‚Warum hast du es denn, hast du es jemals gebraucht?‘ Er sagte: ‚*Hör zu: Dieses Kanu half uns rauszukommen, während Hurrikan Betsy. Ich fuhr zum 9th Ward runter, um meine Cousins zu retten mit diesem Kanu. Deshalb werde ich dieses Kanu so lange behalten, wie ich nur kann.*‘ Er behielt es für eine lange, lange Zeit. Dann hatte er Probleme mit Termiten und musste es wegwerfen. Aber *er erzählte mir die Geschichte darüber, was passiert war*, und dass es wirklich, wirklich schlimm gewesen war, im 9th Ward, während Hurrikan Betsy. Ja. Er sagte, er hätte viele Leute mit diesem Kanu gerettet, *hat sie hin und hergefahren, an unterschiedliche Orte*. (KE/USA/40/w46, Abs. 46)

Mit dieser über eine familiale Generationenschwelle hinweg tradierten Erinnerungserzählung verbindet sich nicht nur ein bloßes Festhalten des Hurrikans Betsy als eines Ereignisses des Jahres 1965, in dem die Befragte gerade geboren war. Vielmehr enthält diese Erzählung eine ganze Reihe von Details, die umfassend skizzieren, was bei einem Hurrikan alles geschehen kann. Sie vermittelt, in welchem Maße das Wohngebiet überflutet werden kann, dass dabei Menschen in erhebliche Gefahr geraten und in Eigeninitiative die Rettung von dort wohnenden Menschen erforderlich werden kann. Zudem enthält diese Erinnerungsgeschichte eine zukunftsgerichtete Vorsichtsmaßnahme des Vaters. Sie bleibt nicht allein auf das Vergangene bezogen, sondern enthält einen expliziten Zukunftsbezug auf mögliche kommende bzw. wiederkehrende Gefährdungen, für die es unbedingt erstrebenswert ist, ausreichend gewappnet zu sein. Damit liefert diese Episode ein Beispiel für eine Form von Erinnerungskultur, die ausgesprochen alltagsnah ist und von familialer Kommunikation getragen wird.

Allgemein betrachtet spiegelt sich die Funktionalität solcher Erinnerungen in den vielen Institutionen, die seit langem im Bereich der Katastrophenerinnerung entstanden sind und dazu beitragen, durch Kondensierung, Kristallisierung und symbolische Verdichtung von Katastrophenerfahrung ein gesellschaftliches Katastrophengedächtnis zu etablieren. Neben den rein kommunikativen, spontanen und gewissermaßen naturwüchsigen Formen der Vermittlung und Tradierung von Katastrophenerfahrungen in Gesprächen innerhalb des Familien-, Verwandtschafts- oder Bekanntenkreises, sind hier stärker kodifizierte Formen öffentlichen Erinnerns an Katastrophen zu nennen, die zum Teil sehr weit und sogar global verbreitet sind. Diese öffentlichen Formen von Katastrophenerinnerung reichen von Hochwassermarken über symbolische Darstellungen von Naturkatastrophen durch Denkmäler bis hin zu den detaillierteren Thematisierungen, die z. B. durch Museen oder sachkundlichen Schulunterricht vermittelt werden. Zu diesen Institutionen, die – mit Pierre Nora (1998, S. 7) gesprochen – als gesellschaftliche „Gedächtnisvehikel" zum Festhalten katastrophenspezifischer Erfahrungen in Form von Gedächtnis- bzw. Erinnerungsorten beitragen, zählt auch die geschichtswissenschaftliche Befassung mit Katastrophen, die in einer längerfristigen und zudem systematischen Perspektive frühere Erfahrungen aus dem Umgang mit Katastrophengeschehen erschließt (vgl. Mauch und Pfister 2009; Pfister 2009).

7.4.2 Vergessen von Katastrophengeschehnissen

Wie bei allen Formen des Erinnerns und Vergessens spielt der Faktor Zeit auch im Katastrophenkontext eine erhebliche Rolle. Je länger die entsprechenden Ereignisse zurückliegen, desto wahrscheinlicher fallen sie in Vergessenheit. Genau auf diese Problematik reagieren die zuvor angesprochenen Institutionalisierungen von Katastrophenerinnerung. Die Erzählung über das Kanu in New Orleans veranschaulicht in diesem Zusammenhang zudem jene auch für das gesellschaftliche Gedächtnis so wichtige Schwelle zwischen autobiografisch selbst Erfahrenem und Sachverhalten, die indirekt erfahren werden und sinnlich sowie emotional daher wesentlich „dünner" sind. Nicht auf das eigene Erleben zurückgehende Erfahrungen müssen diese Schwelle überwinden, um subjektiv festgehalten zu werden, für einen erinnernden Abruf verfügbar zu bleiben und auf der Ebene personaler Kommunikation weiter tradiert zu werden. Im Falle der Kanu-Episode trugen offenbar die Dichte der Erzählung und die Präsenz des Erinnerungsobjekts dazu bei, dass diese Episode aus der Zeit vor dem eigenen bewussten Erleben subjektiv erinnerbar blieb.

Doch in vielen Bereichen verblassen und verwischen materielle Spuren und Zeugnisse von vergangenem Katastrophengeschehen. Meist recht bald verschwinden z. B. Wasserstandslinien, die sich an Bauwerken vorübergehend festsetzen. Doch auch historische Hochwassermarken, die etwa in Hausfassaden eingemeißelt wurden, verblassen im Laufe weniger Jahrhunderte, werden unkenntlich oder verschwinden ganz.

Gleiches gilt für immaterielle Spuren und Zeugnisse. Erzählungen des eigenen Vaters haben in der Regel noch eine größere Bedeutungsdichte als Erzählungen über die Erzählungen eines (Groß-)Vaters. Zudem können das Leid und die Belastungen, die mit Katastrophengeschehnissen verbunden sind, zu Wünschen beitragen, zumindest nicht zu häufig an diese Geschehnisse erinnert zu werden.

Faktoren des Vergessens von Katastrophengeschehnissen der Vergangenheit reichen somit vom Wegfall materieller Spuren über die Dynamik von Alterskohorten und Generationen hinweg bis zu psychodynamischen Motiven.

Drängendere und aktuellere Probleme stellen einen weiteren Faktor für das Vergessen vergangener Katastrophengeschehnisse dar. Besonders deutlich wird dies anhand der untersuchten Überschwemmungen in Accra, die ein saisonal wiederkehrendes Problem darstellen, das Siedlungsbereiche betrifft, deren Bevölkerung zumeist in so prekären Verhältnissen lebt, dass viele weitere Alltagsprobleme eine längerfristige Perspektive auf die periodisch wiederkehrende Überschwemmungsproblematik verhindern. Ihre Aufmerksamkeit bleibt daher vor allem auf die Gegenwart ausgerichtet, und weder die vergangenen noch die kommenden Überschwemmungen können für die Betroffenen daher etwas längerfristig ein zentrales Thema bleiben.

> Aber *normalerweise werden diese Schutzmaßnahmen nur während der Regenzeit getroffen.* Nach der Regenzeit vergessen die Leute es wieder. Permanente Strategien, die sie verfolgen müssen, all diese Dinge. Es ist zur Gewohnheit geworden hier. Während der Regenzeit sieht man die Leute Vorsichtsmaßnahmen treffen. *Doch kaum ist der Regen vorbei, vergessen sie die Herausforderungen und machen mit ihrem normalen Leben weiter.* (KE/GH/05/m53, Abs. 30)

Dieser von einem Betroffenen explizit formulierte Zusammenhang wird in zahlreichen Interviews erkennbar.[13] Katastrophenerinnerung scheint unter diesen

---

[13] Ingo Haltermanns Dissertation wird detaillierter auf eine solche Überlagerung von Problemen eingehen. – Es handelt sich hierbei übrigens um einen Zusammenhang, der auch allgemein formuliert werden kann und der Katastrophenforschung nicht ganz neu ist: „People for whom everyday life is an ongoing crisis are not likely to be able to protect themselves

spezifischen Umständen nur als saisonal abrufbares Repertoire kurzfristiger Handlungsmuster zu dienen, die eine gewisse Adaption an die veränderten Umstände während der Überschwemmungen erlauben, nicht jedoch ein Handeln, das diese Überschwemmungen zu mindern oder verhindern sucht. Das vorübergehende Vergessen der Problematik erscheint unter diesen Bedingungen sogar völlig normal.

Auch hier liegt eine ins Methodologische führende Überlegung nahe: Interviews über Katastrophengeschehen erfolgen selbstverständlich nicht außerhalb der sozialen Dynamik des Erinnerns und Vergessens solcher Geschehnisse. In ihrem Bestreben, das Erinnern und Vergessen solcher Katastrophengeschehen zu dokumentieren, erschaffen solche Interviews eine Situation, in der ein Erinnern erwünscht und die Aufmerksamkeit der Befragten auf Themen ausgerichtet werden, die sich ihnen sonst nicht unbedingt so eröffnen würden. Sie schaffen für die Befragten einen Raum, der sich von deren üblichem Handeln und Reflektieren unterscheidet und ihnen hierdurch gestattet, eine reflexive Sicht zu entwickeln, zu der ihnen sonst sowohl Anlass als auch Zeit fehlen. Das schließt sogar ein, dass die Befragten in solchen Interviewsituationen beginnen, auf einer den konkreten Geschehnissen übergeordneten Ebene über Erinnern und Vergessen zu reflektieren:

> *Sogar jetzt hatte ich 1995 schon vergessen.* Ich erinnere mich gar nicht mehr daran. Es erinnert mich an nichts. Ich habe nichts was ... Weißt du, Menschen vergessen sehr schnell. Es sei denn, man ist da etwas besonders, dann weiß man genau, 1995 am 6. Juni gab es eine Überschwemmung. *Am 6. September war die Flut in 1972. Das weiß ich für die Flut 1972.* Einer meiner Brüder hat da geheiratet. Wir wollten also raus. (...) An dem Tag war es nebelig in Accra und die ganze Ebene zog sich zu. Und als wir dann raus kamen und los wollten, fing es an zu regnen und der ganze Ort wurde überflutet. *Darum erinnere ich mich an 1972 so gut, weil an dem Tag einer meiner Brüder geheiratet hat. Die 1972er Flut werde ich nicht vergessen. Aber 1995, obwohl dieser alte Mann gestorben ist, habe ich ganz vergessen. Bis ihr mich daran erinnert habt.* (KE/GH/32/m64, Abs. 38)

In der Interviewsituation eröffnet sich so nicht nur eine Gelegenheit, Dinge anzusprechen, die sonst seltener erinnert werden, sondern auch eine Möglichkeit für weitergehende Überlegungen wie der hier dargestellten Selbstbeobachtung, die in gut nachvollziehbarer und plausibler Weise Bedingungen und Mechanismen des Erinnerns und Vergessens erkennt.[14]

Kehren wir jedoch wieder zur Frage nach der Funktionalität von Katastrophenerinnerung zurück.

---

against the intermittent crises that disasters produce, even if they would like to be able to do so." (Tierney et al. 2001, S. 248)

[14] Grundsätzlich schließen reaktive Erhebungsverfahren wie z. B. Interviews stets die Möglichkeit der Einwirkung auf das Untersuchungsfeld ein. Die Aktionsforschung (vgl. Reason/Bradbury 2008) strebt dies sogar systematisch an.

7.4.3   Katastrophenerinnerung als Hindernis angemessener Deutungen und Handlungsorientierungen

Katastrophenerinnerungen können sich allerdings auch als dysfunktional erweisen. Besonders deutlich wird dies, wenn Wissen um vergangenes Katastrophengeschehen Funktionen der Handlungsorientierungen erhält und neu eintretende Katastrophen jedoch nicht eine Wiederholung vorangegangener Geschehnisse bedeuten, sondern vergleichsweise größere Ausmaße annehmen.

Ein Interviewauszug zu Hurrikan Katrina und der Evakuierung von Menschen aus New Orleans illustriert eine solche Orientierung an bisher selbst gesammelten Erfahrungen:

> Und *dann wollte die Mutter meines Mannes die Stadt nicht verlassen.* Sie hat sich einfach geweigert, in den Verkehr zu kommen, wie viele alte Leute. Und das ist der Grund, warum so viele ältere Leute hier gestorben, ertrunken sind, oder auch gerettet werden mussten, weil sie dachten: ‚Ich bin durch die [Große] Depression hindurchgegangen, ich bin durch den Krieg gegangen, *ich habe zwanzig Hurrikane durchlebt, ich habe nie die Stadt verlassen*‘. Sie hatten keine Angst davor, sie sagten einfach: ‚Wir bleiben hier und igeln uns ein‘. (KE/USA/07/w55, Abs. 5)

Das Erinnern unterschiedlichster Krisensituationen, die bislang überstanden wurden, kann insofern zur gefährlichen Gewissheit verleiten, das Ausmaß kommender Ereignisse werde das der früheren nicht überschreiten. Erfahrungen prägen so nicht nur Erwartungen und Vermögen der Deutung neuer Situationen, sondern sie können den Raum des Erwarteten zugleich einschränken.

> Wir dachten das Wasser würde einfach steigen und wieder abfließen, *das Normale, so wie es immer ist, wenn wir hier eine Überflutung haben.* Man wartet einfach bis es vorbei ist, und dann geht man seinen Garten aufräumen und das war es dann. (KE/USA/26/w45, Abs. 7)

Bemerkenswert ist, dass somit gerade ein größerer Umfang an Krisen- bzw. Katastrophenerfahrungen, der einerseits als bedeutender Bestand ‚lokalen Wissens‘ anzusehen ist und im jeweiligen Kontext bewährte Reaktionsmuster auf entsprechende Ereignisse verfügbar halten kann, andererseits zu Vorstellungen „normaler" außeralltäglicher Geschehnisse beitragen kann, die eine angemessene Wahrnehmung neuer und im Vergleich größerer Gefährdungen behindern.

Solche Erwartungen und Kalküle, die sich aus erinnerten wie auch vergessenen Erfahrungen ergeben, führen unter anderem in jenen Forschungsbereich, der sich ausführlich mit Heuristiken der Gefahren- und Risikoabschätzung von Laien wie auch den Kontexten beschäftigt, die diese Heuristiken beeinflussen. Zu solchen Kontextbedingungen zählen nicht zuletzt die Frequenz von Katastrophengeschehnissen oder die seit dem letztmaligen Ereignis vergangene Zeit.[15] Das wiederum führt uns zurück zu Fragen der Zeit, die wir nun insbesondere unter dem Aspekt der Zeitperspektiven betrachten.

7.4.4 Katastrophenerinnerung als Zukunftserinnerung, Erinnerung möglichen Wandels

Wir haben gesehen, dass Erfahrungen mit Katastrophengeschehen einerseits eine wichtige Ressource für angemessene Deutungen von Katastrophensituationen und Gefährdungen darstellen, sie andererseits jedoch auch deren angemessene Deutung verstellen können.

Da im Kontext des anthropogenen Klimawandels mit neuartigen bzw. verschärften Extremwetterereignissen zu rechnen ist, liegt nun die Frage nahe, ob sich in unserem Datenmaterial vielleicht weitere Formen der Katastrophenerinnerung abzeichnen, die auch für den Umgang mit neuartigen Geschehnissen von Bedeutung sein können. In dieser Perspektive wäre die Erinnerung an vergangenes Katastrophengeschehen eine Ermöglichung der Vorstellung künftiger Katastrophen, die sich in ihrem Ausmaß, ihrer Form und ihrer Frequenz gegenüber den aus der Vergangenheit erinnerten unterscheiden. Bezogen auf die Problematik des anthropogenen Klimawandels könnten solche Erinnerungen dazu beitragen, sowohl die Adaptionsfähigkeit, d. h. eine Befähigung zu einem schadensminimierenden Umgang mit manifesten Katastrophen, zu stärken als auch die Mitigationsbereitschaft, d. h. eine Handlungsbereitschaft zur Vermeidung bzw. Einschränkung von potentiellem Katastrophengeschehen, zu erhöhen. Die somit anvisierten Zusammenhänge sind freilich sehr komplex. Sie empirisch hinreichend zu untersuchen, erforderte eingehendere Erhebungen und Analysen als sie in unserem Projektrahmen möglich waren. Dennoch versuchen wir, wieder anhand eher vignettenhafter Schlaglichter, diesen Zusammenhang zumindest etwas weiter auszuloten.

Beginnen wir mit eher statischen Vorstellungen, die das Vergangene in die Zukunft spiegeln und Zukunft in erster Linie als Fortschreibung des Vergangenen fassen. In unserem Interviewmaterial manifestiert sich dies unter anderem in Vorstellungen zu „Jahrhundertereignissen". Sie zeugen von alltagsweltlichen Heuristiken des Umgangs mit Ungewissheit und Gefährdungen, die Regelmäßigkeiten unterstellen, die bei genauerer Betrachtung nicht mehr sachlich begründbar blieben. Solche Heuristiken können beispielsweise zu der Annahme führen, nach einem

---

[15] Diesen Heuristiken widmen sich ausführlicher z. B. Kates (1962, S. 88); Slovic et al. (1974, S. 194); Tierney et al. (2001, S. 11).

Extremereignis sei zunächst kein weiteres mehr zu erwarten. Wenn auch mit einer gewissen Relativierung spiegelt sich diese Sichtweise in der Aussage eines Anliegers der Oder wider:

> Angst? Gut, es war eben *ein Jahrhunderthochwasser*. Eigentlich kommt es in 100 Jahren wieder, *in 100 Jahren bin ich nicht mehr hier, brauche ich also auch keine Angst haben in der Richtung*. Wenn man natürlich aber sieht, wie die Deiche repariert worden sind oder werden, kann man Angst haben. Aber glücklicherweise steht der alte Deich ja noch davor. Und der wird auch das meiste abfangen. Also, so allgemein habe ich keine Angst in der Richtung, dass es wieder passieren könnte. (KE/D/15/m43, Abs. 82)

In Anschluss an eine Naturkatastrophe wie das Hochwasser kann die Vorstellung eines Jahrhundertereignisses demnach die Sorge um ein erneutes Eintreten senken und eine trügerische Sicherheit vermitteln.[16] Das zeigt uns, in welchem Maße bestimmte Begriffe oder Hypothesen über Regelmäßigkeiten die Vorstellungen von Katastrophen und damit auch Erwartungen prägen können.

Neben Vorstellungen einer Regelmäßigkeit von wiederkehrenden Katastrophen finden sich im Interviewmaterial allerdings auch offenere Perspektiven auf Zukünftiges, beispielsweise unter Bezugnahme auf eine – von Menschen weiterhin nicht vollständig kontrollierbare – Dynamik der Natur:

> Also Natur ist eben Natur, die beherrschen wir noch nicht. Und *so eine Situation wird es immer wieder mal geben* und *immer wieder mal besondere Sachen*, aber inzwischen wissen wir das ja und da müsste der Mensch ein bisschen vorbereitet sein. (KE/D/17/w60, Abs. 58)

Solche Vorstellungen von zukünftigem Naturgeschehen lassen Raum sowohl für die Wiederkehr von Bekanntem und Gewohntem als auch für das Eintreten von neuartigen Geschehnissen.

Kann man das auch als „Lernen" bezeichnen? – Auch hier bietet das Interviewmaterial Illustrationen und Hinweise für weiterführende Analysen. Zunächst greifen wir die Erfahrung eines Ehepaars auf, das sich nicht lange vor dem Oderhochwasser neu in einem überschwemmungsgefährdeten Gebiet ansiedelte. Ihr Fall verdeutlicht zum einen, wie den neu Zugezogenen jenes Wissen fehlen kann, das eine angemessene Deutung der lokalen Katastrophengefahr erlaubt,[17] zum an-

---

[16] Nur am Rande sei darauf hingewiesen, dass der Befragte die „Natur"-Gefahr nicht nur in Dynamiken der Natur, sondern zugleich in Defiziten des aktuellen Katastrophenschutzes begründet sieht. Damit liefert er einen erneuten Hinweis auf die enge Verschränkung natürlicher und sozialer Faktoren von Naturgefahren und -katastrophen.

[17] Das Nicht-Wissen um Katastrophengefahren, von dem neu Zuziehende in besonderem Maße betroffen sind, kann allgemein als Effekt sowohl zeitlicher wie auch räumlicher Fakto-

deren wie sich mit dem Erinnern des erlebten Katastrophengeschehens mögliche Lerneffekte verbinden könnten:

> Aber Sorgen hat man natürlich. Also *wenn Hochwasser irgendwo ist, man ist ja so empfindlich und jede Nachricht wird gehört und man passt auf und wie sind die Pegelstände.* Und, also das ist wirklich, das erste *was ich mir geholt habe, war ein Fachbuch über die Niederung und über Dammbau und dann habe ich mich erstmal belesen,* was hinter so einem Damm steht und wie der modern aufgebaut wird, ja und Pegelstände und, also damit hat man sich auseinandergesetzt und da ist man natürlich sehr sensibel. *Also man guckt schon, wie die Oder, wie sich das verändert und wie ist die Wetterlage?* Wir wissen ja inzwischen, dass das eine besondere Wetterlage war, dass eben überall das Wasser runterkam, also so sensibel ist man geworden und Sorge hat man. Also, und wir fahren auch immer zur Oder und schauen. Also wir fahren ja nun sehr viel Fahrrad, wir hatten uns ja eigentlich die Ecke ausgesucht, wir stammen beide, mit meinem Mann, aus Dörfern hier in der Umgebung, haben beide studiert, sind beide in A. [Stadt in der Region] gelandet und haben nachher so bei unseren Fahrradtouren hier die Ecke gefunden und haben gesagt, ach hier ist es schön, hier ist es richtig Natur (. . .) und dann haben wir gesagt: ‚Ja, jetzt ziehen auf das Dorf und bauen noch ein Häuschen und suchen noch eine Ecke, wo wir sehr naturnah leben können.‘ Und wir hatten uns das eigentlich richtig ausgesucht. Und wir *haben auch nie gedacht, dass hier Hochwasser käme, ich glaube, dann hätte man hier vielleicht nicht gebaut.* Also ich weiß noch damals, als wir dann die Baugenehmigung bekamen, wir mussten eine extra Dachkonstruktion haben, weil das ist ein sturmgefährdetes Gebiet, damit die Ziegel nicht runter fallen. *Aber wir hatten z. B. auch keine Hochwasserversicherung für das Haus,* also die hätten wir garantiert abgeschlossen, wenn man uns das gesagt hätte, aber da kam gar keiner drauf, dass das so weit weg von der Oder eine Hochwasserversicherung sein muss. (KE/D/17/w60, Abs. 38)

Aus der überraschenden Erfahrung des Hochwassers an der Oder scheinen sich in diesem Falle neue Wahrnehmungs- und Handlungsformen zu ergeben. Die von den neu Zugezogenen vor dem Hochwasser noch in keiner Weise gesehene Gefährdung des in einer Niederung nahe der Oder gelegenen Wohnorts ist nun zu einem Bestandteil ihres Wissens geworden. Zudem haben sie an diese Erfahrung

---

ren begriffen werden: „Time reduces awareness of the hazard, especially for those moving into a hazard area where indications of past flood events are not evident." (Beyer 1974, S. 273) In räumlicher Hinsicht können auch Maßnahmen des Katastrophen- bzw. Hochwasserschutzes zu einem weitgehenden Ausblenden und Vergessen entsprechender Gefährdungen führen, da zumindest die Alltagswahrnehmung dann die jenseits des Deiches liegende Dynamik nicht mehr erfasst. In der Geographie wird diese Form des Vergessens von Hochwassergefahren und des bedenkenfreien Siedelns in von Deichen geschützten (ehemaligen) Überflutungsgebieten u. a. als „Levee effect" (vgl. White et al. 2001, S. 89) oder „Hydro-Amnesia" (vgl. Lovett 2011) bezeichnet. – Sehr deutlich zeigt sich das Problem des Nicht-Wissens um Katastrophengefahren auch im Falle der Überschwemmungen in Accra, von denen neu Zugezogene in besonderem Maße betroffen sind.

anschließend ihr Wissen in diesem Bereich systematisch durch Lektüre erweitert. Ihre Aufmerksamkeit hat sich nun neu auf einige Aspekte ihrer Umgebung ausgerichtet, die ihnen als Indikatoren der Hochwassergefahr dienen. Dazu zählen Pegelstände, das Witterungsgeschehen und die Frage der Versicherung von potentiellen Hochwasserschäden. Aus der Erinnerung des Erfahrenen gehen so neue Vorstellungen über in der Zukunft Mögliches hervor.

Diese neue Haltung der Befragten entspricht ungefähr jenem Wissenstypus, den Alfred Schütz (2003 ff., S. VI.2/113 ff.) umschreibt, wenn er von Bürgern spricht, die sich bemühen, gut informiert zu sein und sich eine begründete Meinung zu bilden. Schütz begreift diesen Typus gewissermaßen als eine intermediäre Form zwischen zwei weiteren Einstellungs- bzw. Wissenstypen: dem sehr spezifischen Expertenwissen und dem Alltagswissen der Menschen ‚auf der Straße‘, das vorwiegend an der gewohnten Bewältigung unterschiedlichster Alltagsprobleme ausgerichtet ist. Im Sinne dieser dem intermediären Typus entsprechenden Ausrichtung und Verstärkung katastrophenbezogener Relevanzen und Wissensbestände können wir Katastrophenerinnerung durchaus als eine Form von Lernen begreifen.

Ein Lernen aus Katastrophenerfahrung kann, wenn wir Überlegungen von Voss und Wagner (2010, S. 661–663) aufgreifen, wiederum in unterschiedlichen Formen erfolgen.[18] Unter Rückgriff auf Gregory Bateson, nennen diese beiden Autoren drei Formen. Während die einfachste Form, das single-loop-Lernen, aus der Katastrophenerfahrung nur im Sinne einer Kritik und Korrektur einzelner bereits institutionalisierter bzw. routinierter Handlungsschritte Wissensbestände modifiziert, führt die zweite, als double-loop-Lernen bezeichnete Form weiter. Im Zuge solchen Lernens gerate das gesamte Geschehen in den Blick, und es komme zur Entwicklung neuer Formen und Routinen des Umgangs mit einer Problematik. Die dritte von diesen Autoren genannte Form, das Deutero-Lernen, ist noch abstrakter. Es bezieht sich nicht nur im Sinne der ersten und der zweiten Form auf eine Reflexion des praktischen Umgangs mit Katastrophensituationen, sondern reflektiert auch den Umgang mit Wissen auf allen Ebenen des Katastrophengeschehens.

---

[18] Vgl. zum Lernen aus Katastrophen auch die anhand von historischem Material entwickelten Überlegungen zum Lernen aus Katastrophen von Poliwoda, die insbesondere an Überlegungen Christian Pfisters und Hansjörg Siegenthalers ansetzen. Poliwoda (2007, S. 39 ff.) untersucht das Katastrophenlernen anhand der drei Begriffe Lernschritt, Lernprozess und Lernentwicklung, die trotz ihrer unterschiedlichen Herleitung eine nicht zu übersehende Ähnlichkeit mit den drei von Voss und Wagner (2010) vorgeschlagen Formen besitzen, auf die wir uns im Folgenden beziehen. Wichtig ist auf jeden Fall auch Poliwodas Hinweis (2007, S. 44, 258), Lernprozesse hinsichtlich der Bewältigung von Katastrophengefahren nicht allein aus Katastrophenerfahrungen und -erinnerungen heraus, sondern zugleich im Kontext allgemeiner gesellschaftlicher Prozesse zu untersuchen und zu erklären.

Es schließt somit ein Lernen aus erfolgreichen wie auch sich nicht bewährenden Lernerfahrungen ein. In dieser dritten Form des Lernens geht es damit auch um Lernprozesse, die ganze soziale Settings betreffen und über subjektive Lernprozesse weit hinausreichen, die in unserem biografischen Datenmaterial ja zunächst im Vordergrund stehen.[19]

Auf jeden Fall können wir anhand dieser drei Typen des Katastrophenlernens von Voss und Wagner nicht nur erkennen, in welcher Weise Lernen im Kontext von Katastrophenerinnerung unterschiedliche Qualitäten besitzen kann, sondern auch wie sich subjektive Lernprozesse mit kollektiven Prozessen verbinden können. Bedeutsam für unser Forschungsinteresse ist dabei vor allem, dass Voss und Wagner auch in kleineren Katstrophen eines relativ begrenzten Ausmaßes Chancen für Prozesse eines Lernens der dritten Form, des Deutero-Lernens, erkennen, durch das die Möglichkeiten einer Bewältigung von nicht genau vorhersehbaren größeren Katastrophenereignissen erweitert werden.[20] Insofern zeigen sie, wie ein aus dem Erinnern zurückliegender Katastrophenerfahrungen heraus begründetes Erinnern von zukünftig möglichen, doch in ihren genaueren Formen und Ausmaßen ungewissen Katastrophengeschehnissen aussehen kann.

7.5 Zwischenresultate

Blicken wir zusammenfassend auf einige Ergebnisse unserer Untersuchung zu Wahrnehmungen von krassem Wandel, den wir im Kontext von Naturkatastrophen betrachtet haben.

Grundsätzlich tragen der stärkere Ereignischarakter, die sich aufdrängende Bedrohung wie auch die Betroffenheit nicht nur Einzelner, sondern von Kollektiven, dazu bei, dass krasser Wandel im Vergleich zu Wandel von geringerer Dynamik mit einer höheren Wahrscheinlichkeit wahrgenommen werden kann. Bei genauerer Betrachtung ergibt sich allerdings auch hier ein differenzierteres Bild

---

[19] Auch der Sonderbericht des IPCC (2012, S. 53 f.) über Klimawandel und Extremereignisse greift die Unterscheidung von single-, double- und triple-loop learning aus der Lernforschung auf. Dabei fasst er allerdings die dritte Form in einem weiteren Sinne als grundlegende Transformation von Sozialstrukturen, Institutionen und Infrastrukturen.

[20] „By this means the response capacity of the organisation or the network of organisations is enhanced with regards to unpredictable societal and environmental change." (Voss/Wagner 2010, S. 663)

der Bedingungen, Voraussetzungen, Mechanismen und Probleme der Wahrnehmung von Wandel. Es zeigt, dass auch krasser Wandel keineswegs zwangsläufig wahrgenommen wird.

So stellt sich zum einen die Frage, ab wann Situationen als bedrohlich bzw. als außeralltägliche Bedrohung durch Naturkräfte gedeutet werden. Im Interviewmaterial zeichnen sich diesbezüglich prozessförmige und in mehreren Schritten erfolgende Wahrnehmungen ab. In vielen Fällen erlauben die erst nach dem Abklingen der unmittelbaren Bedrohungen möglichen Bemühungen um weitere Informationen über das Katastrophengeschehen sowie die Reflexion über das Geschehene, dieses nun durch die Synthese mehrerer Erlebnisse und Informationen in einer umfassenderen Weise wahrzunehmen. Diese ersten Reflexionen des Gesamtgeschehens können wir als Beginn der auf die entsprechende Katastrophe bezogenen Erfahrungsbildung begreifen.

Deutungen des Katastrophengeschehens beruhen zudem auf den jeweils verfügbaren Wissensbeständen und den auf die jeweilige Situation anwendbaren Deutungsrahmen und Wissenselementen, die in diesen Wissensbeständen enthalten sind. In vielen Fällen reichen die individuell und auch kollektiv zur Verfügung stehenden Wissensbestände und Deutungsrahmen nicht aus, um krassen Wandel angemessen deuten zu können. Aus dieser Deutungsproblematik heraus ergeben sich eine Reihe typischer sozialer bzw. kommunikativer Prozesse, die darauf abzielen, zu verstehen, was in dieser Situation überhaupt los ist und was alles geschehen ist. Emergente Formen der direkten personalen Kommunikation, Massenmedien wie auch die Kommunikation zwischen Laien und Experten tragen zur Wahrnehmung des bereits vollzogenen, aktuell ablaufenden und weiterhin drohenden krassen Wandels bei. Alle diese Kommunikationsprozesse enthalten allerdings auch die Möglichkeit von Verzerrungen, Verzögerungen, Unwissen oder Deutungen, die sich später als verkehrt und irreführend erweisen können. Die relativ große Offenheit der Deutung außeralltäglichen, krassen Wandels spiegelt sich in der gerade hier bestehenden Möglichkeit, Wandel in einer magisierenden Form zu deuten (Clausen 2003, S. 59).

Die aus der Katastrophenforschung weithin bekannten Konflikte zwischen Laien- und Expertenwissen (vgl. Clausen 2010, S. 103) zeigen sich in den von uns untersuchten Fällen in aller Deutlichkeit und zudem in unterschiedlichen Formen. Die Vorgänge in Chaitén veranschaulichen dabei, wie Expertenurteile irren können und in welchem Maße sie mit Vorstellungen und Wünschen von Laien kollidieren können.

Katastrophenerinnerung kann als Wissen fungieren, das in aktuellem Katastrophengeschehen problemangemessene Situationsdeutungen und Handlungsorientierungen erlaubt. Besonders klar erkennen können wir dies im Gegensatz von alteingesessenen Bewohnern überschwemmungsbedrohter Gebiete, die zum Teil über ein umfassenderes Bedrohungswissen verfügen, und Zugezogenen, die in keiner Weise um diese Bedrohungen wissen. Andererseits sahen wir das Problem, dass mit Katastrophenerinnerungen auch Erwartungen einhergehen können, zukünftiges Katastrophengeschehen würde ähnlich und nicht drastischer als in früheren Fällen verlaufen. In solchen Fällen fungieren Katastrophenerinnerungen durchaus als Hindernis für angemessene Deutungen erneut eintretenden Katastrophengeschehens. Ähnlich können Unterstellungen von Regelmäßigkeiten wie sie sich in Begriffen wie „Jahrhundertflut" andeuten, Wahrnehmungen unerwartet eintretenden krassen Wandels behindern und verzerren. Selbstverständlich schließt die Frage nach der Katastrophenerinnerung zudem Aspekte des Vergessens ein. Gerade mit wachsendem zeitlichen Abstand und einem Zeithorizont von Ereignissen, die nicht mehr innerhalb des biografischen Horizonts selbst erlebt und erfahren wurden, wird ein alltagsweltliches Festhalten von Katastrophenerfahrungen prekär. Hierauf reagieren Institutionalisierungen eines öffentlichen Erinnerns, deren Effekte allerdings nicht zuletzt davon abhängen, in welchem Maße sie unterstützt und wie sie rezipiert werden.

Schließlich geht es um Erinnerungen zukünftig möglichen krassen Wandels, der in seinen Formen und Ausmaßen nicht genau absehbar ist. Auch solche Formen zeichnen sich in unserem Material und dessen weiterführender Diskussion ab. Sie verweisen zugleich auf Möglichkeiten eines Lernens aus Katastrophenerfahrungen, die allerdings ihrerseits voraussetzungsreich sind. Zwar können durch Katastrophenerfahrungen Relevanzen auf individueller wie auch kollektiver Ebene verschoben werden und neue Sensibilitäten der Wahrnehmung wie auch Bemühungen um Erschließung problembezogener Wissensbestände entstehen. Doch andererseits stellen sich hierbei Probleme einer Verstetigung und Institutionalisierung solcher Relevanzen.

Diskussion der empirischen Befunde zu Wahrnehmungen von Wandel unterschiedlicher Dynamik   8

Der vorangehende empirische Teil blickte zunächst auf langsam verlaufenden, dann rapiden und schließlich krassen Wandel. Wesentliche Erkenntnisse, die sich in diesen Kontexten ergeben haben, sollen nun in einer diese drei Dynamiken übergreifenden Perspektive resümiert werden. Zuvor wenden wir uns jedoch noch einmal vertiefend zwei Aspekten zu, die für unsere an das SBS anschließende Frage nach Formen, Grenzen und Konsequenzen der Wahrnehmung von Wandel eine besondere Bedeutung besitzen. Sie betreffen zum einen die transgenerationale Übermittlung von Referenzpunkten und zum anderen die Formen der Verschiebung von Referenzpunkten allgemein.

8.1 Formen transgenerationaler Transmission von Referenzpunkten

Als wir auf rapiden Wandel und jene Interviewauszüge blickten, die sich auf Mobilität bezogen, fanden wir innerhalb dieses Datenmaterials lediglich andeutungsweise Wahrnehmungen von Wandel, die über die biografischen Horizonte der Befragten hinausreichen. Dieser vorläufige Befund bestätigt zunächst die im SBS-Theorem enthaltene Betonung des biografischen Zeithorizontes und der Prozesse des Vergessens, die sich an der Schwelle zwischen den autobiografischen und den zeitlich weiter zurückreichenden Zeithorizonten vollziehen.

Dennoch können wir unter Berücksichtigung unserer begrifflich-theoretischen Überlegungen wie auch der Befunde zum krassen Wandel nicht davon ausgehen, dass solche über die eigene Biografie hinausreichenden Wahrnehmungen in der Alltagswelt weitgehend ausgeschlossen bleiben oder nur spezialisierteren Beobachtungsweisen möglich sind. Für ein genaueres Verständnis gilt es vielmehr, das

D. Rost, *Wandel (v)erkennen*, DOI 10.1007/978-3-658-03247-0_8,
© Springer Fachmedien Wiesbaden 2014

Augenmerk auf jene Schwelle zu richten, die einerseits ein Festhalten von jenseits des autobiografischen Horizonts liegenden Referenzpunkten erschwert und es andererseits doch nicht ausschließt. Es geht also darum, wie sich Erinnerungs- und Vergessensprozesse über diese Schwelle hinweg genau vollziehen. Das schließt zugleich die Frage ein, wie diese Prozesse des Festhaltens, Erinnerns und Vergessens von Sachverhalten sich verändern sowie gesellschaftlich bedingt und insofern auch gesellschaftlich beeinflussbar sind.

Um hier zu einem genaueren Bild zu gelangen, greifen wir auf weitere Sequenzen aus dem gesamten Datenmaterial zurück und sehen nun also von Unterschieden in der Dynamik des jeweils thematisierten Wandels sowie der jeweiligen Sachverhalte ab. Im Vordergrund steht die Suche nach weiteren Aufschlüssen über Referenzpunkte, die jenseits der autobiografisch erlebten Zeit liegen und insofern Wahrnehmungen von Wandel über längere Zeiträume hinweg erlauben.

Das Interviewmaterial lässt erkennen, dass Wahrnehmungen von weiter in die Vergangenheit zurückreichendem Wandel mit einer Vermittlung von entsprechend weit zurückliegenden Referenzzuständen in familialer Kommunikation zusammenhängen können. Dies veranschaulicht eine Sequenz aus einem Gespräch mit einem jungen Mann in China:

> Früher haben *meine Eltern häufig erzählt*, wenn ich dabei war, *wie es früher so war.* Sie sind, mein Vater – bei meiner Mutter geht es, aber mein Vater – er vergleicht unser Leben mit seinem früher, er erzählt dann, wie es so war. Nach dem, was meine Eltern erzählt haben – weil *meine Familie zu den Grundbesitzern gehörten,* es war doch *damals die Kulturrevolution,* da wurden doch soziale Schichten und nach Klassenzugehörigkeit unterteilt, *deswegen waren wir damals ziemlich arm –* wenn die *Kulturrevolution nicht gewesen wäre, dann wäre unsere Familie sehr reich.* (SB/Cn/14/m21, Abs. 93)

Angeregt durch die Frage nach einem Vergleich seines Lebens mit demjenigen der Generation seiner Eltern blickt der 21-Jährige auf den Wandel der ökonomischen Stellung seiner Familie. Dabei spricht er deren gegenwärtige Situation nicht genauer an. Er fokussiert vielmehr einen Referenzpunkt, der jenseits der von ihm selbst erlebten Zeit liegt. Das ist die Zeit vor der chinesischen Kulturrevolution, in der seine Familie über Grundbesitz verfügte. Diese Phase bildet den Referenzpunkt, an dem seine Reflexion einen in die Gegenwart reichenden Wandel bemisst. Kenntlich wird, dass diese Phase aufgrund ihres Festhaltens durch Familiengespräche und insbesondere die Erzählungen des Vaters auch vom Befragten noch selbst erinnert werden kann. Familiale Kommunikation ermöglicht in diesem Fall einen zeitlichen Horizont der Wahrnehmung von Veränderung, der über die eigene Lebenszeit hinausreicht.

Eine genauere Betrachtung dieser Sequenz lässt sogar erkennen, dass der Zeithorizont noch etwas weiter zurückreicht, nämlich auch über die Lebensspanne des Vaters hinaus. Denn was der Befragte mit seiner historischen Periodisierung der Kulturrevolution verbindet, ist offenbar recht ungenau. Denn die Kollektivierungen des Landes erfolgten in China bereits in den 1950er Jahren und nicht erst in der gewöhnlich als Kulturrevolution bezeichneten Phase in den 1960er und 1970er Jahren. Der Begriff der Kulturrevolution scheint insofern dem Befragten als eine etwas ungenauere Chiffre für mehrere tiefreichende Eingriffe der früheren kommunistischen Herrschaft in die Lebensverhältnisse zu dienen, die zeitlich zum Teil weiter zurückreichen. Wenn wir davon ausgehen, dass der Vater des hier Befragten 21-Jährigen dreißig Jahre älter als sein Sohn ist, so wäre er im Jahre 1958 geboren und hätte den Verlust des familialen Grundbesitzes höchstens als Kleinkind erlebt. Daher können wir durchaus annehmen, dass der hier Befragte Erfahrungen aus der Zeit des Lebens seiner Großeltern erinnert und diese seiner Wahrnehmung von Veränderung zugrunde legt. Der Zeithorizont seiner Wahrnehmung von Wandel reicht also noch ein Stück weiter zurück, über seine eigenen autobiografischen Erfahrungen wie auch diejenigen seines Vaters hinaus.

Ein anderer interessanter Aspekt dieser Aussage liegt in der engen Verflechtung von familialem und gesellschaftlichem Wandel Chinas. Die sich im familialen Raum manifestierenden Konsequenzen des rapiden gesellschaftlichen Wandels verleihen dort der gesellschaftlichen Ebene, so vermuten wir, eine höhere Aufmerksamkeit als in den anderen von uns untersuchten Fällen, in denen die gesellschaftlichen Verhältnisse durch eine geringere Dynamik geprägt sind, die sich entsprechend weniger deutlich in den familialen Verhältnissen niederschlägt. Damit dürfte die Tendenz zu einer den weiteren gesellschaftlichen Rahmen einschließenden Wahrnehmung von Wandel, die sich im chinesischen Datenmaterial abzeichnet, auch hierin begründet sein.

Ein weiteres Schlaglicht auf die Wahrnehmung von Veränderung wirft diese Sequenz schließlich aufgrund ihrer Thematisierung einer Möglichkeit. Sie spricht nicht nur an, was sich verändert hat, sondern auch das, was hätte gewesen sein können. Damit enthält sie ein weiteres Element von Reflexion: Ohne die weiter zurückliegenden Ereignisse der Kollektivierung hätte die Familie heute „sehr reich" sein können. Hierin zeichnet sich ein Vermögen ab, alternative Verläufe von längerfristigem Wandel vorzustellen.

Auch im Kontext von Naturkatastrophen und Katastrophenerinnerung zeigen sich familiale Tradierungen von Referenzpunkten. Oben haben wir bereits die Erzählung einer Frau aus New Orleans betrachtet, die anhand eines Erinnerungsobjektes, einem Kanu, Katastrophenerfahrungen ihres Vaters erinnert, die dieser ungefähr zur Zeit ihrer Geburt erlebte. Diese Erfahrungen des Vaters bilden nun ein Element ihres eigenen lokalen Wissens, das der Befragten in einer umfassenderen Weise zu deuten erlaubt, wie Katastrophensituationen in diesem Teil New Orleans' aussehen, welches Ausmaß sie annehmen und wie Menschen sich dort retten können.

Zeitlich noch weiter zurück in die Vergangenheit reicht eine Katastrophenerinnerung aus der chinesischen Stadt Hangzhou, die als Referenzpunkt einer spezifischen Wahrnehmung von Wandel dient. In diesem Falle geht es um das Wegfallen einer Gefährdung im Verlaufe des hier angesprochenen historischen Zeitabschnitts:

> A: (...) *Überschwemmungen*. Wenn es viel regnet, steigt der Wasserpegel immer weiter an und flutet in dein Haus. *Bei uns in Hangzhou passiert so etwas nicht*, da kann es allerhöchstens mal passieren, dass die Kanalisationen an einigen Straßen nicht so gut funktionieren und das Wasser dann fußhoch ist. Es läuft alles voll, aber es kommt keinesfalls vor, dass es dann in deine Wohnung läuft, das gibt es nicht, *hat es in den letzten Jahrzehnten nicht gegeben*, man kann sagen, *seitdem ich geboren bin bis jetzt*. Hochwasser heißt es, das ist eine schreckliche Sache. Bei Hochwasser, wenn es bis in dein Haus steigt, dann bist du am Ende, es sind schon Menschen gestorben, wenn sie nicht vorsichtig waren, weil sie nicht schwimmen konnten. Das Wasser steigt hoch, sie fallen rein und sterben. Eine schlimme Sache.
>
> I: Hat es das früher in Hangzhou gegeben?
>
> A: Nein, hat es nicht, nicht seitdem ich geboren worden bin bis jetzt. *Aber vor der Befreiung, hat meine Großmutter erzählt, da hat es das gegeben.*
>
> I: Wirklich? Das gab es früher mal?
>
> A: Ja.
>
> I: Dort am Qiantang Fluss?
>
> A: Auch am Qiantang Fluss, jedenfalls stieg das Wasser, *so dass ganz Hangzhou überschwemmt war, die Häuser waren überschwemmt*, die Menschen waren alle im Wasser. Zu der Zeit gab es jedenfalls viele Dinge aus Holz, Waschzuber, diese Art Waschbecken, wenn man sich an solche Dinge geklammert hat, dann konnte man überleben. Oder an große Holzbalken, diese hölzernen Dachbalken der Häuser, das waren doch große Holzstämme, wenn du dich an diese Sachen geklammert hast, dann war es kein Problem. Wenn nicht, dann war es problematisch, dann musste man sicherlich sterben. Weil *das Wasser höher stand als die Menschen groß waren*. Wenn man nicht schwimmen konnte, dann war man gefährdet. (SB/Cn/05/w53, Abs. 274)

Es handelt sich hier um eine Wahrnehmung, die sich auf ein Phänomen bezieht, das in dem angesprochenen großstädtischen Raum in China heute offenbar kein Problem mehr darstellt. Wenn wir davon ausgehen, dass zumindest vor Ort eine entsprechende Kontingenz – z. B. durch Wiederkehr kleinerer Überschwemmungen – nicht mehr gegeben ist, handelt es sich insofern um eine in besonderem Maße unwahrscheinliche Wahrnehmung. Damit legt die Sequenz die Frage nahe, wie sich dann überhaupt Aufmerksamkeit auf den Wegfall der Hochwassergefahr ausrichten kann. Die wissenssoziologische Tradition, die unsere Forschungsperspektive bestimmt, betont ja vor allem eine pragmatische Ausrichtung der Aufmerksamkeit, die insbesondere mit den sich in einzelnen Situationen stellenden Problemen zusammenhängt.

Wie sich Aufmerksamkeit auf etwas Unproblematisches ausrichten kann, ist vor diesem Hintergrund eine besonders interessante Frage. Es liegt nahe, hier zunächst wieder auf die Interviewsituation selbst zu blicken, in der durch die Nachfrage nach möglichen Gefährdungen im Zuge von Klimawandel eine vor Ort nicht unmittelbar bestehende Problematik thematisch wird. In gleichem Maße denkbar ist, dass dies aufgrund des Anreizes von häufigeren Nachrichtenmeldungen zu Naturkatastrophen in anderen Städten und Regionen Chinas bzw. der Welt erfolgt, die jeweils einen situativen Anreiz für vergleichende Reflexionen bieten. Dies können wir uns so vorstellen, dass dabei in einem ersten Schritt Vergleiche zwischen Räumen (Ort der berichteten Katastrophen vs. eigener Wohnort) erfolgen, die dann zu einem zweiten Schritt anregen, in dem mit Bezug z. B. auf den eigenen Wohnort zeitlich das dortige Katastrophengeschehen in Gegenwart und Vergangenheit verglichen wird.

Vor allem interessiert uns hier allerdings die Form dieser Wahrnehmung von Erinnerung. Im Anschluss an die in den Interviews gestellte Leitfadenfrage, ob die Befragte Klimawandel als eine Bedrohung ansehe, kommt sie unmittelbar zu einer konkreten Bedrohung, nämlich Überschwemmungen, die sie für das lokale Umfeld der Stadt Hangzhou in recht ausführlicher Weise thematisiert. Dabei geht sie auf die generell mit Überschwemmung verbundenen Gefährdungen und auf das Ausbleiben von Überschwemmungen in der Stadt, in der sie wohnt, ein. Zudem präzisiert sie den Zeitraum dieses Ausbleibens (sogar in zwei Schritten: zunächst den Hinweis auf Jahrzehnte, dann konkreter auf ihre Lebensspanne, d. h. den Zeitraum ihrer autobiografischen Erfahrungen). Auf die Nachfrage des Interviewers hin erweitert sie dann einmal mehr die Zeitspanne ihrer Betrachtung. Der Zeithorizont erweitert sich um die Zeit vor der Befreiung von der japanischen Herrschaft und die Erfahrungen ihrer Großmutter mit Hochwasser in Hangzhou. Während es zuvor um die Kontinuität des Ausbleibens von Überschwemmungen ging, geht es nun, aufgrund der weiter zurückliegenden Geschehnisse, die als Referenzpunkte herangezogen werden, um Veränderung, d. h. den Wegfall einer einst bestehenden Gefährdung. Wie diese Gefährdung einst aussah und wie bedrohlich sie war, wird von der Befragten anhand ihrer Erinnerung des von der Großmutter Erzählten sehr detailliert vergegenwärtigt. Auch in diesem Falle erkennen wir also eine deutlich über die eigene Biografie hinausreichende, familial vermittelte und noch dazu sehr ausführliche Wahrnehmung von Wandel.

Wie sieht das nun für jenseits familialer Kommunikation vermittelte historische Referenzpunkte aus? Nehmen wir hier als Beispiel einmal Erinnerungen an die Oderflut von 1947, die das Oderbruch überschwemmte. Diese zur Zeit der Befragung über 60 Jahre zurückliegende Überschwemmung kann veranschaulichen, in welcher Weise Katastrophengeschehnisse sowohl von den damals betroffenen als auch von den jüngeren Bewohnern, die heute in der damals betroffenen Region leben, erinnert werden.

Die ältesten Befragten können viele ihrer eigenen Erlebnisse und Erfahrungen, die mit der damaligen Überschwemmung verbunden sind, sehr genau schildern – so wie sie es offenbar auch bereits unzählige Male zuvor erzählt haben. Etwas jüngere erinnern sich, in welchem Maße die Überschwemmung und ihre Schäden zur Zeit ihrer Kindheit ein wiederkehrendes Thema bei Familienfesten waren. Besonders starkes Interesse an diesen Erfahrungen der Flut von 1947 entstand dann während der drohenden Überschwemmung des Oderbruchs durch das Oderhochwasser von 1997. Erinnerungen an Fließbewegungen des Oderwassers im großflächigen Oderbruch und die damals erreichten Wasserstände an bestimmten Orten, über die nicht zuletzt die alten Landwirte verfügen, erhielten in der Situation der erneuten Überflutungsgefahr eine aktuelle Relevanz und ein entsprechend großes Interesse in der lokalen Öffentlichkeit. Neben dem durch mündliche Kommunikation vermittelten Erinnern, finden sich in der Region weitere Gedächtnisspuren in Form von Denkmälern und Hochwassermarken, die das Ereignis symbolisch in den öffentlichen Raum einschreiben, sowie nicht zuletzt Fotografien, die als weitere materielle Erinnerungsstützen fungieren können. Auch die von manchen genutzte Literatur erlaubt zum einen die Entwicklung eines weiter gespannten Zeithorizontes von Hochwassererinnerungen und zum anderen Deutungen der Kulturlandschaft, die weitere in diese eingeschriebene und insofern objektivierte Hochwassererfahrungen entschlüsseln. Auf dieser Grundlage kann dann beispielsweise erkannt werden, das alte Häuser, die in den alten Siedlungen des Oderbruchs noch vor der Trockenlegung des Oderbruchs im 18. Jahrhundert erbaut wurden, häufig auf Erhöhungen stehen, die von möglichen Hochwasserständen zeugen.

Solche Prozesse der Kommunikation von im Gedächtnis erhaltenen bzw. in unterschiedlichen Formen objektivierten Spuren vergangenen Hochwassergeschehens tragen zur Bildung und Reproduktion von Deutungsmustern bzw. Referenzrahmen bei, die ein Erkennen der Kulturlandschaft als hochwassergefährdete Region sowie recht detaillierte Einschätzungen eines potentiellen Überschwemmungsgeschehens erlauben. In welchem Maße solche Erfahrungen kommunikativ angeeignet werden können, zu verfügbaren Wissensbeständen werden und ein komplexeres Erkennen auch potentiellen Wandels erlauben, illustriert der folgende Interviewauszug:

> I: Glauben Sie, dass, *wenn es noch mal passieren würde*, der *Ort besser vorbereitet wäre* als vorher?
> A: Nein, als vorher nicht. *Er ist, glaube ich, gut vorbereitet*, das hängt aber mit der natürlichen, mit den *guten natürlichen Voraussetzungen* zusammen. Altreetz ist eines von den wenigen Dörfern, die eine relativ hohe... *auf einer relativ hohen Sandscholle* angesiedelt sind. Das heißt der Dorfkern liegt ungefähr viereinhalb Meter über Normalnull. Der wird also, da müsste also die Hochwasserwelle enorm hoch werden, ehe da Wasser aufläuft auf dem Dorfplatz, unser Standort hier auch. Wir haben ja *Aufnahmen von'47, wo wir ganz genau sehen, bis wohin das Wasser gelaufen ist hier im Dorf,* und da gibt es große Plätze im Dorf, die bleiben total trocken, die blieben 1838, da war die Hochwassergefahr auch ganz schlimm, 1838 und dann gab es ja später noch mehrere, die waren aber nicht so sehr schlimm, und *dann das 1947. Und aus den Beschreibungen kann man rauslesen, vergleichen,* dann sagt man sich ‚Die Altreetzer kommen gut davon weg‘. Alles *was mit ,Neu-'anfängt, das sind die Kolonistendörfer, die werden natürlich überschwemmt bis an die Dächer, bis an die Traufe.* Denn *früher hat man ja da die Häuser auf erhöhtem Standorten aufgesetzt, aufgebaut und davon gibt es natürlich nur noch wenige solcher Häuser,* weil die nicht mehr befestigt wurden oder die wurden dann aufgegeben und das Haus wurde dann unten daneben modern wieder aufgebaut. Neurütnitz sieht man noch ein paar, Neuküstrinchen sieht man noch wenige solche Ausnahmen, da stehen die Häuser sechs bis sieben Meter höher am Straßenrand. (KE/D/01/m72, Abs. 47–48)

Diese Erläuterungen enthalten zeitlich zum Teil recht weit zurückreichende Referenzpunkte. Gemeinsam mit Wissensbeständen, die ein ausführliches Dechiffrieren katastrophenrelevanter Aspekte der natürlichen und kulturellen Landschaft erlauben, gestatten sie eine reichhaltige und langfristige Wahrnehmung der regionalen Hochwassergeschichte, die nicht nur in die Vergangenheit reicht, sondern zugleich fundierte Ausblicke auf in Zukunft wahrscheinliche und unwahrscheinliche Hochwasserfolgen erlaubt.

8.2 Verschiebungen von Referenzpunkten – zur Gegenwart, in die Vergangenheit und in die Zukunft

Referenzpunkte der Wahrnehmung von Wandel verschieben sich im Laufe der Zeit und in der Abfolge von Alterskohorten immer weiter in Richtung der Gegenwart und führen so zu einem Vergessen von weiter zurückreichenden Wandlungsprozessen – so lautet eine Kernaussage des eingangs dieser Arbeit aufgegriffenen SBS-Theorems. Aus den Analysen unseres Interviewmaterials ergibt sich demgegenüber ein etwas differenzierteres Bild, das unter anderem Verschiebungen von Referenzpunkten[1] in unterschiedlicher Richtung zu erkennen erlaubt.

Sicherlich verschieben sich Referenzpunkte zumeist in Richtung der Gegenwart, d. h. in eine Richtung, die zugleich das Vergessen von weiter zurückliegendem Vergangenem bedeutet. Vielfach lässt sich bereits ein Vergessen von Referenzpunkten beobachten, die früher im Verlaufe des eigenen Lebens selbst erlebt und erfahren wurden. Derart im Rahmen des autobiografischen Gedächtnisses vergessene Referenzpunkte stehen Reflexionen über Wandel nicht weiter zur Verfügung, und Wandel kann daher nur noch innerhalb kürzerer Zeitspannen wahrgenommen werden. Wahrnehmungen von Wandel verschieben sich so in einen näher an der Gegenwart liegenden Horizont.

Prozesse des Vergessens vollziehen sich darüber hinaus insbesondere an der Schwelle zwischen autobiografischem Gedächtnis und jenem Gedächtnis, das Inhalte umfasst, die von früher lebenden Alterskohorten bzw. Generationen erfahren wurden. Einerseits liegt hierin – mit Karl Mannheim (1928) gesprochen – ein wesentliches Moment des für gesellschaftlichen und kulturellen Wandel funktionalen Vergessens. Andererseits drohen aufgrund dieser Schwelle, auch Erfahrungen verloren zu gehen, die z. B. für eine Wahrnehmung problematischer und bedrohlicher Veränderungen erforderlich sind. Das zeigte bereits der in Paulys (1995) Entwurf des SBS enthaltene Hinweis auf die Überfischungsproblematik.

Ein interessanter Gesichtspunkt, der sich aus der Analyse unserer Interviews ergibt, liegt nun darin, dass ein solches Wegfallen weiter zurückreichender Erfahrungen – gerade aus der Sicht von älteren Personen – mitunter selbst als ein problematischer Wandel wahrgenommen wird. Sehen wir hierzu auf ein Interview aus China, in dem ein Verlust historischer Orientierung bei heutigen jungen chinesischen Parteikadern beklagt wird und zudem eine Kluft zwischen früheren und heutigen Kadern anklingt:

> Wir hatten keine Schuhe, mussten Schuhe aus Stroh tragen – ich schätze mal, ihr habt so etwas noch nicht gesehen. Diejenigen, die Sekretäre oder Kader sind, sie fahren überall in der Limousine hin. Wir hatten damals als Kader 1,5 Mao für eine Mahlzeit, jetzt geben sie jedes Mal vier-, fünfhundert aus, wenn es etwas exklusiver ist, dann mehrere tausend. Das birgt ein Problem: die *heutigen Basiskader* bekommen nur sehr wenig Ausbildung, wir haben damals sehr viel mitgemacht und sehr viel Leid ertragen. Jetzt wissen sie nur, welche guten Dinge sie haben wollen, wissen aber nicht woher das ganze Gute kommen soll, *wie leidvoll die Vergangenheit war, wissen sie gar nicht*. Einige der Dinge, die ich erzähle, wirst du wahrscheinlich nicht glauben. (SB/Cn/32/m78, Abs. 47)

---

[1] Den Begriff der Referenzpunkte benutzen wir weiterhin synonym mit Referenzzuständen, Referenzperioden bzw. Basisperioden – stets geht es um erinnerte Zustände bestimmter Sachverhalte, die als Maßstab für Vergleiche dienen, aus denen Urteile über Wandel oder Kontinuität dieser Sachverhalte hervorgehen.

Die Äußerung dieses älteren Mannes beklagt zum einen das Vergessen der von ihm selbst noch erfahrenen leidvollen Vergangenheit, von der die heutigen Parteikader nun nichts mehr wissen, sowie zum anderen den vor diesem Hintergrund unangemessen erscheinenden Lebensstandard dieser Kader. Darüber hinaus zeugt sein Hinweis auf Ausbildungsdefizite von einem Vertrauen in Bildung, die dazu beitragen könnte, jüngeren Kadern diese vom Vergessen bedrohten historischen Erfahrungen zu vermitteln. Implizit wünscht der Befragte, der die Erinnerung dieser schweren Vergangenheit offenbar als eine wichtige Handlungsorientierung betrachtet, also ein fortgesetztes Erinnern dessen, was er noch selbst erlebt hat. Gewissermaßen wünscht er damit die Verschiebung einiger Referenzpunkte dieser jüngeren Menschen weiter zurück in die Vergangenheit und die entsprechende Ausdehnung der Zeithorizonte ihrer Wahrnehmung von Wandel.

Auch die zuvor geschilderte Situation im 1997 von einer Flut bedrohten Oderbruch erlaubt weitere Aufschlüsse zu Voraussetzungen und Formen einer Erweiterung von Zeithorizonten. Wir sahen, dass in der damaligen Situation aufgrund der akuten Hochwassergefahr die Relevanz entsprechender historischer Erfahrungen stieg. In verstärktem Maße richtete sich die Aufmerksamkeit vieler Bewohner nun auf lokales historisches Wissen – so auch die Aufmerksamkeit der neu Hinzugezogenen, die zuvor niemals an eine Hochwassergefahr an viele Kilometer vom Fluss entfernt liegenden Orten gedacht hatten. Vor Ort noch vorhandene Gedächtnis- und Erinnerungsspuren und das in Teilen der Bevölkerung – besonders unter den von früheren Hochwassern Betroffenen – vorhandene lokale Hochwasserwissen wurden jetzt verstärkt thematisiert und insofern auch von jüngeren und neu hinzugezogenen Anwohnern als Erfahrung aufgenommen. Für manche Personen wurde die aktuell erfahrene Gefährdung zu einem über das akute Katastrophengeschehen bestehen bleibenden Motiv, historisches Wissen über Hochwasser in der Region zu erweitern und insofern aus der Hochwassererfahrung heraus zu lernen. Auch so verschoben sich Referenzpunkte in eine weiter zurückliegende Vergangenheit.

In anderen Fällen ist ein solches Wandern von Referenzpunkten weniger offensichtlich. Die folgende Aussage einer älteren Befragten aus den USA scheint darauf hinzuweisen, dass die biografische Erfahrung des Älterwerdens Vergleiche mit der Elterngeneration nahelegt und dadurch den historischen Horizont zu erweitern hilft. Ähnlich wie beim Entstehen des Interesses an früheren Hochwassererfahrungen regt in diesem Beispiel eine aktuelle Krisenerfahrung Vergleiche mit Erfahrungen anderer Generationen, insbesondere der Elterngeneration, an.

Ich denke, *die meisten aus meiner Generation haben das nicht realisiert, als sie aufgewachsen sind,* aber *nun reden wir darüber. Wir haben realisiert, dass unsere Eltern durch die [Große] Depression gegangen* sind. Ob sie Erwachsene zu diesem Zeitpunkt waren, oder jung, in ihren 20ern, was auch immer, weil die meisten unserer Eltern uns in den' 40ern bekommen hatten, ich meine, ich wurde im Dezember 1940 geboren. Und wir realisieren nun in einem Ausmaß, das wir nicht erreicht haben als wir aufwuchsen, dass unsere Eltern durch den Horror der Depression gegangen sind und wie schwierig es für sie gewesen sein muss, uns ein gutes Leben zu ermöglichen. Denn sogar nach der Depression haben sich die Dinge nicht einfach wieder eingependelt, es war sehr viel besser, aber... Und *sie müssen immer diese Sorge gehabt haben. Und ich schaue zurück und denke, wie tragisch es war, dass sie zusätzlich zu der Depression auch noch den Zweiten Weltkrieg erleben mussten, und den Korea Krieg und dann Vietnam.* Wissen Sie, ich schaue zurück und denke: Wie traurig. Sie haben schon genug mitgemacht, allein damit, in der Depression aufgewachsen zu sein. Und ich weiß, dass das *meine Großeltern im selben Maße beeinflusst hat. Sie waren natürlich älter als meine Eltern, es muss niederschmetternd für sie gewesen sein, am Ende ihres Lebens zu sehen, was mit den USA passierte und natürlich überall in der Welt.* (SB/US/49/w69, Abs. 64)

Hier scheint es der bilanzierende Blick im Alter zu sein, der eine vergleichende Perspektive auf den Umgang unterschiedlicher Generationen mit schwierigen Zeiten motiviert. Insofern weist auch diese Sequenz auf unsere bereits an anderer Stelle formulierte Vermutung hin, dass sich die Vermögen der Wahrnehmung von Veränderungen im Zuge eines fortgeschrittenen Lebensalters erweitern. Unseres Erachtens dürfte dies unter anderem mit drei Punkten zusammenhängen: den in einem höheren Alter häufigeren Anlässen für bilanzierende Betrachtungen (z. B. ob der Vergleichbarkeit zwischen eigenen Lebenslagen in unterschiedlichen Lebensaltern und Lebenslagen jüngerer Zeitgenossen oder aufgrund eines näher rückenden Lebensendes); dem mit dem Alter steigenden Umfang autobiografisch erworbener Erfahrungen; sowie der Tendenz älterer Personen, länger zurückliegende Ereignisse stabiler und auch intensiver zu erinnern als kürzer zurückliegende (s. Markowitsch und Welzer 2005, S. 229 f.). Darüber hinaus lassen die in obigem Zitat angesprochenen Krisen erneut Wechselwirkungen mit situativen Faktoren erkennen, die zu vergleichenden Reflexionen anregen.

Die Frage einer Verschiebung bzw. eines „Shiftens" von Referenzpunkten stellt sich jedoch nicht allein für Bezüge auf Vergangenes, sondern auch auf Zukünftiges. So enthalten beispielsweise die angesprochenen Vorstellungen von „Jahrhunderthochwassern", wenngleich in einer merkwürdigen und häufig dysfunktionalen Form, auch Referenzen auf die Zukunft. Sie setzen einen Referenzpunkt in eine Zukunft, die so weit entfernt ist, dass die in dieser Weise zwar grundsätzlich erinnerte (Hochwasser-)Gefährdung innerhalb des autobiographischen Zukunftshorizonts keine Bedeutung mehr besitzt. Spiegelbildlich zur jener Schwelle, die zwischen autobiografischen Erfahrungen und den weiter zurückreichenden Erfahrungen liegt, die von anderen Generationen und historischen Gedächtnissen kommunikativ übernommen werden, finden wir in der auf Zukünftiges gerichteten Zeitperspektive also eine ähnliche Schwelle. Sie liegt hier zwischen dem Bereich antizipierter autobiografischer Erfahrungen, die zugleich eine höhere subjektive Relevanz besitzen, und den jenseits des eigenen Lebens weiter entfernt in der Zukunft liegenden Geschehnissen, die entweder als weniger relevant erscheinen oder auch gänzlich im Bereich des Unwissens verbleiben.[2]

Zu einer solchen Aus- bzw. Abblendung von künftigem Wandel möchten wir eine entsprechende Vignette aus einem Interview aufgreifen, in der ein in die Zukunft gerichteter Blick die Ablösung von Generationen samt deren Verantwortlichkeit antizipiert:

> (...) *die Kinder, das wäre mein Wunsch, mögen so weitsichtig noch werden, dass sie sich noch hier in Europa eine einigermaßen auskömmliche Welt bewahren werden, und die Enkelkinder.* Aber *das liegt in deren Hand* und *darüber mache ich mir keine Gedanken. Sie haben hier die Ausbildung von uns bekommen und alle Wünsche, die sie hatten, konnten erfüllt werden,* vielleicht jetzt auch noch. *Mehr kann man nicht tun, den Rest müssen sie jetzt selbst machen, sie sind selber groß.* (SB/DE/52/m72, S. 179)

Diese persönliche Bilanzierung zu Abschluss eines Interviews, in der es sowohl um die gesellschaftliche Zukunft als auch diejenige der eigenen Kinder und Enkel geht, sowie unsere zuvor angestellten Überlegungen zu einer Schwelle zwischen subjektiv bedeutungsvoller autobiografischer Zukunft und einer weniger bedeutungsvollen ferneren Zukunft, die jenseits des eigenen Lebens erinnert wird, führen uns zurück zu der Frage nach den Weiten und Grenzen von Zukunftsvorstellungen, die wir anhand des Werks von Hans Jonas (2003) wie auch im Kontext der längerfristig absehbaren Konsequenzen des Klimawandels angesprochen haben. Wir erkennen hier also zugleich Formen wie auch Grenzen der Vorstellung von zukünftig sich vollziehendem Wandel.

Insgesamt betrachtet, sind das sicherlich eher knappe Antworten auf die Frage nach Voraussetzungen, Formen und Mechanismen der Verschiebung von Referenzpunkten in Richtung des Vergangenen und auch des Zukünftigen. Doch auf jeden Fall können sie daran erinnern, dass eine an das SBS anknüpfende, differenziertere Forschungsperspektive komplizierte und zum Teil entgegengesetzte

---

[2] Eine solche geringere Bedeutung von weiter in der Zukunft entfernt liegenden Dingen wird auch als Diskontierung der Zukunft bezeichnet. Uwe Schimank betrachtet eine solche „Abwertung" des weiter Entfernten einerseits als historisch veränderlich und modifizierbar, doch andererseits als eine grundsätzliche Gegebenheit: „Trotz aller Sozialisation und Ermahnung zur Langsicht lässt sich die Diskontierung der Zukunft aber allenfalls abschwächen, nicht wirklich beseitigen. Denn sie entspricht ja eben, wie gesagt, letzten Endes der begrenzten Lebenszeit des Menschen." (Schimank 2007, S. 79)

Prozesse des Vergessens und des Erinnerns in ihrem Zusammenhang betrachten muss. Das herangezogene empirische Material verdeutlicht zudem, dass es nicht genügt, von feststehenden Regelmäßigkeiten oder anthropologisch gegebenen Chancen und Grenzen des Wahrnehmens von Veränderungen auszugehen. Vielmehr sind vielfältige situative, kulturelle und soziale Aspekte zu berücksichtigen, die zugleich eine historische Perspektive auf vollzogene und potentielle Veränderungen von Wahrnehmungen von Wandel nahelegen.

8.3　Wahrnehmungen von Wandel – Resümee der empirischen Befunde

Nachdem wir die Frage der historischen Tiefe und der Verschiebung von Referenzpunkten der Wahrnehmung von Wandel noch einmal weiterführend erörtert haben, kommen wir zur resümierenden Zusammenschau einiger wesentlicher Erkenntnisse, die sich aus der Analyse des empirischen Materials und den daran anschließenden Überlegungen ergeben haben.

Wir blickten in diesem empirischen Teil auf unterschiedliche Dynamiken von Veränderungen und unterschieden langsamen, rapiden und krassen Wandel. Wenn auch mit einigen erforderlichen Differenzierungen, so bestätigte sich hierbei zunächst die Annahme, dass die Wahrscheinlichkeit der Wahrnehmung von Wandel mit dessen zunehmender Geschwindigkeit zunimmt. Unter anderem ergibt sich dies aus der mit höherer Veränderungsdynamik steigenden Wahrscheinlichkeit eines Erlebens von Kontingenz, das seinerseits Anlass zu Reflexionsprozessen geben kann, in denen sich aus einer vergleichenden Zusammenschau von mehreren Referenzzuständen Urteile über den Wandel oder die Kontinuität bestimmter Sachverhalte ergeben.

Diese Bedeutung, die der Dynamik als Faktor der Wahrnehmbarkeit von Wandel zukommt, ist der Objektseite, d. h. den materiellen Merkmalen der betreffenden Sachverhalte, nicht jedoch der Subjekt- bzw. Beobachtungsseite zuzurechnen. Zu dieser Objektseite zählen weitere für die Frage der Wahrnehmbarkeit des Wandels bestimmter Objekte relevante Merkmale, von denen z. B. abhängt, ob ihr Wandel überhaupt in den Bereich der menschlichen Sinneswahrnehmung fällt und ob sie grundsätzlich der Alltagswahrnehmung oder nur spezialisierten Formen professioneller bzw. wissenschaftlicher Beobachtung zugänglich sind. Deutlich zeigten sich die hier genannten Punkte in einigen Befunden und Überlegungen zur Wahrnehmbarkeit von Veränderungen des Wetter- und Klimageschehens.

Die damit angesprochene Differenz von Formen der Wahrnehmung in Alltag, zweckgerichteter Arbeitstätigkeit und Wissenschaft verweist zugleich auf enge Wechselbeziehungen zwischen Objekt- und Beobachtungsseite, die auf die Wahrnehmbarkeit von Veränderungen Einfluss haben. Unter anderem lassen sich solche Wechselwirkungen zwischen Beobachtungs- und Objektseite im Einfluss von situativen Faktoren erkennen, beispielsweise der Frequenz, in der die Anschauung bestimmter Sachverhalte überhaupt möglich wird. So können im Kontext schleichender Veränderungen, wie etwa im Falle des Abschmelzens von Gletschern, seltenere Beobachtungsgelegenheiten – gegenüber alltäglich möglicher Beobachtung – das Erleben von Kontrast und Differenz sogar begünstigen.

Stärker auf der Beobachtungs- bzw. Subjektseite zu verorten sind demgegenüber die in unserer wissenssoziologischen Perspektive hervortretenden jeweils spezifischen Relevanzen und Wissensbestände. Relevanzen richten die Aufmerksamkeit auf bestimmte Ausschnitte der Wirklichkeit aus. Insbesondere im Kontext des krassen Wandels sahen wir, dass Relevanzen mitunter aus der Situation heraus auferlegt werden und insofern situativ begründet sein können. Überschwemmungen z. B. erzwingen förmlich eine Ausrichtung der Aufmerksamkeit auf die zahlreichen Problemfacetten, die sich aus einer solchen Katastrophensituation ergeben. Andererseits ergeben sich Relevanzen aus den autobiografisch und kulturell aufgespeicherten Erfahrungen. In diesem Falle betreffen sie auf der Beobachtungs- bzw. Subjektseite zu verortende Orientierungen des Handelns, die die Aufmerksamkeit auf bestimmte Ausschnitte der Wirklichkeit ausrichten und dadurch allerdings andere Bereiche der Wirklichkeit zugleich abblenden. In diesem Zusammenhang spielen die jeweils verfügbaren Wissensbestände eine erhebliche Rolle, da sie die Möglichkeiten der Deutung von Situationen und damit auch von Wandel mitbestimmen.

Kulturelle Muster spielen sowohl für individuelle Prägungen von Relevanzen und Wissensbeständen wie auch auf der kollektiver Ebene eine erhebliche Rolle. Im Sinne von Dispositiven generieren sie typische Muster von Relevanzen, die die Bildung von Wissensbeständen in starkem Maße prägen. Hierzu zählt das Markieren entsprechender Erfahrungen, die individuell festgehalten werden oder mittels spontaner Alltagskommunikation wie auch spezifischer Institutionen einer Erinnerungskultur in kollektiv zugreifbare Gedächtnisse eingeschrieben werden. So entstehen spezifisch geformte Wissensbestände, die in bestimmten Bereichen hinreichend Referenzpunkte für Wahrnehmungen von Wandel verfügbar machen, während diese in anderen Bereichen fehlen und eine Wahrnehmung von Wandel dort ausschließen oder nur im Zuge komplizierterer Reflexionsvorgänge erlauben.

Zu diesen für die Wahrnehmung von Wandel höchst bedeutsamen Wissensaspekten gehört zudem die Frage der Begriffe, die in solchen Wahrnehmungen von

Wandel jeweils Anwendung finden bzw. überhaupt zu Verfügung stehen. Immanuel Kants Bemerkung, „Anschauungen ohne Begriffe sind blind" (Kant 1970, S. B 74), kann daran erinnern, in welchem Maße Begriffe Erfahrung und Erkenntnis prägen. Unterschiede der Begrifflichkeit betrachteten wir in unserer Arbeit vor allem in Bezug auf Wetter und Klima. Jenseits von Unterschieden, die sich in interkultureller Perspektive zeigen, sind für die Frage der Wahrnehmung von Veränderungen von Wetter und Klima vor allem Unterschiede zwischen Alltagswelt und Wissenschaft bedeutsam.

Hinsichtlich der alltagsweltlichen Wahrnehmbarkeit solcher Veränderungen zeigten sich in unserem Interviewmaterial einerseits Bereiche, in denen solcher Wandel durchaus erfasst wird. Andererseits wurden auch die Grenzen einer solchen Wahrnehmung deutlich. Sie ergeben sich aus einer zu hohen Komplexität der betreffenden Sachverhalte bzw. der zu berücksichtigenden Referenzzustände und hängen auch mit fehlenden bzw. unklaren Unterscheidungen zwischen Veränderungen des Wetters und solchen des Klimas zusammen. Während solche feineren Begriffsunterscheidungen in weiten Bereichen der Alltagskommunikation bislang keine Rolle spielen, werden sie andererseits für eine hinreichende Wahrnehmung der Problematik des langfristig drohenden Klimawandels und für deren Bewältigung zunehmend auch innerhalb der Alltagswelt notwendig. Die alltagsweltliche Wetter- und Klimaerfahrung bedarf, aus dieser Perspektive betrachtet, einer Modifikation, die sie in die Lage versetzt, Wetter- und Klimaphänomene deutlicher zu unterscheiden. Dies wiederum verlangt eine alltagsweltliche Übernahme von Grundzügen jener Unterscheidung von Wetter- und Klimageschehen, die sich in den entsprechenden Wissenschaften etabliert hat. Damit stellt sich die Frage, wie sich die entsprechenden kulturellen Veränderungsprozesse vollziehen und wie sie im Sinne einer gesellschaftlichen Problembearbeitung eventuell sogar beeinflusst und beschleunigt werden können.

Der Stellenwert sozialer Prozesse für Wahrnehmungen von Wandel zeigte sich unter anderem im Falle von krassem Wandel, der ja aufgrund seiner katastrophischen Form stets mit einer Betroffenheit von Kollektiven einhergeht. Erst der Austausch von Erfahrungen und eine Sammlung von Informationen über das jeweilige katastrophische Geschehen erlaubt, dessen Ausmaße und Intensität wahrzunehmen. Auch den sozialen Charakter des Erinnerns nicht nur von Katastrophen, sondern von Erfahrung generell, konnten wir anhand der empirischen Hinweise auf Familiengespräche, auf in bestimmten Situationen sich erweiterndes Interesse beispielweise an den Hochwassererfahrungen älterer Mitbürger oder in Hinweisen auf die Nutzung der in anderen sozialen Gedächtnissen wie beispielsweise Literatur oder Denkmälern festgehaltenen Erfahrungen immer wieder deutlich erkennen.

Auch unabhängig von den spezifischen Dynamiken des Wandels ergibt sich ein Bild hoher Selektivität der entsprechenden Wahrnehmungen. In starkem Maße können sie durch Blindstellen und Verzerrungen gekennzeichnet sein. Sofern Wandel wahrgenommen wird, variieren die Zeithorizonte solcher Wahrnehmung, die wiederum vom Erinnern von Referenzzuständen abhängen. In vielen Fällen bleiben diese Zeithorizonte innerhalb des autobiografischen Horizonts. Doch häufig umfassen sie nicht einmal die gesamte autobiografisch erlebte Zeit und besitzen damit einen noch engeren Zeithorizont. Dennoch finden wir auch Wahrnehmungen von Veränderung, die über den biografischen Zeithorizont hinausreichen und den Erfahrungshorizont gegenwärtig noch lebender Alterskohorten erfassen oder sogar darüber hinaus weiter zurück in die Vergangenheit greifen. Dies alles weist darauf hin, dass ein wahrer Kern des von Pauly (1995) formulierten SBS vor allem im Hinweis auf die Schwelle des Erinnerns und Vergessens besteht, die sich zwischen autobiografisch direkt erfahrenen und weiter in der Vergangenheit zurückliegenden, nur indirekt erfahrbaren Sachverhalten auftut.

Eine Schwelle des Erinnerns und Vergessens zeichnet sich darüber hinaus auch innerhalb der in die Zukunft gerichteten Zeitperspektive und des Antizipierens von Wandel ab. Ähnlich wie die jenseits des autobiografischen Horizonts liegenden Referenzzustände der Vergangenheit tendenziell in Vergessenheit fallen und dementsprechend längerfristige Wahrnehmungen von Wandel verunmöglichen, scheinen auch jenseits der autobiografischen Zukunft, d. h. in noch weiter entfernter Zukunft, liegende Referenzzustände tendenziell einem Zukunftsvergessen zu unterliegen. Antizipierende Wahrnehmungen von sich in der Zukunft längerfristig vollziehendem Wandel werden hierdurch behindert oder gar verunmöglicht.

Die anhand unserer empirischen Analysen erkennbare Varianz von Veränderungswahrnehmungen umfasst jedoch noch weitere Bereiche. Zum einen erkannten wir Unterschiede in der sachlichen Reichweite der jeweils thematisierten Veränderungen. Auch innerhalb der Aussagen über einen spezifischen Bereich der Wirklichkeit – wie der hier betrachteten Veränderungen von Verkehr und Mobilität – betreffen sie in einem Teil der untersuchten Fälle hauptsächlich den Nahbereich der befragten Personen, während sie in anderen Fällen umfassendere gesellschaftliche Prozesse mit in die Thematisierung von Wandel einschließen. Dies hängt offenbar zum einen mit Prägungen durch kulturelle Muster zusammen, die – mit Parsons Orientierungsalternativen gesprochen (den „pattern variables", s. Parsons und Shils 1967, S. 77) – entweder eher Kollektivitäts- oder Selbstorientierungen des Wahrnehmens und Erzählens nahelegen. Zum anderen zeigt sich hier wieder die Bedeutung der jeweiligen Dynamik des Wandels, die z. B. im Falle Chinas von einem rapiden Umbruch des gesamten Verkehrs- und Mobilitätswesens zu sprechen erlaubt, der allein schon aufgrund der damit einhergehenden Alltagsprobleme (Staus, Smog …) in seiner gesellschaftlichen Breite kaum der Wahrnehmung entgehen kann.

Des Weiteren variieren Wahrnehmungen von Wandel auch hinsichtlich der Komplexität ihrer Vergleichspunkte. In ihrer einfachsten Form beruhen sie auf einer Reflexion, die zwei Zustände miteinander vergleicht. In diesem Falle wird z. B. ein gegenwärtiger Zustand des Mobilitätsverhaltens mit einem Referenzzustand aus der Vergangenheit, sagen wir aus der eigenen Kindheit, verglichen. In anderen Fällen sind solche Wahrnehmungen komplexer. Dann vergleichen sie eine höhere Zahl von Zuständen, die mit unterschiedlichen Zeitpunkten verknüpft sind, und es können prozesshafte Wahrnehmungen von Wandel entstehen. In vielen Fällen liegt vor solchen komplexeren Wahrnehmungen jedoch das Problem einer zu hohen Komplexität von Zuständen, die sich nicht mehr ad hoc vergleichen und zu einem Gesamtbild des Wandels zusammenfügen lassen. In anderen Fällen mangelt es schlicht am Vermögen, eine höhere Zahl von solchen Referenzpunkten zu erinnern. In solchen Fällen können dann nur Vergleiche zwischen einigen wenigen erinnerten Referenzzuständen erfolgen, deren Verbleib in Gedächtnis und Erinnerung zudem weitgehend zufällig sein kann. All dies sind Faktoren, die Wahrnehmungen von Wandel verzerren.

Schließlich stellen die vor allem im chinesischen Kontext erkennbaren Dispositionen der Veränderungswahrnehmung, die sich biografisch ausbilden, einen besonders interessanten Befund dar. Im Falle der mittleren chinesischen Alterskohorte, die den rapiden gesellschaftlichen Wandel in unmittelbarer Weise in ihren eigenen Lebensverläufen erfahren hat, erkannten wir eine besondere Sensibilität für diesen Wandel und entsprechend ausgeprägte Wahrnehmungen. Dieser Befund schließt an klassische Perspektiven der Generationensoziologie an und eröffnet eine Reihe weiterführender Fragen zu Zusammenhängen zwischen dem unmittelbaren Erleben von Wandel und dem Vermögen, Wandel wahrzunehmen. Zugleich veranschaulicht er noch einmal sowohl die sozialen und kulturellen Aspekte der Wahrnehmung von Wandel als auch deren historische Plastizität.

Aus naturwissenschaftlicher Sicht werden mit dem anthropogenen Klimawandel, dem Schwund der Artenvielfalt und weiteren Umweltveränderungen einige langfristige Veränderungen absehbar, die viele Lebensräume und große Teile der Menschheit in erheblichem Maße beeinträchtigen und gefährden können. Da diese Veränderungen mit qualitativen und quantitativen Veränderungen verschiedenster gesellschaftlicher Prozesse in Produktion, Distribution und Konsumtion wie auch mit den gesellschaftlichen Wissensbeständen zusammenhängen, ist leicht ersichtlich, dass ein umfassendes Verständnis der Klima- und Umweltproblematik auch sozial- und kulturwissenschaftlicher Perspektiven bedarf.

Anknüpfend an das im Kontext der Meereswissenschaften formulierte Konzept der „shifting baselines" bzw. des „Shifting-Baseline-Syndroms" (Pauly 1995), das uns zu der Frage nach der Wahrnehmung von Wandel führte, haben wir in diesem Buch einen spezifischen Aspekt fokussiert, der selbstverständlich nur eine Facette der äußerst komplexen Klima- und Umweltproblematik darstellt. Für den gesellschaftlichen Umgang mit dieser Problematik besitzt dieser Aspekt allerdings eine erhebliche Bedeutung.

Eine der Voraussetzungen für problemorientierte und angemessene Reaktionen auf die genannten langfristigen Veränderungen der Umwelt und die mit ihnen verbundenen Gefahren und Risiken liegt in der hinreichenden Wahrnehmung dieser Veränderungen und ihres Problemgehalts. Das wiederum erfordert Zeithorizonte, die hinreichend weit sind, um jene Zeitspannen zu erfassen, innerhalb derer solche Veränderungen sich vollziehen und in vielen Fällen überhaupt erst erkennbar werden. Doch in dieser Hinsicht zeigen sich rasch Defizite und Grenzen der Wahrnehmung von Wandel, die etwa mit Bezug auf alltägliche Erfahrungs- und Handlungsweisen, die klima- und umweltbezogene Politik oder – wie im Rahmen von Arbeiten zum „Shifting-Baseline-Syndrom" (SBS) – die wissenschaftliche Forschung beklagt werden. Hier nicht nur Defizite zu beklagen, sondern ein umfassenderes Verständnis zu erlangen, wie Wandel überhaupt wahrgenommen wird, wie solche Wahrnehmungen sich historisch verändern und eventuell auch absichtsvoll verändert werden können, ist somit eine Zielstellung, die einerseits praxisbezogen Interessen entspricht und eine erhebliche Relevanz für den gesellschaftlichen Umgang mit der Umwelt- und Klimaproblematik besitzt.

Andererseits zeigte sich im Verlaufe unserer Untersuchung, dass die wissenschaftliche Reflexion dieser Fragen zur Entfaltung eines Spektrums von Themen führt, das in begrifflicher und theoretischer Hinsicht interessante Perspektiven und weiterführende Fragen eröffnet. Damit sollte unsere Arbeit – so hoffen wir – zugleich deutlich machen, wie sozial- und kulturwissenschaftliche Ansätze und Begriffe in erheblichem Maße zur interdisziplinären Bearbeitung der angesprochenen fachübergreifenden Fragen beitragen können und ein tieferes Verständnis von Formen, Grenzen und Konsequenzen der Wahrnehmung von Wandel erlauben. Die für eine tieferreichende Analyse notwendig zu berücksichtigenden Aspekte eröffnen also einige Perspektiven, die neben den praxisbezogenen Interessen auch für die primär an Begriffen und Theorie interessierte Diskussion ergiebig sind. Hierzu zählen unter anderem Zusammenhänge zwischen individuellen und kollektiven Aspekten der Wahrnehmung von Wandel, die zeitliche Weite und Ausrichtung dieser Wahrnehmung sowie deren wissenssoziologisch fundiertes Verständnis. Insofern beanspruchen die Untersuchungen und Erörterungen dieses Buches gleichermaßen eine allgemein gesellschaftliche sowie wissenschaftliche Relevanz.

Der erste Teil unserer Arbeit griff das von Daniel Pauly (1995, 2001) vorgeschlagene Konzept des Shifting-Baseline-Syndroms in einem heuristischen Sinne auf und nutzte es zur Entwicklung eines umfassenderen und differenzierteren Verständnisses der Wahrnehmung von Wandel, das von wissenssoziologischen Grundlagen ausgeht. Hierzu zogen wir begriffliche und theoriebezogene Ansätze aus der Gedächtnis- und Erinnerungsforschung, der Generationen- sowie der Zeitforschung heran. Die so gewonnenen Einsichten zu allgemeinen Grundzügen und Grundproblemen der Wahrnehmung von Wandel bildeten dann eine Grundlage für den zweiten Teil der Arbeit. Dort ging es um ergänzende und weiterführende Erkenntnisse, die wir anhand von empirischen Befunden und deren Diskussion gewinnen konnten. Dabei blickten wir auf drei unterschiedliche Dynamiken von Wandel, die wir jeweils für sich erörterten. Nach dem langsamen und dem rapiden Wandel gelangte unsere Untersuchung mit dem krassen Wandel schließlich in das Feld der Katastrophenforschung. Zu ihm zählt die Frage der Katastrophenerinnerung, die sich nicht nur auf die Formen des Erinnerns vergangener Katastrophenerfahrungen richtet, sondern auch auf deren Bedeutung für zukünftige Deutungen von krassem Wandel. Damit gestattet das Thema „Katastrophenerinnerung" einige weiterführende Überlegungen zu den Konsequenzen der

Wahrnehmung von Wandel. Zudem verdeutlicht dieses Thema noch einmal, dass es dieser Arbeit nicht allein um das Erkennen von Grundmustern der menschlichen Wahrnehmung von Wandel geht, sondern ebenso um ein vertieftes Verständnis der Varianz und Plastizität von Wahrnehmungen von Wandel, d. h. auch des Wandels von Wahrnehmungen von Wandel.

Formen, Grenzen und Konsequenzen der Wahrnehmung von Umweltveränderungen und umweltrelevantem Handeln

9.1 Formen

Die Formen der Wahrnehmung von Wandel können wir in drei unterschiedlichen Perspektiven resümieren. Dabei geht es erstens um ein allgemeines Grundmuster jeglicher Wahrnehmung von Wandel, zweitens um die Differenz individueller und kollektiver Reflexionsprozesse und drittens um die Varianz unterschiedlicher Formen, die auch die Frage nach deren historischem Wandel einschließt.

Allgemein können wir Wahrnehmungen von Wandel als Reflexionsprozesse begreifen, in denen ein Zustand eines Sachverhalts mit zumindest einem weiteren ungleichzeitigen Zustand dieses Sachverhalts verglichen wird und daraus Urteile über Wandel (sofern eine Differenz der verglichenen Sachverhalte besteht) bzw. Kontinuität (sofern keine Differenz erkannt wird) hervorgehen. Wahrnehmungen von Wandel setzen daher unter anderem voraus, dass solche auf bestimmte Sachverhalte ausgerichteten Reflexionsprozesse überhaupt stattfinden. Auch wenn sich Wandel vermeintlich ,vor den Augen der Menschen' vollzieht, ist es keinesfalls selbstverständlich, sondern voraussetzungsreich, dass Wandel überhaupt wahrgenommen wird. Zu diesen Voraussetzungen zählt auch, dass nicht aus der Gegenwart stammende Zustände in Gedächtnissen festgehalten und für diese vergleichende Reflexion zu Wandel abgerufen werden können.

In der wissenssoziologischen Tradition, der wir in unserer Arbeit folgen, setzt die Analyse des Wahrnehmens sowie der Entstehung und der Veränderung von Wissen zunächst an einzelnen Menschen an, sie erfolgt also subjektzentriert. Die Wahrnehmung von Wandel ist insofern in einem ersten Schritt als Operation der Bewusstseinstätigkeit einzelner Menschen zu begreifen. Sie beruht auf dem Gedächtnis und Erinnerungsvermögen von Individuen und auch darauf, dass die betreffenden Sachverhalte für diese einzelnen Menschen überhaupt Relevanz besitzen, d. h. zu Gegenständen ihrer zielgerichteten Aufmerksamkeit und ihres Interesses werden. Doch schon mit diesen beiden Punkten des Gedächtnisses und der

D. Rost, *Wandel (v)erkennen*, DOI 10.1007/978-3-658-03247-0_9,
© Springer Fachmedien Wiesbaden 2014

Relevanzen erweitert sich die Perspektive zwangsläufig um einige kollektive Aspekte. Denn was überhaupt erinnert und relevant wird, ist in starkem Maße sozial geprägt und vermittelt. Es hängt ab von Interaktionen mit anderen Menschen, sozialen Strukturen und den im historischen Prozess entwickelten Wissensbeständen. Zudem greifen Erinnerungsprozesse in erheblichem Maße auf soziale Gedächtnisse zurück, die vom kommunikativen Erinnern in Familiengesprächen über unterschiedlichste symbolische (z. B. bildliche) Formen bis hin zu Online-Archiven reichen. Schon das ursprünglich auf die wissenschaftliche Wahrnehmung gerichtete Konzept des SBS von Pauly (1995) verweist auf hier gleichermaßen zu berücksichtigende kollektive Formen der Wahrnehmung von Wandel, wie sie sich z. B. in der Wissenschaft aus der Zusammenführung vieler einzelner Forschungsbeiträge ergeben. In diesen Fällen ist von einer Wahrnehmung auf kollektiver Ebene zu sprechen, die sich in Kommunikationsprozessen herstellt. Wahrnehmungen auf der individuellen Ebene und der kollektiven Ebene stehen demnach in Wechselbeziehungen, die einerseits offensichtlich sind, in ihrem tatsächlichen Vollzug allerdings schwer zu erfassen sind. Das Verhältnis der individuellen und der kollektiven Ebene der Wahrnehmung von Wandel spiegelt sich beispielsweise auch in der Spannung zwischen dem kollektiv hervorgebrachten wissenschaftlichen Wissen über Formen und Ursachen des anthropogenen Klimawandels einerseits und andererseits jenen alltagsweltlichen Wahrnehmungen des Wandels von Umwelt und umweltrelevantem Handeln, die vor allem auf individuellen Erfahrungen beruhen und von deren Evidenz überzeugt sind.

Unsere Untersuchung ließ schließlich auch die Varianz von Formen der Wahrnehmung von Wandel deutlich erkennen. Zum einen können Wahrnehmungen von Wandel von unterschiedlicher Komplexität sein. Um überhaupt Veränderung zu erkennen, genügt es, zwei unterschiedliche Zustände zu vergleichen. In diesem Falle ist ein Urteil über Wandel allerdings ausgesprochen momenthaft. Komplexere Wahrnehmungen beruhen auf einer höheren Zahl verglichener Referenzzustände. Sie erfassen Wandel nicht nur moment-, sondern prozesshaft.

Zum anderen variieren die Zeithorizonte von Wahrnehmungen von Wandel. Problematisch werden „shifting baselines" ja vor allem aufgrund des damit verbundenen Verlusts von längerfristigen Perspektiven auf Veränderungen. Zu geringe Zeithorizonte sowohl der individuellen – häufig stark autobiografisch ausgerichteten – als auch der kollektiven Wahrnehmung führen dazu, dass bedrohliche langfristig ablaufende Veränderungen verkannt werden können.

Die auch vom SBS thematisierte Problematik der Zeithorizonte haben wir um den Begriff der Zeitperspektiven ergänzt, der unterschiedliche zeitliche Ausrichtungen der Veränderungswahrnehmung erfasst. Denn Wandel kann nicht nur als vergangener Wandel wahrgenommen werden, sondern auch als zukünftiger Wandel und zudem in einer sowohl Vergangenes als auch Zukünftiges umfassenden Weise.

Im Kontext der bereits akuten, doch sich erst langfristig manifestierenden Klima- und Umweltproblematik – das zeigte bereits Hans Jonas (2003) – bedarf es eigentlich einer Fortentwicklung jener Vermögen der Wahrnehmung von Wandel, die in der Lage sind, auch weiter in der Zukunft liegende mögliche Konsequenzen des gesellschaftlichen Handelns zu antizipieren und hierdurch zur Reflexion und Modifikation des Handelns in der Gegenwart beizutragen. Der Blick auf die Varianz von Formen der Wahrnehmung von Wandel wie auch auf historische Veränderungen der Zeitwahrnehmung und der Zeitorientierung zeigt, dass sich solche Veränderungen der Wahrnehmung von Wandel vollziehen und insofern grundsätzlich möglich sind. Fraglich bleibt allerdings, ob diese Veränderungen der Wahrnehmung von Wandel auch in einer Geschwindigkeit erfolgen können, die der Dynamik des gesellschaftlichen Handelns sowie der immer komplexeren und weitreichenderen gesellschaftlichen Probleme entspricht. Ebenso stellt sich die Frage, in welchen Gegenstandsbereichen und welchem Ausmaß solche Veränderungen der Wahrnehmung von Wandel überhaupt möglich erscheinen. Hierzu ist eine Erörterung von Grenzen der Wahrnehmung von Wandel instruktiv.

9.2 Grenzen

Grundsätzlich besteht eine Kluft zwischen der enormen Komplexität aller grundsätzlich wahrnehmbaren Aspekte der menschlichen Umwelt und der begrenzten Wahrnehmung einzelner Menschen, deren Aufmerksamkeit immer nur auf bestimmte Aspekte der Wirklichkeit ausgerichtet sein kann. Auch daher sind ihre Vermögen der Wahrnehmung von Wandel durch Selektivität bestimmt. Ihre Aufmerksamkeit gegenüber Aspekten der Gegenwart folgt Relevanzen, die sich aus kulturellen Prägungen, sozialen Interaktionen und Strukturen, der Biografie sowie – nicht nur im Falle von Katastrophen – aus situativen Faktoren ergeben. Da sie stets Reflexionsprozesse verlangen, können eigene Wahrnehmungen von Wandel nur innerhalb solcher Bereiche erfolgen, die aus welchem Grund auch immer subjektiv Relevanz erhalten. Diese hohe Selektivität der individuellen Wahrnehmungsvermögen verweist zum einen auf den entsprechend hohen Stellenwert von kollektiv und kommunikativ hervorgebrachten Wahrnehmungen von Wandel, die es erlauben, Grenzen der subjektiven Wahrnehmung auszudehnen. Zum anderen verweist sie auf die große Bedeutung von kommunikativ vermittelten Erfahrungen und dem darauf aufbauendem Wissen über Wandel.

Wir sahen, dass die für Wahrnehmungen von Veränderung erforderliche Zusammenschau von ungleichzeitigen Zuständen bestimmter Sachverhalte ein

Erinnern von in Gedächtnissen festgehaltenen Zuständen verlangt. In diesem Bereich liegen weitere Grenzen des Vermögens, Wandel wahrzunehmen, die bereits in den Hinweisen des SBS auf Verschiebungen von Referenzpunkten und deren Vergessen klar angesprochen wurden. Subjektive Vermögen des Festhaltens und Abrufens vergangener oder auch auf die Zukunft bezogener Sachverhalte sind allein schon aufgrund der oben angesprochenen Relevanzsetzungen eingeschränkt. Als Erfahrung festgehalten wird nur, was zuvor einmal Relevanz erhalten hat und also vorübergehend in den Kernbereich der Aufmerksamkeit getreten ist. Zudem können das Festhalten von Erfahrungen im Gedächtnis und deren erinnernder Abruf stets definitiv bzw. vorübergehend abbrechen und aus verschiedenen Gründen mehr oder weniger stark verzerrt werden. Doch andererseits bestehen soziale Formen, wie beispielsweise die im Alltag angesiedelte Erinnerungskommunikation oder individuell (Notizbuch etc.) und kollektiv zugreifbare Speicher und Archive (Lexika, Chroniken etc.), die ein Festhalten und Erinnern bestimmter Sachverhalte unterstützten oder überhaupt erst ermöglichen.

Grenzen von Gedächtnis und Erinnern liegen insbesondere in deren zeitlicher Weite, d. h. den Zeithorizonten, wie auch deren zeitlicher Ausrichtung, den Zeitperspektiven. Aus den vielen entsprechenden Studien zum SBS, zum Erinnern und zu Generationen bzw. Generationalität wie auch aus unserer eigenen empirischen Forschung ergibt sich ein klares Bild zu entscheidenden Schwellen, die für eine längerfristiges Erinnern und eine Wahrnehmung längerfristigen Wandels überschritten werden müssen. Hier können wir zunächst vom autobiografischen Gedächtnis ausgehen, das den Bereich der Erfahrungen ausmacht, die selbst und damit in sinnlich komplexer Weise erlebt wurden. Doch auch das autobiografische Gedächtnis erfasst nicht vollständig und gleichmäßig alles im Verlaufe des Lebens selbst Erfahrene. Häufig ist es durch engere Zeithorizonte geprägt, die nur die allerjüngste Vergangenheit umfassen. Ebenso besitzt das autobiografische Gedächtnis Phasen, aus denen Vergangenes intensiver festgehalten wird, z. B. aus der Zeit der Jugend und des Erwachsenwerdens, und es unterliegt zudem Umschichtungen und Veränderungen, die sich im biografischen Verlauf ergeben und beispielsweise im Alter zu der Neigung führen, bilanzierend auf frühere Phasen des Lebensverlaufes zurückzuschauen.

Gegenüber dem autobiografisch selbst Erlebten sind andere Erfahrungen, die weiter in der Zeit zurückliegen, von anderen Menschen gemacht wurden und nun subjektiv angeeignet werden, sinnlich wie auch emotional wesentlich „dünner". Zudem entstammen sie Kontexten, die nicht aus eigener Anschauung bekannt und vertraut sind. Gleichwohl können Erzählungen, Berichte und Überlieferungen, die von noch lebenden älteren Mitmenschen erzählt werden, nicht nur grundsätzlich Erfahrungen vermitteln, sondern diese auch mit starken Eindrücken verbinden.

Jenseits dieses noch eher gegenwartsnahen Bereiches, der mitunter als Generationengedächtnis bezeichnet wird, liegt die weiter zurückreichende Vergangenheit, aus der Erfahrungen nicht mehr anhand noch lebender Mitmenschen, sondern in abstrakter und eventuell stark ritualisierter Form vermittelt werden. Insofern liegt zwischen dem Generationengedächtnis und dem Gedächtnis größerer historischer Tiefe eine weitere Schwelle. Sie entspricht übrigens genau der Differenz der beiden vom SBS angesprochenen Problembereiche, der intergenerationalen Transmission von Erfahrungen und der Nutzung historischer Quellen und Zeugnisse.[1]

Anknüpfend an die Überlegungen von Hans Jonas und der neueren Erinnerungsforschung haben wir besonders den Aspekt der Zukunftserinnerung betont. Hier zeigen sich Grenzen, die denen sehr ähnlich sind, die wir zuvor mit Bezug auf die Vergangenheitserinnerung dargestellt haben. Auch in der Zukunftsperspektive scheinen Erinnerungen – d. h. in diesem Falle: Vergegenwärtigungen von in der Zukunft erwarteten Geschehnissen und Erfahrungen –, die jenseits des Horizonts des eigenen Lebens liegen, unwahrscheinlicher zu werden. Wobei dieser übergreifende Blick auf das Wahrnehmen vergangenen und zukünftigen Wandels, selbstverständlich auch nicht deren Unterschiede ausblenden darf, die sich aus der faktischen Abgeschlossenheit des Vergangenen (das freilich erinnernd rekonstruiert wird) und der Offenheit des Zukünftigen (das Alfred Schütz zufolge in der Form des Abgeschlossenen antizipiert wird) ergeben.

Mit der insgesamt für die Wahrnehmung von Wandel sehr schwerwiegenden Erinnerungsproblematik verbindet sich unmittelbar eine weitere Grenze. Gerade nicht linear verlaufende Wandlungsprozesse können nur dann einigermaßen adäquat wahrgenommen werden, wenn möglichst zahlreiche Referenzpunkte erinnert werden. Das Wettergeschehen veranschaulicht hierbei jedoch, wie schnell die Komplexität bestimmter Sachverhalte und ihres Wandels die Grenzen der subjektiven Erinnerungs- und Vergleichsmöglichkeiten überschreitet. Auch hier zeigt sich wieder die Funktionalität und Notwendigkeit des Rückgriffs auf Wahrnehmungen, die aus kollektiven Kommunikationsprozessen hervorgehen oder beispielsweise in Form wissenschaftlichen Wissens zugreifbar sind.

Während die zuvor beschriebenen Grenzen der Wahrnehmung von Wandel der Beobachtungsseite zuzurechnen sind, gründen andere eher in der Objektseite, d. h. in Eigenschaften und Merkmalen, die den Sachverhalten, um deren Wandel es geht, selbst zukommen. Zum einen hängt es von ihren spezifischen materialen Qualitäten ab, ob sie – zumindest was die Alltagsanschauung betrifft – überhaupt von den menschlichen Sinnen erfasst werden können. Zum anderen bestimmen auch die Verlaufsform und Geschwindigkeit ihres Wandels dessen

---

[1] Vgl. unsere Abb. 2.2, die vier von den SBS-Beiträgen berührte Themenbereiche zeigt.

Wahrnehmbarkeit. Sowohl die Stärke der Differenz, die bei Vergleichen innerhalb bestimmter Zeitabschnitte erkennbar wird, als auch die Zahl der Referenzpunkte, die für ein angemessenes Wahrnehmen komplexer Veränderungen erforderlich sind, hängen jeweils von der Verlaufsform und Geschwindigkeit der betreffenden Veränderungen ab.

Eine weitere Grenze bleibt – in etwas spekulativer Manier – anzuführen. Sie scheint uns in den Routinen und Vermögen der vergleichenden Zusammenschau von Referenzzuständen zu liegen. Denn wenn solche Reflexionen aus der individuellen Praxis heraus, doch eventuell auch angeregt durch institutionalisierte Formen des Festhaltens und Erinnerns bestimmter Referenzzustände und -ereignisse, häufiger erfolgen, so dürfte dies zu einer gewissen Übung und Habitualisierung einer reflexiven, gegenüber Wandel sensibilisierten Haltung führen, die unter anderem eine Anwendung derartiger Wahrnehmungsmuster auf andere Sachverhalte nahelegt. Auf diesem Wege könnte sich zudem die Kompetenz für ein auch längerfristige Zeithorizonte erfassendes Wahrnehmen von Wandel schrittweise erweitern und fortentwickeln. Damit sind wir zum dritten Aspekt unserer Fragestellung gelangt – den Konsequenzen aus Wahrnehmungen von Wandel.

9.3 Konsequenzen

Wenn wir die Konsequenzen der Wahrnehmung von Wandel, soweit sie sich aus unseren Untersuchungen heraus erkennen lassen, resümieren wollen, so müssen wir zunächst auf den dargestellten prekären Charakter und die tendenzielle Unwahrscheinlichkeit der Wahrnehmung von Wandel hinweisen. Das Verkennen von Wandel liegt meist näher als ein Erkennen von Wandel, und dieses Verkennen kann – wie unsere Beispiele zu sich abzeichnendem krassen Wandel zeigten oder es im Kontext der Klimaproblematik unmittelbar ersichtlich wird – erhebliche Konsequenzen besitzen, da es ein den Problemen angemessenes Handeln behindert.

Dennoch werden einige mögliche Konsequenzen des Erkennens von Wandel in dieser Arbeit durchaus fassbar – insbesondere im Kontext von Katastrophen und der Katastrophenerinnerung. Die Erfahrung von krassem Wandel kann, sofern sie nicht doch wieder rasch dem Vergessen anheimfällt, das Wissen um möglichen Wandel in der Zukunft erweitern und in Fällen neu eintretender Katastrophen eine angemessene Deutung der Situation erlauben. Dies kann als Lernen innerhalb eines spezifischen Sachgebietes, wie beispielsweise einer lokalen Überschwemmungsgefahr, bezeichnet werden.

Ebenfalls im Kontext des Katastrophenerinnerns können wir eine zweite Form des Lernens erkennen, die auf eine Erfahrung von Problemen und Unwissen im Umgang mit Wandel zurückgeht, die dann zu einem Motiv wird, Wissen diesbezüglich zu erweitern, indem nun beispielsweise Literatur über Hochwasser konsultiert wird oder entsprechende Erfahrungen älterer Mitmenschen gezielt gesucht und aufgenommen werden. Solche Erfahrungen von Unwissen und Problemen können ebenso zu einer Reflektion über das erfolgte Handeln und angemessenere Handlungsmuster führen. Wahrnehmungen von Wandel können insofern das Wissen um die Möglichkeit von Wandel, dessen Ausmaß wie auch dessen Verlaufsformen modifizieren. Das kann in Formen erfolgen, die sich später als produktiv erweisen, allerdings ebenfalls in Formen, die sich als problematisch erweisen können. Letzteres ist beispielsweise im Zuge der alltagsweltlichen Deutung eines Hochwassers als „Jahrhundertereignis" der Fall, die für die folgende Zeit eine trügerische Sicherheit vermitteln kann.

Während der meist hohe Problemgehalt von krassem Wandel ein Lernen als Konsequenz der Wahrnehmung von Wandel nahelegt, ist dies sicherlich in anderen Bereichen, die weniger problematisch erscheinen, unwahrscheinlicher. Dennoch deuteten sich oben in unseren Ausführungen potentielle Konsequenzen einer Wahrnehmung von Wandel an, die wir als eine dritte Form des Lernens bezeichnen können. Unabhängig von den jeweiligen Dynamiken und Merkmalen der Gegenstände einzelner Wahrnehmungen von Wandel scheint es uns wahrscheinlich, dass häufigere Wahrnehmungen von Wandel zu Habitualisierungen und Stärkungen des Vermögens führen, reflexive Haltungen einzunehmen und Wandel wahrzunehmen. Das gilt wohl auch für die Aspekte der Zeithorizonte und Zeitperspektiven. Meereswissenschaftler, die in einigen ihrer Tätigkeitbereiche mit Daten aus weiter zurückreichenden Vergangenheiten gearbeitet haben, werden sich beispielsweise bei der Untersuchung eines bestimmten marinen Ökosystems vermutlich nicht ohne weiteres mit Daten zufriedengeben, die nur die jüngste Vergangenheit erfassen. Wer wie z. B. im Anbau von Wein oder Olivenbäumen häufiger mit länger in die Zukunft gerichteten Zeitperspektiven umgeht, mag auch in anderen Kontexten entsprechende Zeitperspektiven und Zeithorizonte anwenden, wenn sich Fragen nach Wandel oder Kontinuität stellen. Gleichermaßen dürften solche Habitualisierungen einer Reflexion über Wandel oder der Erweiterung von Zeithorizonten und Zeitperspektiven sich auch innerhalb des Alltagslebens vollziehen und weiter entwickeln können.

Unsere vorigen Überlegungen zu Konsequenzen der Wahrnehmung von Wandel und zu Formen des Lernens, die sich mit solchen Wahrnehmungen verbinden, führten bereits in jenen Bereich, auf den wir abschließend eingehen möchten. Es geht nun um Einschätzungen zur Möglichkeit einer bewussten Einflussnahme auf Wahrnehmungen von Wandel, d. h. einer planvollen Veränderung bzw. Stärkung von Vermögen und Kompetenzen, Wandel wahrzunehmen.

Dieser Gesichtspunkt knüpft unmittelbar an einen der Ausgangspunkte unserer Arbeit an. Denn die Klima- und Umweltproblematik hat sich zwar in Zivilgesellschaft, Politik und Wissenschaft als ein wichtiges Thema etablieren können, aber dennoch entgehen das Ausmaß und die Weite vieler problematischer Veränderungen weiterhin der kollektiven und individuellen Wahrnehmung. Massive Gefährdungspotentiale, die in der spezialisierten Beobachtungsperspektive der Umwelt- und Klimawissenschaften erkennbar werden, bleiben in anderen gesellschaftlichen Sphären unterschätzt. Diesen Problematiken angemessene Änderungen der kollektiven und individuellen Praxis bleiben daher weitgehend aus. Genau in diesem Punkte nahmen wir Bezug auf die Überlegungen von Hans Jonas (2003), der die Frage nach den Möglichkeiten einer Wahrnehmung von langfristigem und in der Zukunft erfolgendem Wandel in äußerst klarer Weise aufgeworfen hat. Doch auch viele Bemühungen aus dem Bereich der Umweltbildung oder Öffentlichkeitsarbeit widmen sich mehr oder weniger ausdrücklich sehr ähnlichen Fragen. Direkt oder indirekt zielen sie auf eine Stärkung solcher Wahrnehmungen und entsprechender Wissensbestände, um in dieser Weise zu einem nachhaltigen Handeln anzuregen. Ein solches Interesse, Wege zu einer angemessenen Wahrnehmung längerfristig ablaufender Veränderungen aufzuzeigen, verfolgen auch die eingangs unserer Arbeit referierten Beiträge zum Shifting-Baseline-Syndrom (SBS).

Welche Perspektiven einer Stärkung von Vermögen der Wahrnehmung von Wandel zeichnen sich also aus unserer Untersuchung heraus ab? – Zur Beantwor-

D. Rost, *Wandel (v)erkennen*, DOI 10.1007/978-3-658-03247-0_10,
© Springer Fachmedien Wiesbaden 2014

tung dieser Frage scheinen vorab zwei Bemerkungen angebracht. Zum einen zeigt sich unmittelbar, dass manche Strategien, die darauf abzielen, die öffentliche Wahrnehmung dramatischer Veränderungen zu stärken, viel zu kurz greifen. Es genügt nicht, davon auszugehen, dass die Wahrnehmung dramatischer Veränderungen in der Regel beinahe automatisch erfolge, ihr Ausbleiben also ein Defekt sei und daher mittels einiger zugespitzter Hinweise sowie der Vermittlung eines entsprechenden Faktenwissens behoben werden könne. Zum anderen bedürfen Überlegungen zu den Möglichkeiten, Veränderungswahrnehmungsvermögen zu stärken, wenn sie tatsächlich zielführend sein sollen, einer Vergegenwärtigung der Formen, Grenzen und Konsequenzen der Wahrnehmung von Wandel. Im Laufe unserer Arbeit konnten wir eine Vielzahl jener Aspekte erkennen, mit denen solche Wahrnehmungen unmittelbar in Zusammenhang stehen: die Ausrichtung der stets selektiven Aufmerksamkeit, d. h. die Relevanzsetzungen; Begriffsinventarien, die überhaupt erst die Unterscheidung bestimmter Aspekte aus einer überaus komplexen Wirklichkeit erlauben; Gedächtnis und Erinnerung von Referenzzuständen, die wiederum mit verschiedensten Speichermedien und Kommunikationen zusammenhängen; das Zusammenspiel individueller und kollektiver Formen des Beobachtens von Wirklichkeit und des Sammelns von Erfahrung; sowie schließlich Zeithorizonte und Zeitperspektiven solcher Wahrnehmungen von Wandel.

Setzen wir mit unseren Überlegungen zur Veränderung von Vermögen der Wahrnehmung von Wandel am Punkt der Relevanz an. In der wissenssoziologischen Perspektive bezeichnet dieser Begriff einen bestimmten Bereich von Sachverhalten, die jeweils in den Kernbereich der Aufmerksamkeit rücken und somit zum Thema der Bewusstseinstätigkeit werden. Diese Relevanzen ergeben sich biografisch, kulturell und auch situativ. Aus ihrer biografischen Fundierung ergibt sich, dass Bemühungen um Stärkung von Vermögen der Wahrnehmung von Veränderungen im Bereich von Klima und Umwelt stets berücksichtigen sollten, wie die von ihnen angesprochenen Sachverhalte an jene Themen anschließen, die den adressierten Personen in deren eigener Lebenspraxis bedeutungsvoll wurden. Die kulturelle Prägung von Relevanzen schließt ein, dass sich Relevanzen im Zuge kulturellen Wandels, beispielsweise der öffentlichen Diskurse, verändern. Zu berücksichtigen bleibt hier allerdings, dass sich dies nicht nur in der Regel langsam vollzieht, sondern zugleich in komplizierten Wechselbeziehungen zwischen Individuen und deren hochkomplexen sowie heterogenen kulturellen Rahmen, die in der Moderne durch eine zunehmende Vielfalt von Lebenswelten und Milieus geprägt sind.

Auch die von uns genutzten qualitativen Interviews lassen eine soziale Prägung von Relevanzsetzungen erkennen. Ihre Fokussierung auf Umweltthemen stellte Situationen her, in denen die Aufmerksamkeit der Befragten – die sich freilich bereits grundsätzlich zu einem solchen Gespräch bereit erklärt hatten – auf einen Themenrahmen ausgerichtet wurde, dessen Grenzen maßgeblich von den Interviewenden bestimmt wurden. Die hier präsentierten Interviewauszüge zeigen, dass diese Themen häufig dicht an Relevanzen der Befragten anschlossen, in manchen Fällen jedoch auch für die Befragten neue Themen setzten, auf die diese dann vielfach (doch nicht immer) mit ausführlicheren Erzählungen und Erörterungen reagierten. Es zeichnet sich insofern ab, dass eine auf kommunikativem Austausch beruhende (d. h. reaktive) Sozialforschung, wie sie z. B. im Falle der Erhebung von Interviews vorliegt, auch hinsichtlich der Relevanzen mehr oder weniger stark auf ihr Untersuchungsfeld einwirkt. Sie setzt zumindest situativ Themen, richtet Aufmerksamkeit aus und regt eventuell über die Gesprächssituation hinaus zu Reflexionen an, die beispielweise den Wandel von Umwelten und umweltrelevantem Handeln betreffen. Zur situativen Prägung von Relevanzen zählen allerdings auch die vielgestaltigen strukturellen Faktoren und Zwänge, die sich in bestimmten Situationen geltend machen und maßgeblich dazu beitragen, dass Gesichtspunkte beispielsweise des Klima- und Umweltschutzes nicht thematisch werden können, sondern überlagert oder ausgeschlossen bleiben. Diese Faktoren und Zwänge dürfen nicht übersehen werden.

Prozesse des Gedächtnisses und Erinnerns von Referenzpunkten[1] stellen – wie bereits in Zusammenhang mit dem SBS gesehen – eine wesentliche Voraussetzung der Wahrnehmung von Wandel dar. Nur innerhalb der Zeithorizonte und der in die Vergangenheit bzw. Zukunft gerichteten Zeitperspektiven, innerhalb derer Referenzpunkte erinnernd für eine vergleichende Zusammenschau vergegenwärtigt werden können, sind überhaupt Wahrnehmungen von Wandel möglich. Doch individuelle Gedächtnisvermögen sind grundsätzlich begrenzt. Allein die Schwierigkeit, sich abgesehen von einigen herausragenden Erfahrungen längerfristig an das Wettergeschehen zu erinnern, illustriert diese Grenze individueller Gedächtnisse hinreichend. Eine Ausweitung der Vermögen, Wandel wahrzunehmen, scheint daher in starkem Maße abhängig von Zugriffsmöglichkeiten auf soziale und kommunikative Gedächtnisse in deren unterschiedlichsten Formen wie z. B. Erinnerungsgesprächen, Bildern, Büchern oder elektronischen Archiven. Zudem kommt es auf die Reichhaltigkeit sowie die Zeithorizonte und Zeitperspektiven dieser Gedächtnisse an. Eine in diesem Sinne umfangreiche „kommunikative Infrastruktur" erlaubt zumindest dann, wenn Reflexionen zu Wandel überhaupt zu einem individuellen Thema geworden sind, den Zugriff auf Referenzpunkte, die längerfristige und auch prozesshafte Wahrnehmungen von Wandel erlauben. Die-

---

[1] Bzw. von „baselines", Referenzzuständen, Basisperioden … – wir benutzten diese Begriffe hier stets synonym.

ser Gesichtspunkt könnte daher dazu beitragen, Bemühungen um eine Stärkung der Wahrnehmung von Wandel davon wegzuführen, ausschließlich auf Individuen zu fokussieren und überzogene Erwartungen an individuelle Wahrnehmungsvermögen zu richten. Vielmehr sollte es solchen Bemühungen um eine Stärkung und Erweiterung sozialer und kommunikativer Gedächtnisse gehen, die eine individuelle (und kollektive) Wahrnehmung von Wandel in bestimmten Schlüsselbereichen überhaupt erst ermöglichen.

Wenn aber die moderne Welt in der Tat durch eine enorme Ausweitung der unterschiedlichsten sozialen und kommunikativen Gedächtnisse gekennzeichnet ist, so liegt hierin doch nur ein Element, das das Potential für umfassendere und längerfristige Wahrnehmungen von Wandel erhöht. Denn mit der zunehmenden Komplexität der insgesamt zugreifbaren Gedächtnisinhalte steigen auch die Schwierigkeiten des Auffindens und der Auswahl passendender Referenzpunkte. Damit verschiebt sich das Problem der Bemühungen um Stärkung von Veränderungswahrnehmungen in einer weiteren Weise. Ihr Ziel kann in dieser Perspektive nicht darin liegen, so viele Veränderungen wie möglich aus einer Vielzahl unterschiedlichster Bereiche wahrzunehmen, sondern es könnte eher darin liegen, die Kompetenzen zur Veränderungswahrnehmung zu stärken. Zu diesen Kompetenzen zählt die Fähigkeit, in der immer komplexer werdenden Welt der modernen sozialen und kommunikativen Gedächtnisse, Referenzpunkte aufzufinden und auszuwählen, die zu den jeweils interessierenden Sachverhalten passen. Sicherlich zählt zu ihnen auch die Vertrautheit mit Reflexionsprozessen, auf denen jegliche Wahrnehmung von Wandel beruht, wie auch eine gewisse Habitualisierung längerfristiger Zeithorizonte, die dabei in den Blick genommen werden.

Eine Stärkung der Wahrnehmung von Wandel scheint insofern also nicht in einer – sicherlich illusionären – Erweiterung des individuellen Wissens um immer weitere einzelne Veränderungen, die sich in der Umwelt vollziehen, zu liegen, sondern in der allgemeinen Stärkung des Vermögens, überhaupt längerfristigen Wandel wahrnehmen zu können. Angelehnt an das geschichtswissenschaftliche Konzept des „Geschichtsbewusstseins" (Jeismann 2000), das nicht ein konkretes historisches Wissen, sondern eine Fähigkeit zur Orientierung in der Geschichte, ein Wissen um die Geschichtlichkeit und eine Kompetenz im Umgang mit historischen Informationen umfasst, können wir hier wohl von der Zielstellung eines „Veränderungsbewusstseins" sprechen, das die Kompetenz der Wahrnehmung von Wandel wie auch ein Wissen um die Möglichkeit von langfristigem Wandel in Vergangenheit und Zukunft umfasst. Selbstverständlich könnten Stärkungen eines solchen Veränderungsbewusstseins nicht nur den Blick auf längerfristig sich abzeichnende Gefährdungen und Risiken, sondern vielmehr auf Möglichkeiten des Wandels und des Gestaltens insgesamt erweitern.

Solche Kompetenzen der Wahrnehmung von Veränderung müssen nicht nur als Fähigkeiten von Individuen, sondern auch auf der kommunikativen Ebene betrachtet werden. Die gesellschaftliche Wahrnehmung von Wandel hängt zweifellos davon ab, in welchem Maße es gelingt, einzelne und verstreute Wahrnehmungen von Wandel zu Gesamtbildern zu verknüpfen und zu verdichten. Das wiederum hängt davon ab, inwieweit unterschiedliche Sphären der Wahrnehmung – sagen wir in Alltagswelt, zweckorientierten (Arbeits-)Tätigkeiten oder Wissenschaft – sowie die aus ihnen hervorgehenden Erfahrungen miteinander in Beziehung gesetzt werden können. Die gesellschaftliche Fähigkeit der Wahrnehmung von Wandel kann demnach in Zusammenhang mit Schlagworten wie Transdisziplinarität, lokales Wissen oder Wissenschaftskommunikation betrachtet werden. Hier passt es durchaus, noch einmal an Paulys (1995) Hinweis auf zunächst trivial erscheinende Anekdoten in der Alltagswelt zu erinnern, die eventuell dennoch historische Informationen enthalten, die als Referenzpunkte dienen können und somit Zeithorizonte der Wahrnehmung von Wandel erweitern.[2]

Die von uns hier angesprochenen Punkte zu Möglichkeiten eines Einwirkens auf Vermögen der Veränderungswahrnehmung enthalten vermutlich kaum grundsätzlich Neues, und sie sind sicherlich keinesfalls erschöpfend. Immerhin sind sie jedoch aus unseren begrifflich-theoriebezogenen und empirischen Untersuchungen heraus formuliert und besitzen daher eine recht solide und ausführliche Begründung. Zudem liefern diese Überlegungen – zusammen mit den präsentierten Ergebnissen zu Formen, Grenzen und Konsequenzen der Wahrnehmung von Wandel insgesamt – eine umfassendere Zusammenschau von Gesichtspunkten, die sich praxisbezogenen Bemühungen als Ansatzpunkt und Orientierung für weiterführende Überlegungen anbietet.

Abschließend möchten wir zwei Projekte ansprechen, die beide in erheblichem Maße auf eine Stärkung der individuellen und gesellschaftlichen Wahrnehmung von Umweltwandel abzielen und daher unsere vorangehenden Überlegungen illustrieren und ergänzen können. In ihrem Buch über „Das Artensterben in der modernen Kultur" gibt Ursula Heise (2010, S. 79 ff., 99) einen Hinweis auf das multimediale, doch vor allem online zugängliche, Projekt „What is missing" (www.whatismissing.net) der Künstlerin Maya Lin. Der Titel dieses fortlaufend weiterentwickelten Projekts macht kenntlich, dass es ihm zum einen darum geht, ein Thema auf die Agenda zu setzen. Lins Projekt möchte Aufmerksamkeit auf den bedrohlichen Wandel der Artenvielfalt der Erde lenken, also auf einen Wan-

---

[2] Wie sich aus Anekdoten und unterschiedlichsten historischen Quellen ein Bild längerfristigen Wandels ergeben kann, zeigt in sehr schöner Form W.G. Sebalds (1997, S. 69–75) kleine Skizze zur Geschichte des Herings, seiner Bestände und der Heringsfischerei in der Nordsee.

del, der alles andere als leicht wahrzunehmen ist. Ihre Frage, was denn überhaupt fehle, möchte gewissermaßen Reflexionen über den Wandel biologischer Vielfalt anstoßen. Zum anderen liefert dieses Projekt in künstlerischer Form eine Enzyklopädie verschwundener Arten, die derartige Reflexionen über Wandel und Verlust unterstützen kann. In dieser Weise bietet es sich sowohl als Archiv einzelner Veränderungen als auch als Zusammenschau eines ja erst in seiner Gesamtheit und seiner aktuellen Geschwindigkeit bedrohlichen globalen Wandels an. Es ist ein soziales Archiv, das versucht, mittels einer Verbindung von wissenschaftlicher Dokumentation und Kunst, Wahrnehmungen dieser Veränderungsprozesse zu unterstützen.

Die Thematik des SBS aufgreifend begann unser Buch mit einigen aus den Naturwissenschaften stammenden Überlegungen, die wir um eine sozial- und kulturwissenschaftliche Betrachtung erweiterten. Daher passt es gut, abschließend einen weiteren Anstoß aus den Naturwissenschaften anzusprechen, zu dem aus Sicht der sozial- und kulturwissenschaftlichen Tradition eigentlich wesentlich mehr zu sagen wäre. Es geht um den in dieser Arbeit bereits erwähnten Vorschlag, unsere Gegenwart als eine neue Phase der Erdgeschichte zu periodisieren, als ein ungefähr mit Beginn der Industrialisierung einsetzendes „Anthropozän".[3]

Ob der großen Dauer erdgeschichtlicher Epochen überrascht es zweifellos, bereits so kurz nach ihrem möglichen Beginn eine neue Phase zu bestimmen. Dennoch besitzt dieser um den Nobelpreisträger Paul Crutzen entstandene Vorschlag bei Prüfung der üblichen zur Bestimmung solcher Phasen verwendeten Kriterien eine erhebliche Plausibilität. Denn aufgrund der enorm erweiterten menschlichen Eingriffe in die Topografie, Fauna, Flora und Atmosphäre der Erde manifestiert sich die moderne Zivilisation geologisch in einer markant unterschiedlichen Erdschicht, die ganz wie das Karbon und andere Perioden der Erdgeschichte langfristig (von wem auch immer) aus der Schichtung der Erde herauslesbar sein wird. Diese sachlichen Aspekte des Vorschlags, über den weiterhin debattiert wird, interessieren uns hier jedoch nur am Rande.

Interessanter ist für uns, dass sich das Konzept des Anthropozäns – wie absichtsvoll auch immer – zugleich als ein Versuch darstellt, die Wandlungsmacht

---

[3] Crutzen (2002); Mauelshagen (2012); Schwägerl (2010); Steffen et al. (2004, 2007, 2011); Zalasiewicz et al. (2008). Übrigens untergliedert Steffen das Anthropozän noch einmal in drei Subphasen, die geologisch betrachtet erstaunlich kurz ausfallen: 1) die Anfänge seit der Industrialisierung; 2) die Beschleunigung der menschlichen Veränderung der Welt seit den 1950er Jahren und – für unsere Fragestellung besonders relevant – 3) die aktuell begonnene Phase der menschlichen Reflexion über die Einwirkung der Menschen und deren Konsequenzen (Steffen 2009 in einem sehenswerten Videovortrag [http://www.anu.edu.au/vision/videos/1271/]).

des modernen gesellschaftlichen Handelns im Rahmen enorm erweiterter, nämlich geologischer Zeithorizonte zu betrachten. Zwar geht es zunächst nur um einen Begriff, doch mit diesem Begriff und seiner über die Wissenschaft hinausreichenden Diskussion verbinden sich Erörterungen, in welchem Kontext und in welchem Zeitrahmen die anthropogene Veränderungen der Umwelt wahrzunehmen und auch zu regulieren sei (vgl. Steffen et al. 2011). Insofern ist die zumindest ansatzweise begonnene Debatte um das Anthropozän zugleich ein kultureller Prozess, der in Teilen der Öffentlichkeit dazu beitragen könnte, die Zeithorizonte, innerhalb derer menschengemachter Wandel wahrgenommen wird, sowohl weiter in die Vergangenheit als auch weiter in die Zukunft zu verschieben.

Literatur

Abbott, A. (2010). Varieties of ignorance. *American Sociologist, 41*(2), 174–189.

Adam, B. (1995). Von Urzeiten und Uhrenzeiten. Eine Symphonie der Rhythmen des täglichen Lebens. In K. A. Geissler & M. Held (Hrsg.), *Von Rhythmen und Eigenzeiten. Perspektiven einer Ökologie der Zeit* (S. 19–31). Stuttgart: Hirzel.

Ainsworth, C. H., Pitcher, T. J., & Rotinsulu, C. (2008). Evidence of fishery depletions and shifting cognitive baselines in Eastern Indonesia. *Biological Conservation, 141*(3), 848–859.

Anders, G. (1980[1956]). *Die Antiquiertheit des Menschen.* München: Beck.

Assmann, A. (2002). Vier Formen des Gedächtnisses. In: *Erwägen, Wissen, Ethik, 13*(2), 183–190.

Assmann, A. (2006). Memory, individual and collective. In R. E. Goodin & C. Tilly (Hrsg.), *The Oxford handbook of contextual political analysis* (S. 210–224). Oxford: Oxford Univ. Press.

Assmann, J. (1992). *Das kulturelle Gedächtnis. Schrift, Erinnerung und politische Identität in frühen Hochkulturen.* München: Beck.

Bankoff, G. (2003). *Cultures of disaster. Society and natural hazards in the Philippines.* London: Routledge.

Baum, J. K., & Myers, R. A. (2004). Shifting baselines and the decline of pelagic sharks in the Gulf of Mexico. *Ecology Letters, 7*(2), 135–145.

Becker, E., Hummel, D., & Jahn, T. (2011). Gesellschaftliche Naturverhältnisse als Rahmenkonzept. In M. Groß (Hrsg.), *Handbuch Umweltsoziologie* (S. 75–96). Wiesbaden: VS Verlag für Sozialwissenschaften.

Berger, P. L., & Luckmann, T. (1977). *Die gesellschaftliche Konstruktion der Wirklichkeit: Eine Theorie der Wissenssoziologie.* Frankfurt a. M.: Fischer.

Bergmann, W. (1983). Das Problem der Zeit in der Soziologie. Ein Literaturüberblick zum Stand der ‚zeitsoziologischen' Theorie und Forschung. *Kölner Zeitschrift für Soziologie und Sozialpsychologie, 35*(3), 462–504.

Beyer, J. L. (1974). Global summary of human response to natural hazards: floods. In G. F. White (Hrsg.), *Natural hazards. Local, national, global* (S. 265–274). New York: Oxford Univ. Press.

D. Rost, *Wandel (v)erkennen*, DOI 10.1007/978-3-658-03247-0,
© Springer Fachmedien Wiesbaden 2014

Böcker, M., & Haltermann, I. (2012). Das Wasser bis zum Hals. *Welt-Sichten*, (12), 46–47. http://www.welt-sichten.org/artikel/5879/das-wasser-bis-zum-hals. Zugegriffen: 18. Aug. 2013.

Bourdieu, P. (1979). *Entwurf einer Theorie der Praxis*. Frankfurt a. M.: Suhrkamp.

Bowker, G. C. (2005). *Memory practices in the sciences*. Cambridge: MIT Press.

Burckhardt, M. (1997). *Metamorphosen von Raum und Zeit. Eine Geschichte der Wahrnehmung*. Frankfurt a. M.: Campus.

Carson, R. (1962). *Silent spring*. Boston: Houghton Mifflin.

Clausen, L. (1994). *Krasser sozialer Wandel*. Opladen: Leske + Budrich.

Clausen, L. (2003). Reale Gefahren und katastrophensoziologische Theorie. Soziologischer Rat bei Fakkel-Licht. In L. Clausen, E. M. Geenen & E. Macamo (Hrsg.), *Entsetzliche soziale Prozesse. Theorie und Empirie der Katastrophen* (S. 51–76). Münster: Lit.

Clausen, L. (2010). Wohin mit den Klimakatastrophen? In H. Welzer, H.-G. Soeffner & D. Giesecke (Hrsg.), *KlimaKulturen. Soziale Wirklichkeiten im Klimawandel* (S. 97–110). Frankfurt a. M.: Campus.

Connerton, P. (2008). Seven types of forgetting. *Memory Studies, 1*(1), 59–71.

Crutzen, P. J. (2002). Geology of mankind. *Nature, 415*, 23–23.

Cullmann, G. (2010). Neue Wege für Chile – Modernisierung in Zeiten des Klimawandels. *Berliner Debatte Initial*, (1), 47–51

Dayton, P. K., Tegner, M. J., Edwards, P. B., Riser, K. L. (1998). Sliding baselines, ghosts, and reduced expectations in kelp forest communities. *Ecological Applications, 8*(2), 309–322.

Deutsches GeoForschungsZentrum GFZ (2012) Vulkane. Der Atem des Feuers (GFZ-PR-Faltblatt). Potsdam. http://www.gfz-potsdam.de/portal/gfz/Public+Relations/M30-Infomaterial/Druckschriften/GFZ-PR-Faltblatt_Vulkane_de_pdf?binary=true&status=300&language=de. Zugegriffen: 18. Aug 2013.

Diamond, J. M. (2005). *Collapse. How societies choose to fail or succeed*. New York: Viking.

Dimbath, O. & Wehling, P. (Hrsg.). (2011a). *Soziologie des Vergessens. Theoretische Zugänge und empirische Forschungsfelder*. Konstanz: UVK.

Dimbath, O., & Wehling, P. (2011b). Soziologie des Vergessens: Konturen, Themen und Perspektiven. In O. Dimbath & P. Wehling (Hrsg.), *Soziologie des Vergessens. Theoretische Zugänge und empirische Forschungsfelder* (S. 7–34). Konstanz: UVK.

Douglas, M. (1987). *How institutions think*. London: Routledge.

Douglas, M. (1992). *Risk and danger*. In M. Douglas (Hrsg.), *Risk and blame. Essays in cultural theory* (S. 38–54). London: Routledge.

Dunlop, S. (2005). *A dictionary of weather*. Oxford: Oxford Univ. Press.

Durkheim, Émile (1992). *Über soziale Arbeitsteilung. Studie über die Organisation höherer Gesellschaften*. Frankfurt a. M.: Suhrkamp.

Dux, G. (1989). *Die Zeit in der Geschichte. Ihre Entwicklungslogik vom Mythos zur Weltzeit*. Frankfurt a. M.: Suhrkamp.

Echterhoff, G. (2010). Das kommunikative Gedächtnis. In C. Gudehus, A. Eichenberg & H. Welzer (Hrsg.), *Gedächtnis und Erinnerung. Ein interdisziplinäres Handbuch* (S. 102–108). Stuttgart: Metzler.

Elias, N. (1978). *Über den Prozess der Zivilisation. Soziogenetische und psychogenetische Untersuchungen*. Frankfurt a. M.: Suhrkamp.

Elias, N. (1988). *Über die Zeit*. Frankfurt a. M.: Suhrkamp.

Endreß, M. (2011). Zeiterleben und Generationseinheiten als Vergessensgeneratoren. Über legungen im Anschluss an Karl Mannheim. In O. Dimbath & P. Wehling (Hrsg.), *Soziologie des Vergessens. Theoretische Zugänge und empirische Forschungsfelder* (S. 57–80). Konstanz: UVK.

Farhar-Pilgrim, B. (1985). Social analysis. In R. W. Kates, J. H. Ausubel & M. Berberian (Hrsg.), *Climate impact assessment. Studies of the interaction of climate and society (SCOPE - Scientific Committee on Problems of the Environment, 27)* (S. 323–351). Chichester: Wiley.

Felgentreff, C., & Glade, T. (Hg.) (2008). *Naturrisiken und Sozialkatastrophen.* Berlin: Spektrum.

Fivush, R. (2010). Die Entwicklung des autobiographischen Gedächtnisses. In C. Gudehus, A. Eichenberg & H. Welzer (Hrsg.), *Gedächtnis und Erinnerung. Ein interdisziplinäres Handbuch* (S. 45–53). Stuttgart: Metzler.

Geenen, E. M. (2010). *Bevölkerungsverhalten und Möglichkeiten des Krisenmanagements und Katastrophenmanagements in multikulturellen Gesellschaften.* Bonn: Bundesamt für Bevölkerungsschutz und Katastrophenhilfe.

Geertz, C. (2005). Very Bad News (Book review on: Diamond, Jared M.: Collapse: How Societies Choose to Fail or Succeed, New York, 2005, & Posner, Richard A.: Catastrophe: Risk and Response, Oxford/UK, 2004). In: New York Times Review of Books 52 5 (March 24, 2005). http://www.nybooks.com/articles/archives/2005/mar/24/very-bad-news/. Zugegriffen: 16. Aug 20013

Gerstengarbe, F.-W., & Welzer, H. (Hrsg.). (2013). *Zwei Grad mehr in Deutschland. Wie der Klimawandel unseren Alltag verändern wird.* Frankfurt a. M.: Fischer.

Giddens, A. (1995). *Die Konstitution der Gesellschaft. Grundzüge einer Theorie der Strukturierung.* Frankfurt a. M.: Campus.

Goffman, E. (1980). *Rahmen-Analyse. Ein Versuch über die Organisation von Alltagserfahrungen.* Frankfurt a. M.: Suhrkamp.

Grober, U. (2007). *Deep roots – A conceptual history of 'sustainable development' (Nachhaltigkeit).* Berlin: WZB (discussion paper P 2007–002).

Groh, D., Kempe, M., & Mauelshagen, F. (Hrsg.). (2003). *Naturkatastrophen. Beiträge zu ihrer Deutung, Wahrnehmung und Darstellung in Text und Bild von der Antike bis ins 20. Jahrhundert.* Tübingen: Narr.

Grunwald, A., & Kopfmüller, J. (2012). *Nachhaltigkeit.* Frankfurt a. M.: Campus.

Gudehus, C., Eichenberg, A., & Welzer, H. (Hrsg.). (2010). *Gedächtnis und Erinnerung. Ein interdisziplinäres Handbuch.* Stuttgart: Metzler.

Haber, W. (1995). Zeitmaße der Natur. Ökologische Betrachtungen der Zeit. In K. A. Geissler & M. Held (Hrsg.), *Von Rhythmen und Eigenzeiten. Perspektiven einer Ökologie der Zeit* (S. 31–41). Stuttgart: Hirzel.

Habermas, J. (1988). *Theorie des kommunikativen Handelns.* Frankfurt a. M.: Suhrkamp.

Hahn, A. (2000). *Konstruktionen des Selbst, der Welt und der Geschichte. Aufsätze zur Kultursoziologie.* Frankfurt a. M.: Suhrkamp.

Halbwachs, M. (1967). *Das kollektive Gedächtnis.* Stuttgart: Enke.

Haltermann, I. (2011). Vom Alltagsrisiko zur Katastrophe. Die Veränderung von Naturrisiken und deren Wahrnehmung am Beispiel Accra/Ghana. *SWS-Rundschau, 51*(3), 349–366.

Haltermann, I. (2012). The perception of natural hazards in the context of human (in-)security. In U. Luig (Hrsg.), *Negotiating Disasters: Politics, Representation, Meanings* (S. 59–78). Frankfurt a. M.: Lang.

Hegel, G. W. F. (1986). *Grundzüge der Philosophie des Rechts*. Frankfurt a. M.: Suhrkamp.

Heise, U. (2010). *Nach der Natur. Das Artensterben und die moderne Kultur*. Berlin: Suhrkamp.

Hewitt, K. (1997). *Regions of risk. A geographical introduction to disasters*. Harlow: Longman.

Hirst, W., & Echterhoff, G. (2012). Remembering in conversations. The social sharing and reshaping of memories. *Annual Review of Psychology, 63*(1), 55–69.

Hobsbawm, E., & Ranger, T. (Hrsg.). (1983). *The invention of tradition*. Cambridge: Cambridge Univ. Press.

Hulme, M. (2010). Learning to live with recreated climates. *Nature, and Culture, 5*(2), 117–122.

IPCC (Intergovernmental Panel on Climate Change) (2007). Climate change 2007. Synthesis Report. Contribution of Working Groups I, II and III to the Fourth Assessment Report of the Intergovernmental Panel on Climate Change. In IPCC (Hrsg.), Fourth Assessment Report: Climate Change 2007 (AR4). http://www.ipcc.ch/publications_and_data/ar4/syr/en/contents.html. Zugegriffen: 18. Aug 2013.

IPCC (Intergovernmental Panel on Climate Change) (2012). Managing the risks of extreme events and disasters to advance climate change adaptation (Special report of the Intergovernmental Panel on Climate Change). http://www.ipcc.ch/pdf/special-reports/srex/SREX_Full_Report.pdf. Zugegriffen: 18. Aug 2013.

IPCC (Intergovernmental Panel on Climate Change) (2013). Working Group I Contribution to the IPCC Fifth Assessment Report: Climate change 2013: The physical science basis, summary for policymakers. http://www.climatechange2013.org/images/uploads/WGIAR5-SPM_Approved27Sep2013.pdf. Zugegriffen: 26. Okt 2013.

Jeismann, K.-E. (2000). „Geschichtsbewußtsein" als zentrale Kategorie der Didaktik des Geschichtsunterrichts. In K.-E. Jeismann (Hrsg.), *Geschichte und Bildung. Beiträge zur Geschichtsdidaktik und zur historischen Bildungsforschung* (S. 46–72). Paderborn: Schöningh.

Joas, H., & Knöbl, W. (2004). *Sozialtheorie. Zwanzig einführende Vorlesungen*. Frankfurt a. M.: Suhrkamp.

Jonas, H. (2003[1979]). *Das Prinzip Verantwortung. Versuch einer Ethik für die technologische Zivilisation*. Frankfurt a. M.: Suhrkamp.

Jungk, R. (1956). *Heller als tausend Sonnen. Das Schicksal der Atomforscher*. Stuttgart: Scherz & Goverts.

Kahn, P. H. (2002). Children's affiliations with nature: Structure, development, and the problem of environmental generational amnesia. In P. H. Kahn & S. R. Kellert (Hrsg.), *Children and nature: Psychological, sociocultural, and evolutionary investigations* (S. 93–116). Cambridge: MIT Press.

Kahn, P. H., & Friedman, B. (1995). Environmental views and values of children in an inner-city black community. *Child Development, 66*(5), 1403–1417.

Kant, I. (1970[1787]). *Kritik der reinen Vernunft*. Stuttgart: Reclam.

Kates, R. W. (1962). *Hazard and choice perception in flood plain management*. Chicago: Univ. of Chicago.

Knoblauch, H. (2010). *Wissenssoziologie*. Konstanz: UVK.

Knowlton, N., & Jackson, J. B. C. (2008). Shifting baselines, local impacts, and global change on coral reefs. *PLOS Biology, 6*(2), 215–220.

Kohli, M. (2009). Ungleichheit, Konflikt und Integration – Anmerkungen zur Bedeutung des Generationenkonzepts in der Soziologie. In H. Künemund, M. Szydlik, & M. Kohli (Hrsg.), *Generationen. Multidisziplinäre Perspektiven (Martin Kohli zum 65. Geburtstag)* (S. 229–236). Wiesbaden: VS Verlag für Sozialwissenschaften.

Kölbl, C., & Straub, J. (2010). Zur Psychologie des Erinnerns. In C. Gudehus, A. Eichenberg & H. Welzer (Hrsg.), *Gedächtnis und Erinnerung. Ein interdisziplinäres Handbuch* (S. 22–44). Stuttgart: Metzler.

Koselleck, R. (2000). *Zeitschichten. Studien zur Historik.* Frankfurt a. M.: Suhrkamp.

Kuckartz, U. (2010). Nicht hier, nicht jetzt, nicht ich – Über die symbolische Bearbeitung eines ernsten Problems. In H. Welzer, H.-G. Soeffner & D. Giesecke (Hrsg.), *KlimaKulturen. Soziale Wirklichkeiten im Klimawandel* (S. 143–160). Frankfurt a. M.: Campus.

Kuhn, T. S. (1976). *Die Struktur wissenschaftlicher Revolutionen.* Frankfurt a. M.: Suhrkamp.

Kümmerer, K. (1993). Zeiten der Natur – Zeiten des Menschen. In M. Held & K. A. Geissler (Hrsg.), *Ökologie der Zeit. Vom Finden der rechten Zeitmaße* (S. 85–104). Stuttgart: Hirzel.

Leggewie, C., & Welzer, H. (2009). *Das Ende der Welt, wie wir sie kannten. Klima, Zukunft und die Chancen der Demokratie.* Frankfurt a. M.: Fischer.

Lorenz, S. (2013). Soziologie im Klimawandel. Verhandlungen und Verfahrenswissenschaft gesellschaftlicher Selbstgefährdung. *Soziologie, 42*(1), 42–61.

Lovett, R. A. (2011). Why Mississippi floods were expected. Nature News, 15.5.2011. http://www.nature.com/news/2011/110513/full/news.2011.289.html. Zugegriffen: 18. Aug 2013.

Lübbe, H. (1997). *Modernisierung und Folgelasten. Trends kultureller und politischer Evolution.* Berlin: Springer.

Luhmann, N. (1987). *Soziale Systeme. Grundriß einer allgemeinen Theorie.* Frankfurt a. M.: Suhrkamp.

Luhmann, N. (1990). *Die Wissenschaft der Gesellschaft.* Frankfurt a. M.: Suhrkamp.

Luhmann, N. (1997). *Die Gesellschaft der Gesellschaft.* Frankfurt/M.: Suhrkamp.

Mannheim, K. (1928). Das Problem der Generationen. *Kölner Vierteljahreshefte für Soziologie, 7,* 157–185, 309–330.

Markowitsch, H. J., & Welzer, H. (2005). *Das autobiographische Gedächtnis. Hirnorganische Grundlagen und biosoziale Entwicklung.* Stuttgart: Klett-Cotta.

Marx, K. (1962a). Das Kapital, Bd. 1. In K. Marx & F. Engels, *Werke* (MEW 23). Berlin: Dietz.

Marx, K. (1962b). Fragebogen für Arbeiter. In: K. Marx & F. Engels, *Werke* (MEW 19, S. 230 –236). Berlin: Dietz.

Mauch, C., & Pfister, C. (Hrsg.), (2009). *Natural disasters, cultural responses. Case studies toward a global environmental history.* Lanham MD: Lexington Books.

Mauelshagen, F. (2012). „Anthropozän". Plädoyer für eine Klimageschichte des 19. und 20. Jahrhunderts. *Zeithistorische Forschungen/Studies in Contemporary History, Online-Ausgabe, 9*(1), 131–137.

Mayring, P. (2010). *Qualitative Inhaltsanalyse. Grundlagen und Techniken* (11. Aufl.). Weinheim: Beltz.

Meadows, D., Meadows, D., Randers, J., & Behrens, W. (1972). *The limits to growth. A report for the Club of Rome's project on the predicament of mankind.* New York: Universe Books.

Merton, R. K. (1985). Der soziale und kulturelle Kontext von Wissenschaft. In R. K. Merton (Hrsg.), *Entwicklung und Wandel von Forschungsinteressen. Aufsätze zur Wissenschaftssoziologie* (S. 33–52). Frankfurt a. M.: Suhrkamp.

Nassehi, A. (2008). *Die Zeit der Gesellschaft. Auf dem Weg zu einer soziologischen Theorie der Zeit*. Wiesbaden: VS Verlag für Sozialwissenschaften.

Neisser, U. (1979). *Kognition und Wirklichkeit. Prinzipien und Implikationen der kognitiven Psychologie*. Stuttgart: Klett-Cotta.

Nelson, K. (2006). Über Erinnerungen reden: Ein soziokultureller Zugang zur Entwicklung des autobiographischen Gedächtnisses. In H. Welzer & H. J. Markowitsch (Hrsg.), *Warum Menschen sich erinnern können. Fortschritte in der interdisziplinären Gedächtnisforschung* (S. 78–94). Stuttgart: Klett-Cotta.

Nelson, K., & Fivush, R. (2004). The emergence of autobiographical memory: A social cultural developmental theory. *Psychological Review, 111*, 486–511.

Niethammer, L. (2006). Generation und Geist. Eine Station auf Karl Mannheims Weg zur Wissenssoziologie. In A. Schüle, T. Ahbe & R. Gries (Hrsg.), *Die DDR aus generationengeschichtlicher Perspektive. Eine Inventur* (S. 47–64). Leipzig: Leipziger Univ.-Verl.

Niethammer, L. (Hrsg.). (1985). *Lebenserfahrung und kollektives Gedächtnis. Die Praxis der „Oral history"*. Frankfurt a. M.: Suhrkamp.

Nigg, J. M., & Mileti, D. (2002). Natural hazards and disasters. In: R. E. Dunlap & W. Michelson (Hrsg.), *Handbook of environmental sociology* (S. 272–294). Westport, Conn.: Greenwood Press.

Nora, P. (1998). *Zwischen Geschichte und Gedächtnis*. Frankfurt a. M.: Fischer.

Oevermann, U. (1995). Ein Modell der Struktur von Religiosität. Zugleich ein Strukturmodell von Lebenspraxis und von sozialer Zeit. In M. Wohlrab-Sahr (Hrsg.), *Biographie und Religion. Zwischen Ritual und Selbstsuche* (S. 27–102). Frankfurt a. M.: Campus.

Papworth, S. K., Rist, J., Coad, L., & Milner-Gulland, E. J. (2009). Evidence for shifting baseline syndrome in conservation. *Conservation Letters, 2*, 93–100.

Parsons, T., & Shils, E. A. (1967). Values, motives, and systems of action. In T. Parsons & E. A. Shils (Hrsg.), *Toward a general theory of action* (S. 47–278). Cambridge: Harvard Univ. Press.

Pauly, D. (1995). Anecdotes and the shifting baseline syndrome of fisheries. *Trends in Ecology and Evolution, 10*(10), 430.

Pauly, D. (2001). Importance of the historical dimension in policy and management of natural resource systems. In: E. Feoli & C. E. Nauen (Hrsg.), Proceedings of the INCO-DEV International Workshop on Information Systems for Policy and Technical Support in Fisheries and Aquaculture, *ACP-EU Fisheries Research Report, 8*, 5–10.

Pauly, D. (2011). On baselines that need shifting. *Solutions, 2*(1), 14. http://www.thesolutions journal.com/node/879. Zugegriffen: 20. Feb 2012.

Pauly, D., Christensen, V., Guénette, Sylvie, Pitcher, T. J., Sumaila, U. R., Walters, C. J. et al. (2002). Towards sustainability in world fisheries. *Nature, 418*(6898), 689–695.

Pfister, C. (2009). Die Katastrophenlücke des 20. Jahrhunderts und der Verlust traditionalen Risikobewusstseins. *Gaia, 18*(3), 239–246.

Pinnegar, J., & Engelhard, G. (2008). The „shifting baseline" phenomenon. A global perspective. *Reviews in Fish Biology and Fisheries, 18*(1), 1–16.

Planck, M. (1948). *Wissenschaftliche Selbstbiographie. Mit einem Bildnis und der von Max von Laue gehaltenen Traueransprache*. Leipzig: Johann Ambrosius Barth.

Pohl, R. (2010). Das autobiographische Gedächtnis. In C. Gudehus, A. Eichenberg & H. Welzer (Hrsg.), *Gedächtnis und Erinnerung. Ein interdisziplinäres Handbuch* (S. 75–84). Stuttgart: Metzler.

Poliwoda, G. N. (2007). *Aus Katastrophen lernen. Sachsen im Kampf gegen die Fluten der Elbe 1784 bis 1845.* Köln: Böhlau.

Preuss, S. (1991). *Umweltkatastrophe Mensch. Über unsere Grenzen und Möglichkeiten, ökologisch bewusst zu handeln.* Heidelberg: Asanger.

Quarantelli, E. L. (2003). Auf Desaster bezogenes Verhalten. Eine Zusammenfassung der Forschungsbefunde von fünfzig Jahren. In L. Clausen, E. M. Geenen & E. Macamo (Hrsg.), *Entsetzliche soziale Prozesse. Theorie und Empirie der Katastrophen* (S. 25–33). Münster: Lit.

Radkau, J. (2011). *Die Ära der Ökologie. Eine Weltgeschichte.* München: Beck.

Rahmstorf, S., & Schellnhuber, H. J. (2007). *Der Klimawandel. Diagnose, Prognose, Therapie.* München: Beck.

Reason, P., & Bradbury, H. (2008). *The Sage handbook of action research.* London: Sage.

Renn, O., Arnold, A., Schetula, V., & Schweizer, P.-J. (2011). Sammelbesprechung: Das Ringen der Sozialwissenschaften um ihre Rolle in der Klimawandeldebatte. *Soziologische Revue, 34*(4), 453–472.

Reusswig, F. (2010). Klimawandel und Gesellschaft. Vom Katastrophen- zum Gestaltungsdiskurs im Horizont der postkarbonen Gesellschaft. In M. Voss (Hrsg.), *Der Klimawandel. Sozialwissenschaftliche Perspektiven* (S. 75–97). Wiesbaden: VS Verlag für Sozialwissenschaften.

Ritsert, J. (2000). *Gesellschaft. Ein unergründlicher Grundbegriff der Soziologie.* Frankfurt a. M.: Campus.

Roberts, C. M. (2007). *The unnatural history of the sea.* Washington: Island Press.

Rohland, E. (im Erscheinen) Hurricanes on the Gulf Coast: Environmental Knowledge and Science in French Louisiana, 1722 and beyond. In D. Rood & P. Manning (Hrsg.), *Linnaean Worlds: Global Scientific Practice* (S. 1750–1850). Pittsburgh: Univ. of Pittsburgh Press.

Rohland, E., Mauelshagen, F., Haltermann, I., Cullmann, G., & Böcker, M. (im Erscheinen). Why people don't leave: Attachment to place in the aftermath of disaster – Perspectives from four continents. In S. Sloan & M. Cave (Hrsg.), *Oral History and Crisis.* New York: Oxford Univ. Press.

Rosa, H. (2005). *Beschleunigung.* Frankfurt a. M.: Suhrkamp.

Rosenthal, G. (2000). Zur Konstitution eines historischen Generationszusammenhangs. In M. Kohli & M. Szydlik (Hrsg.), *Generationen in Familie und Gesellschaft* (S. 162–178). Wiesbaden: VS Verlag für Sozialwissenschaften.

Rüsen, J. (1994). *Historische Orientierung. Über die Arbeit des Geschichtsbewußtseins, sich in der Zeit zurechtzufinden.* Köln: Böhlau.

Rüsen, J. (2006). *Kultur macht Sinn. Orientierung zwischen Gestern und Morgen.* Köln: Böhlau.

Sáenz-Arroyo, A., Roberts, C. M., Torre, J., Carino-Olvera, M., & Enríquez-Andrade, R. R. (2005). Rapidly shifting environmental baselines among fishers of the Gulf of California. In: Proceedings of the Royal Society. *Biological Sciences, 272*(1575), 1957–1962.

Sale, P. F. (2011). *Our dying planet. An ecologist's view of the crisis we face.* Berkeley: Univ. of California Press.

Schacter, D. L. (2001). *Wir sind Erinnerung. Gedächtnis und Persönlichkeit.* Reinbek: Rowohlt.

Schellnhuber, H. J. (2010). Wir brauchen im Klimaschutz Mehrheitsentscheidungen (Im Gespräch: Hans Joachim Schellnhuber). In: Frankfurter Allgemeine Zeitung, 29.11.2010, S. 6.

Schimank, U. (2007). *Handeln und Strukturen. Einführung in die akteurtheoretische Soziologie.* Weinheim: Juventa.

Schmidt, A. (1971). *Der Begriff der Natur in der Lehre von Marx.* Frankfurt a. M.: Europäische Verl. Anstalt.

Schnettler, B. (2007). Alfred Schütz. In R. Schützeichel (Hrsg.), *Handbuch Wissenssoziologie und Wissensforschung* (S. 103–117). Konstanz: UVK.

Schuman, H., & Scott, J. (1989). Generations and collective memory. *American Sociological Review, 54,* 359–381.

Schürmann, K. (im Erscheinen). Climate change attitudes and the role of social practices. In B. Sommer (Hrsg.), *Cultural dimensions of climate change and the environment in North America.* Leiden: Brill.

Schütz, A. (1971a). *Gesammelte Aufsätze. Bd. I: Das Problem der sozialen Wirklichkeit.* DenHaag: Nijhoff.

Schütz, A. (1971b). *Das Problem der Relevanz.* Frankfurt a. M.: Suhrkamp.

Schütz, A. (1972). *Gesammelte Aufsätze. Bd. II: Studien zur soziologischen Theorie.* DenHaag: Nijhoff.

Schütz, A. (2003 ff). *Alfred-Schütz-Werkausgabe.* Konstanz: UVK.

Schütz, A., & Luckmann, T. (2003[1975]). *Strukturen der Lebenswelt.* Konstanz: UVK.

Schwägerl, C. (2010). *Menschenzeit. Zerstören oder gestalten? Die entscheidende Epoche unseres Planeten.* München: Riemann.

Sebald, G. (2011). Formen des Vergessens bei Alfred Schütz. In O. Dimbath & P. Wehling (Hrsg.), *Soziologie des Vergessens. Theoretische Zugänge und empirische Forschungsfelder* (S. 81–94). Konstanz: UVK.

Sebald, G., & Weyand, J. (2011): Zur Formierung sozialer Gedächtnisse. *Zeitschrift für Soziologie, 40*(3), 174–189.

Sebald, W. G. (1997). *Die Ringe des Saturn. Eine englische Wallfahrt.* Frankfurt a. M.: Fischer.

Sheppard, C. (1995). Editorial. The shifting baseline syndrome. *Marine Pollution Bulletin, 30*(12), 766–767.

Simmel, G. (1995). Die Philosophie der Mode. In G. Simmel, *Gesamtausgabe* (Bd. 10, S. 7–38). Frankfurt a. M.: Suhrkamp.

Simons, D. J., & Rensink, R. A. (2005). Change blindness: past, present, and future. *Trends in Cognitive Sciences, 9*(1), 16–20.

Slovic, P., Kunreuther, H., & White, G. F. (1974). Decision processes, rationality, and adjustment to natural hazards. In G. F. White (Hrsg.), *Natural hazards. Local, national, global* (S. 187–205). New York: Oxford Univ. Press.

Somerville, R. C. J. (1996). Climate and weather. In S. H. Schneider (Hrsg.), *Encyclopedia of climate and weather* (S. 127–129). New York: Oxford Univ. Press.

Sörlin, S. (2012). Environmental humanities: Why should biologists interested in the environment take the humanities seriously? *BioScience, 62*(9), 788–789.

Stanko, L., & Ritsert, J. (1994). „Zeit" als Kategorie der Sozialwissenschaften. Eine Einführung. Münster: Westfälisches Dampfboot.

Statistisches Bundesamt (2011a). Datenreport 2011. https://www.destatis.de/DE/Publikationen/Datenreport/Downloads/Datenreport2011.pdf;jsessionid=5531DED0BC0C10F-434FAD8D157583C39.cae3?__blob=publicationFile. Zugegriffen: 6. Dez 2012.

Statistisches Bundesamt (2011b). Länderprofil China 2011. https://www.destatis.de/DE/Publikationen/Thematisch/Internationales/Laenderprofile/China2011.pdf?__blob=publicationFile. Zugegriffen: 8. Nov 2012.

Steffen, W. (2009). Global Change and the Earth System. Surviving the Anthropocene (Video). Canberra: Australian National University. http://www.anu.edu.au/vision/videos/1271/. Zugegriffen: 18. Aug 2013.

Steffen, W., Crutzen, P. J., & McNeill, J. R. (2007). The Anthropocene: Are humans now overwhelming the great forces of nature? *AMBIO, 36*, 614–621.

Steffen, W., Persson, Å., Deutsch, L., Zalasiewicz, J., Williams, M., Richardson, K. et al. (2011). The anthropocene: From global change to planetary stewardship. *AMBIO, 40*(7), 739–761.

Steffen, W., Sanderson, A., Tyson, P., Jäger, J., Matson, P., & Moore III, B. (2004). *Global change and the earth system. A planet under pressure.* Berlin: Springer.

Stehr, N., & von Storch, H. (2010). *Klima, Wetter, Mensch.* Opladen: Budrich.

Straub, J. (1998). Geschichten erzählen, Geschichte bilden. Grundzüge einer narrativen Psychologie historischer Sinnbildung. In J. Straub (Hrsg.), *Erzählung, Identität und historisches Bewußtsein. Die psychologische Konstruktion von Zeit und Geschichte* (S. 81–169). Frankfurt a. M.: Suhrkamp.

Szydlik, M., & Künemund, H. (2009). Generationen aus Sicht der Soziologie. In H. Künemund, M. Szydlik & M. Kohli (Hrsg.), *Generationen. Multidisziplinäre Perspektiven (Martin Kohli zum 65. Geburtstag)* (S. 7–21). Wiesbaden: VS Verlag für Sozialwissenschaften.

Tanner, C., & Foppa, K. (1996). Umweltwahrnehmung, Umweltbewußtsein und Umweltverhalten. In A. Diekmann & C. C. Jaeger (Hrsg.), Umweltsoziologie (Kölner Zeitschrift für Soziologie und Sozialpsychologie, Sonderheft 36) (S. 245–271). Opladen: Westdt. Verl.

Tänzler, D., Knoblauch, H., & Soeffner, H.-G. (2006). *Neue Perspektiven der Wissenssoziologie.* Konstanz: UVK.

Tierney, K., Lindell, M., & Perry, R. (2001). *Facing the unexpected. Disaster preparedness and response in the United States.* Washington: Joseph Henry Press.

Tulving, E. (2006). Das episodische Gedächtnis: Vom Geist zum Gehirn. In H. Welzer & H. J. Markowitsch (Hrsg.), *Warum Menschen sich erinnern können. Fortschritte in der interdisziplinären Gedächtnisforschung* (S. 50–77). Stuttgart: Klett-Cotta.

Turvey, S. T., Barrett, L. A., Yujiang, H. A. O., Lei, Z., Xinqiao, Z., & Xianyan, W. (2010). Rapidly Shifting Baselines in Yangtze Fishing Communities and Local Memory of Extinct Species. *Conservation Biology, 24*(3), 778–787.

Tversky, A., & Kahneman, D. (1974). Judgment under Uncertainty: Heuristics and Biases. *Science, 185*(4157), 1124–1131.

Umweltbundesamt (2011). Daten zur Umwelt. Emissionen des Verkehrs. Die Emissionen des Straßenverkehrs gehen zurück; dennoch besteht weiterhin Handlungsbedarf. http://www.umweltbundesamt-daten-zur-umwelt.de/umweltdaten/public/theme.do?nodeIdent=3577. Zugegriffen: 24. Okt 2012.

Vansina, J. (1985). *Oral tradition as history.* London: Currey.

Virilio, P. (1980). *Geschwindigkeit und Politik*. Berlin: Merve.

Voss, M. (2006). *Symbolische Formen. Grundlagen und Elemente einer Soziologie der Katastrophe*. Bielefeld: transcript.

Voss, M., & Wagner, K. (2010). Learning from (small) disasters. *Natural Hazards, 55*(3), 657–669.

Wanner, M. (2012). *Shifting baselines: Eine umweltpsychologische Strukturierung unter besonderer Berücksichtigung von Wahrnehmungs- und Erinnerungsprozessen (Diplomarbeit am FB Psychologie und Sport)*. Münster: Universität Münster.

WBGU, Wissenschaftlicher Beirat der Bundesregierung Globale Umweltveränderungen. (2011). *Welt im Wandel. Gesellschaftsvertrag für eine Große Transformation (Hauptgutachten)*. Berlin: WBGU.

Weber, M. (1988). *Gesammelte Aufsätze zur Sozial- und Wirtschaftsgeschichte* (Bd. I). Tübingen: Mohr.

Weber, M. (2008). *Alltagsbilder des Klimawandels. Zum Klimabewusstsein in Deutschland*. Wiesbaden: VS Verlag für Sozialwissenschaften.

Wehling, P. (2006). *Im Schatten des Wissens? Perspektiven der Soziologie des Nichtwissens*. Konstanz: UVK.

Weigel, S. (2002). Generation, Genealogie, Geschlecht. Zur Geschichte des Generationskonzepts und seiner wissenschaftlichen Konzeptualisierung seit Ende des 18. Jahrhunderts. In L. Musner & G. Wunberg (Hrsg.), *Kulturwissenschaften. Forschung, Praxis, Positionen* (S. 161–190). Wien: WUV.

Weingart, P., Engels, A., & Pansegrau, P. (2002). *Von der Hypothese zur Katastrophe. Der anthropogene Klimawandel im Diskurs zwischen Wissenschaft, Politik und Massenmedien*. Opladen: Leske + Budrich.

Weltkommission für Umwelt und Entwicklung (hg. von Volker Hauff) (1987). *Unsere gemeinsame Zukunft (der Brundtland-Bericht)*. Greven: Eggenkamp.

Welz, F. (1996). *Kritik der Lebenswelt. Eine soziologische Auseinandersetzung mit Edmund Husserl und Alfred Schütz*. Opladen: Westdt. Verlag.

Welzer, H. (2002). Weiße Flecken und Grenzkonflikte – die Kartierung des Gedächtnisses. *Erwägen Wissen Ethik, 13*(2), 230–231.

Welzer, H. (2005). *Das kommunikative Gedächtnis. Eine Theorie der Erinnerung* (2. Aufl.). München: Beck.

Welzer, H. (2008). *Klimakriege. Wofür im 21. Jahrhundert getötet wird*. Frankfurt a. M.: Fischer.

Welzer, H. (2010). Erinnerungskultur und Zukunftsgedächtnis. *Aus Politik und Zeitgeschichte*, (25–26), 16–23.

Welzer, H. (Hrsg.). (2001). *Das soziale Gedächtnis. Geschichte, Erinnerung, Tradierung*. Hamburg: Hamburger Edition.

Welzer, H., & Markowitsch, H. J. (Hrsg.). (2006). *Warum Menschen sich erinnern können. Fortschritte in der interdisziplinären Gedächtnisforschung*. Stuttgart: Klett-Cotta.

Welzer, H., Moller, S., & Tschuggnall, K. (2002). *„Opa war kein Nazi". Nationalsozialismus und Holocaust im Familiengedächtnis*. Frankfurt a. M.: Fischer.

White, G. F., Kates, R. W., & Burton, I. (2001). Knowing better and losing even more: the use of knowledge in hazards management. *Environmental Hazards, 3*(3–4), 81–92

Whyte, A. V. T. (1985). Perception. In R. W. Kates, J. H. Ausubel & M. Berberian (Hrsg.), *Climate impact assessment. Studies of the interaction of climate and society (SCOPE - Scientific Committee on Problems of the Environment, 27)* (S. 403 –436). Chichester: Wiley.

Williams, R. (1973). *The country and the city.* London: Chatto & Windus.

Zalasiewicz, J., Williams, M., Smith, A., Barry, T. L., Coe, A. L., Bown, P. R. et al. (2008). Are we now living in the Anthropocene? *Gsa Today, 18*(2), 4–8.

Zinnecker, J. (2003). „Das Problem der Generationen". Überlegungen zur Karl Mannheims kanonischem Text. In J. Reulecke (Hrsg.), *Generationalität und Lebensgeschichte im 20. Jahrhundert* (S. 33–58). München: Oldenbourg.